全国特种设备作业人员安全技术培训教材

起重机司机

《全国特种设备作业人员安全技术培训教材》编委会

U0321077

气象出版社
China Meteorological Press

内容提要

本书介绍了起重机司机应该掌握与了解的起重机基本知识,安全操作规程及操作方法,维护保养知识及钢丝绳报废标准,常见的故障原因分析与判断,事故紧急处理与救护等。

本书针对起重机司机作业人员培训与复审的特点编写,通俗易懂,深入浅出,例题实用,每章后都附有思考题,适合具有初中以上文化程度的起重机作业人员培训与专门学习之用,也可供起重机维修人员、管理人员培训使用。

图书在版编目(CIP)数据

起重机司机/罗音字主编. —2 版. —北京:气象
出版社,2011.10(2019.5 重印)
全国特种设备作业人员安全技术培训教材
ISBN 978-7-5029-5305-8
Ⅰ.①起…　Ⅱ.①罗…　Ⅲ.①起重机械-操作
Ⅳ.①TH210.7
中国版本图书馆 CIP 数据核字(2011)第 201547 号

出版发行:气象出版社
地　　址:北京市海淀区中关村南大街 46 号　　邮政编码:100081
电　　话:010-68407112(总编室)　010-68408042(发行部)
网　　址:http://www.qxcbs.com　　**E-mail**:qxcbs@cma.gov.cn
责任编辑:彭淑凡　张盼娟　　　　　　终　审:章澄昌
封面设计:燕　彤　　　　　　　　　　责任技编:吴庭芳
印　　刷:三河市百盛印装有限公司
开　　本:850 mm×1168 mm　1/32　　印　张:12
字　　数:312 千字
版　　次:2011 年 10 月第 2 版　　　印　次:2019 年 5 月第 6 次印刷
定　　价:25.00 元

前　言

　　为了加强特种设备作业人员监督管理工作,规范作业人员考核发证程序,保障特种设备安全运行,根据《中华人民共和国行政许可法》、《特种设备安全监察条例》和《国务院对确需保留的行政审批项目设定行政许可的决定》,国家质量监督检验检疫总局于2005年颁布了《特种设备作业人员监督管理办法》(以下简称《办法》),又于2011年进行了修订,并已于2011年7月1日起施行。

　　《办法》规定,锅炉、压力容器(含气瓶)、压力管道、电梯、起重机械、客运索道、大型游乐设施、场(厂)内专用机动车辆等特种设备的作业人员及其相关管理人员统称特种设备作业人员。特种设备作业人员作业种类与项目目录由国家质量监督检验检疫总局统一发布。从事特种设备作业的人员应当按照本办法的规定,经考核合格取得《特种设备作业人员证》,方可从事相应的作业或者管理工作。

　　为了进一步贯彻落实《特种设备作业人员监督管理办法》,加强特种设备作业人员安全培训工作,保障人民生命财产安全,促进安全生产,气象出版社组织专家编写了《全国特种设备作业人员安全技术培训教材》丛书。本套教材根据气象出版社出版的《全国特种作业人员安全技术培训考核统编教材》丛书中的特种设备作业品种修订改编而成,与原版教材既有一定的衔接性,也有一定的独立性;既可供特种作业人员培训参考选用,也可单独用于特种设备作业人员进行安全技术培训。

　　新版的《全国特种设备作业人员安全技术培训教材》丛书包括

《办法》规定的特种设备作业品种,具有较强的针对性和广泛的适用性。本版既充分考虑了原有教材的体系和完整性,保留了原有教材的特色,又根据新的情况和变化了的形势,从分类和品种等方面做了必要的调整和补充,力争做到分类明确,品种齐全,形式新颖,技术先进。为了便于各地特种设备作业人员的培训和考核,还将开发与之相配套的复审教材和考试题库供广大读者和培训机构选用。

本版教材历经多次修订、编审和改版,以曲世惠、王红汉、徐晓航、张静等为代表的一大批作者和以闪淳昌、杨富、任树奎、罗音宇等为代表的一大批专家为本套教材的出版作出了重大贡献,在此谨表诚挚的谢意。本书修订改版工作由刘占杰、同和平、徐远荣、范新建、刘佳子等人完成,限于篇幅,这里恕不一一列举,在此一并衷心致谢。

本书编委会
2011 年 10 月

致　谢

本书在编写和修订改版的过程中，先后得到了以下单位(排名不分先后)的大力支持，在此表示衷心的感谢。

中国机械工业安全卫生协会
上海柴油机股份有限公司
一汽解放汽车有限公司
东风汽车有限公司
太原重型集团公司
上海安科企业管理有限公司
兰州通用机电技术研究所
武汉钢铁公司
齐重数控装备股份有限公司
邯郸新兴重型机械有限公司
厦门ABB开关有限公司
安徽合力股份有限公司
福田雷沃国际重工股份有限公司
斗山工程机械(中国)有限公司
山东普利森集团有限公司
安徽江淮汽车股份有限公司

石家庄强大泵业股份有限公司
武汉安全环保研究院
天津市劳动保护教育中心
河南省劳动保护教育中心
北京市事故预防中心
河南省安全生产监督管理局
青岛市安全生产监督管理局
武钢矿业公司
大冶有色金属公司
鲁中冶金矿业公司
淮南矿务局
大冶铁矿
铜录山铜矿
梅山铁矿
马钢南山铁矿
南芬铁矿
鸡冠咀金矿
……

目　录

第一章　起重机械基本知识

第一节　起重机的基本类型

起重机是一种能在一定范围内垂直起升和水平移动物品的机械,动作间歇性和作业循环性是起重机工作特点。起重机是具有多种类型多样品种的机械。

目前在中国对起重机的分类,大多习惯按主要用途和构造特征进行分类,如按主要用途分,有通用起重机、建筑起重机、冶金起重机、港口起重机、铁路起重机和造船起重机等等。按构造特征分,有桥式起重机和臂架式起重机;旋转式起重机和非旋转式起重机;固定式起重机和运行式起重机。运行式起重机又分为轨行式(在固定的轨道上运行)和无轨式(无规定轨道,由轮胎或履带支承运行)。起重机形式多样,种类繁多,按标准 JB/T 8847—1999《起重运输机械　产品类组划分与主参数系列》共分 13 类,42 组,216 型。

起重机按主要用途和构造特征可分为如图 1-1 所示的类型。

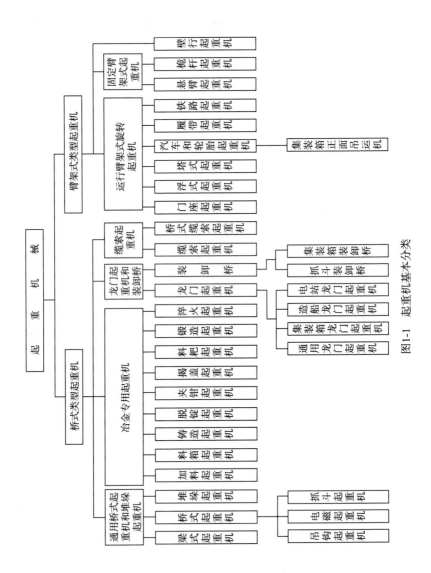

图1-1 起重机基本分类

第二节　起重机的基本参数

起重机的技术参数是表征起重机的作业能力,是设计起重机的基本依据,也是所有从事起重作业人员必须掌握的基本知识。

起重机的基本技术参数主要有:起重量、起升高度、跨度(属于桥式类型起重机)、幅度(属于臂架式起重机)、机构工作速度、生产率和工作级别等。其中臂架式起重机的主要技术参数中还包括起重力矩等,对于轮胎、汽车、履带、铁路起重机其爬坡度和最小转弯(曲率)半径也是主要技术参数。

随着起重机技术的发展,工作级别已成为起重机一项重要的技术参数。

一、关于起重机械参数

国家标准 GB 6974.2—86《起重机械名词术语　主要参数》中介绍了中国目前已生产制造与使用的各种类型起重机械的主要技术参数(标准的术语名称)、定义及示意图,现摘录一部分如表 1-1 所示。

二、起重机工作级别

起重机的工作级别是表征起重机基本能力的综合参数,用户可根据使用的工艺要求选择适当工作级别的起重机,以达到又适用又经济的目的。

以往作为起重机的主要技术参数中,常常提起 ⅡB％值、JC％值等标明起重机的级别,如轻级、中级或重级等即所谓的"工作制度"。随着起重机技术的发展,显然起重机原有工作制度的技术概念和含义均有相当的欠妥与不足之处,因为起重机工作制度只考虑了起重机的通电时间的长短,来确定起重机的级别是十分不合理的。

当今,作为起重机的一个主要技术参数是起重机的工作级别,它代替了过去不合理的工作制度。

表 1-1 起重机械的技术参数与定义

编号	名词术语	定义(或说明)	示意图
1 质量和载荷参数			
1.1	起重量 G	被起升重物的质量	
1.1.1	有效起重量 G_p	起重机能吊起的重物或物料的净质量。对于幅度可变的起重机,根据幅度规定有效起重量	
1.1.2	额定起重量 G_n	起重机允许吊起的重物或物料,连同可分吊具(或属具)质量的总和(对于流动式起重机,包括固定在起重机上的吊具)。对于幅度可变的起重机,根据幅度规定起重机的额定起重量	
1.1.3	总起重量 G_t	起重机能吊起的重物或物料,连同可分吊具上的吊具或属具(包括吊钩、滑轮组、起重钢丝绳,以及在臂架或起重小车以下的其他吊物)的质量总和。对于幅度可变的起重机,根据幅度规定总起重量	
1.1.4	最大起重量 G_{max}	起重机正常工作条件下,允许吊起的最大额定起重量	

续表

编号	名词术语	定义(或说明)	示意图
1.2	起重力矩 M	幅度 L 和相应起吊物品重力 Q 的乘积	
1.3	起重倾覆力矩 M_A	起吊物品重力 Q 和从载荷中心线至倾覆线距离 A 的乘积	
1.4	起重机总质量 G_0	包括压重、平衡重、燃料、油液、润滑剂和水等在内的起重机各部分质量的总和	
1.5	轮压 P	一个车轮传递到轨道或地面上的最大垂直载荷(按工况不同,分为工作轮压和非工作轮压)	
2 起重机尺寸参数			
2.1	幅度 L	起重机置于水平场地时,空载吊具垂直中心线至回转中心线之间的水平距离(非回转浮式起重机为空载吊具垂直中心线至船舶护木的水平距离)	

5

编号	名词术语	定义(或说明)	示意图
2.1.1	最大幅度 L_{max}	起重机工作时,臂架倾角最小或小车在臂架最外极限位置时的幅度	
2.1.2	最小幅度 L_{min}	臂架倾角最大或小车在臂架最内极限位置时的幅度	
2.2	悬臂有效伸缩距 l	离悬臂最近的起重机轨道中心线到位于悬臂端部吊具中心线之间的距离	
2.3	起升高度 H	起重机水平停车面至吊具允许最高位置的垂直距离。 ——对吊钩和货叉,算至它们的支承表面; ——对其他吊具,算至它们的最低点(闭合状态)。 对桥式起重机,应是空载置于水平场地上方,从地面开始测定其起升高度	

续表

编号	名词术语	定义（或说明）	示意图
2.4	下降深度 h	吊具最低工作位置与起重机水平支承面之间的垂直距离。 ——对吊钩和货叉，从其支承面算起； ——对其他吊具，从其最低点算起（闭合状态）。 桥式起重机从地平面起算下降深度。应是空载置于水平场地上方，测定其下降深度	
2.5	起升范围 D	吊具最高和最低工作位置之间的垂直距离（$D=H+h$）	
2.6	起重臂长度 L_b	起重臂根部销轴至顶端定滑轮轴线（小车变幅塔式起重机为至臂端形位线）在起重臂纵向中心线方向的投影距离	

编号	名词术语	定义(或说明)	示意图
2.7	起重机倾角	在起升平面内,起重臂纵向中心线与水平线的夹角	
3 运动速度			
3.1	起升(下降)速度 V_n	稳定运动状态下,额定载荷的垂直位移速度	
3.2	微速下降速度 V_m	稳定运动状态下,安装或堆垛最大额定载荷时的最小下降速度	
3.3	回转速度 ω	稳定状态下,起重机转动部分的回转角速度。规定为在水平场地上,离地 10 m 高度处,风速小于 3 m/s 时,起重机幅度最大,且带额定载荷时的转速	
3.4	起重机(大车)运行速度 V_k	稳定运动状态下,起重机运行的速度。规定为在水平路面(或水平轨面)上,离地 10 m 高度处,风速小于3 m/s 时的起重机带额定载荷时的运行速度	

续表

编号	名词术语	定义(或说明)	示意图
3.5	小车运行速度 V_t	稳定运动状态下,小车运行的速度。规定为离地面 10 m 高度处,风速小于 3 m/s 时,带额定载荷的小车在水平轨道上运行的速度	
3.6	变幅速度 V_r	稳定运动状态下,额定载荷在变幅平面内水平位移的平均速度。规定为离地 10 m 高度处,风速小于 3 m/s 时,起重机在水平路面上,幅度从最大值至最小值的平均速度	
4	与起重机运行线路有关的参数		
4.1	跨度 S	桥架型起重机支承中心线之间的水平距离	

编号	名词术语	定义（或说明）	示意图
5　一般性能参数			
5.1	工作级别	考虑起重量和时间的利用程度以及工作循环次数的起重机械特性	
5.2	机构工作级别	按机构利用等级（机构在使用期限内，处于运转状态的总小时数）和载荷状态划分的机构工作特性	

　　起重机的工作级别的大小高低是由两种能力所决定，其一是起重机的使用频繁程度，称为起重机利用等级；其二是起重机承受载荷的大小，称为起重机的载荷状态。

　　1.起重机的利用等级

　　起重机在有效寿命期间有一定的工作循环总数。起重机作业的工作循环是从准备起吊物品开始，到下一次起吊物品为止的整个作业过程。工作循环总数表征起重机的利用程度，它是起重机分级的基本参数之一。工作循环总数是起重机在规定使用寿命期间所有工作循环次数的总和。

　　确定适当的使用寿命时，要考虑经济、技术和环境因素，同时也要涉及设备老化的影响。

　　工作循环总数与起重机的使用频率有关。为了方便起见，工作循环总数在其可能范围内，分成 10 个利用等级（$U_0 \sim U_9$），如表 1-2 所示。

表 1-2　起重机利用等级

利用等级	总的工作循环次数 N	附注
U_0	1.6×10^4	
U_1	3.2×10^4	不经常使用
U_2	6.3×10^4	
U_3	1.25×10^5	
U_4	2.5×10^5	经常轻闲地使用
U_5	5×10^5	经常中等地使用
U_6	1×10^6	不经常繁忙地使用
U_7	2×10^6	
U_8	4×10^6	繁忙地使用
U_9	$>4 \times 10^6$	

2. 起重机载荷状态

载荷状态是起重机分级的另一个基本参数,它表明起重机的主要机构——起升机构受载的轻重程度。载荷状态与两个因素有关:一个是实际起升载荷 G 与额定载荷 G_n 之比 G/G_n,另一个是实际起升载荷 G 的作用次数 N 与工作循环总数 N_n 之比 N/N_n。表示 G/G_n 和 N/N_n 关系的线图称为载荷谱。表 1-3 列出了起重机载荷状态。

表 1-3　起重机载荷状态

载荷状态	名义载荷谱系数 K_F	说明
Q1——轻	0.125	很少起升额定载荷,一般起升轻微载荷
Q2——中	0.25	有时起升额定载荷,一般起升中等载荷
Q3——重	0.5	经常起升额定载荷,一般起升较重载荷
Q4——特重	1.0	频繁起升额定载荷

3. 起重机工作级别

起重机的工作级别,即起重机的分级是由起重机的利用等级(表1-2)和起重机的载荷状态(表1-3)所决定,起重机的工作级别用符号

A 表示,其工作级别分为 8 级,即 $A_1 \sim A_8$ 级。

起重机的工作级别如表 1-4 所示。

表 1-4　起重机的工作级别

载荷状态	名义载荷谱系数 K_F	利用等级									
		U_0	U_1	U_2	U_3	U_4	U_5	U_6	U_7	U_8	U_9
Q1——轻	0.125			A_1	A_2	A_3	A_4	A_5	A_6	A_7	A_8
Q2——中	0.25		A_1	A_2	A_3	A_4	A_5	A_6	A_7	A_8	
Q3——重	0.5	A_1	A_2	A_3	A_4	A_5	A_6	A_7	A_8		
Q4——特重	1.0	A_2	A_3	A_4	A_5	A_6	A_7	A_8			

4. 起重机工作级别举例

为便于广大起重作业人员了解和掌握起重机适用的工作级别,而列举了以下各种起重机的工作级别,如表 1-5 所示。

表 1-5　起重机工作级别举例

起重机型式			工作级别
桥式起重机	吊钩式	电站安装及检修用	$A_1 \sim A_3$
		车间及仓库用	$A_3 \sim A_5$
		繁重工作车间及仓库用	$A_6 \, 、A_7$
	抓斗式	间断装卸用	A_6
		连续装卸用	$A_6 \sim A_8$
	冶金专用	吊料箱用	$A_7 \, 、A_8$
		加料用	A_8
		铸造用	$A_6 \sim A_8$
		锻造用	$A_7 \, 、A_8$
		淬火用	$A_7 \, 、A_8$
		夹钳、脱锭用	A_8
		揭盖用	$A_7 \, 、A_8$
		料耙式	A_8
		电磁铁式	$A_6 \sim A_8$

续表

起重机型式		工作级别
门式起重机	一般用途吊钩式	$A_3 \sim A_6$
	装卸用抓斗式	$A_6 \sim A_8$
	电站用吊钩式	A_2、A_3
	造船安装用吊钩式	$A_3 \sim A_5$
	装卸集装箱用	$A_5 \sim A_8$
装卸桥	料场装卸用抓斗式	A_7、A_8
	港口装卸用抓斗式	A_8
	港口装卸集装箱用	$A_6 \sim A_8$
门座起重机	安装用吊钩式	$A_3 \sim A_5$
	装卸用吊钩式	$A_5 \sim A_7$
	装卸用抓斗式	$A_6 \sim A_8$
塔式起重机	一般建筑安装用	$A_2 \sim A_4$
	用吊罐装卸混凝土	$A_4 \sim A_6$
汽车、轮胎、履带、铁路起重机	安装及装卸用吊钩式	$A_1 \sim A_4$
	装卸用抓斗式	$A_4 \sim A_6$
甲板起重机	吊钩式	$A_4 \sim A_6$
	抓斗式或电磁吸盘式	A_6、A_7
浮式起重机	装卸用吊钩式	A_5、A_6
	装卸用抓斗式	A_6、A_7
	造船安装用	$A_3 \sim A_6$
缆索起重机	安装用吊钩式	$A_3 \sim A_5$
	装卸或施工用吊钩式	$A_5 \sim A_7$
	装卸或施工用抓斗式	$A_6 \sim A_8$

第三节　起重机的基本结构组成

不论结构简单还是复杂的起重机,其组成都有一个共同点,起重机由三大部分组成,即起重机金属结构、机构和控制系统。图 1-2 所示为桥架型起重机基本组成部分(不包括控制系统),图 1-3 所示为臂架型起重机基本组成部分(不包括控制系统)。

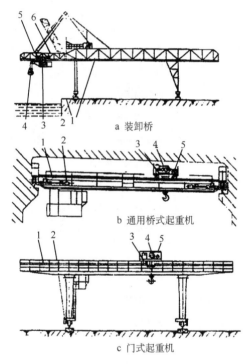

a 装卸桥

b 通用桥式起重机

c 门式起重机

图 1-2　桥架型起重机简图

1—桥架;2—大车运行机构;3—小车架;

4—起升机构;5—小车运行机构;6—俯仰悬臂

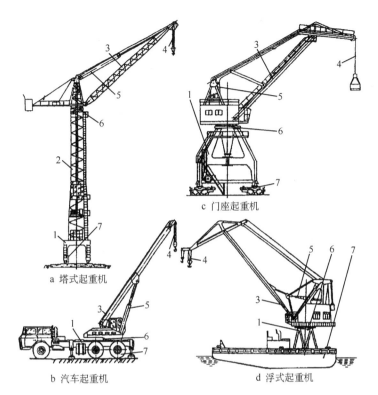

c 门座起重机

a 塔式起重机

b 汽车起重机

d 浮式起重机

图 1-3　不同种类的臂架型起重机简图

1—门架(或其他底架);2—塔架;3—臂架;4—起升机构;
5—变幅机构;6—回转机构;7—起重运行机构(或其他可运行的机械)

一、起重机的金属结构

　　由金属材料轧制的型钢和钢板作为基本构件,采用铆接、焊接等方法,按照一定的结构组成规则连接起来,能够承受载荷的结构物称为金属结构。这些金属结构可以根据需要制作梁、柱、桁架等基本受力组件,再把这些金属受力组件通过焊接或螺栓连接起来,构成起重机用的桥架、门架、塔架、臂架等承载结构,这种结构又称为起重机钢结构。

起重机钢结构作为起重机的主要组成部分之一,其作用主要是支承各种载荷,因此本身必须具有足够的强度、刚度和稳定性。

作为起重作业人员不必苛求掌握起重机钢结构的强度、刚度和稳定性如何设计,如何进行试验检测验证,重要的是起重机司机能善于观察、善于发现起重机钢结构与强度、刚度和稳定性有关的隐患与故障,以利于及时采取补救措施。例如起重机钢结构局部或整体的受力构件出现了塑性变形(永久变形),有了塑性变形即为出现了强度问题,有可能是因超载或疲劳等原因造成的;起重机钢结构的主要受力构件,如主梁等发生了过大的弹性变形,引起了剧烈的振动,这将涉及刚度问题,有可能是超载或冲击振动等原因造成的;带有悬臂的起重机钢结构,由于吊载移到悬臂端发生超载或是吊载幅度过大,将会发生起重机倾翻,这属于起重机的整体稳定性问题。这些都是与起重机钢结构结构形式、强度、刚度及稳定性密切相关的基本知识。

以下将简要地介绍有关几种典型起重机钢结构的组成与特点。

1. 通用桥式起重机的钢结构

通用桥式起重机的钢结构是指桥式起重机的桥架而言,如图1-4所示。

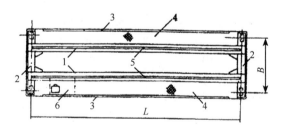

图1-4 桥式起重机桥架

桥式起重机的钢结构(桥架)主要由主梁1、端梁2、栏杆3、走台4、轨道5和司机室6等构件组成。其中件1和2为主要受力构件,其他为非受力构件。主梁与端梁之间采用焊接或螺栓连接。端梁多采用钢板组焊成箱形结构,主梁断面结构形式多种多样,常用的多为箱形断面梁或桁架式结构主梁。

2. 桁架式门式起重机的钢结构

门式起重机的钢结构是指式起重机的门架而言,图1-5示出了双梁桁架式门式起重的钢结构——门架。

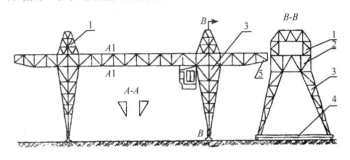

图1-5 桁架式门式起重机钢结构

桁架式门式起重机的钢结构——门架主要由马鞍1、主梁2、支腿3、下横梁4和悬臂梁5等部分组成。以上五部分均为受力构件。为便于生产制作、运输与安装,各构件之间多采用螺栓连接。

门式起重机的门架还有采用箱形梁的形式也很常见,其支腿对于跨度大于35 m时多采用一刚一柔支腿。

根据桁架式门式起重机主梁的断面型式之不同,可分为门形双梁、四桁架式和三角形断面等型式。

3. 塔式起重机的钢结构

塔式起重机的钢结构是指塔式起重机的塔架而言,图1-6示出了塔式起重机的典型产品——自升塔式起重机的钢结构。

自升塔式起重机的钢结构——塔架是由塔身1、臂架2、平衡臂3、爬升套架4、附着装置5及底架6等构件组成,其中塔身、臂架和底座是主要受力构件,臂架和平衡臂与塔身之间是通过销轴相连接,塔身与底架之间是通过螺杆相连接固定。

图1-6自升塔式起重机属于上回转式中的自升附着型结构

型式。

塔身是截面为正方形的桁架式结构,由角钢组焊而成。

臂架为受弯臂架,断面多为矩形桁架式结构,由角钢或圆管组焊而成。

4. 门座起重机的钢结构

图 1-7 示出的是刚性拉杆式组合臂架式门座起重机的钢结构,是由交叉式门架 1、转柱 2、桁架式人字架 3 与刚性拉杆组合臂架 4 等构件组成。其中门架、人字架和臂架是主要受力构件。各构件之间是采用销轴连接或螺栓连接固定。臂架系统多为四连杆机构。

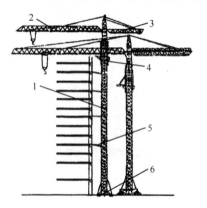 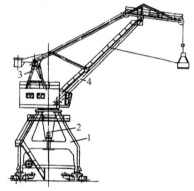

图 1-6　自升塔式起重机的钢结构　　　图 1-7　刚性拉杆式组合臂架式
门座起重机的钢结构

5. 轮胎起重机的钢结构

图 1-8 示出了轮胎起重机的钢结构,主要由吊臂 1、转台 2 和车架 3 三部分构件组成。其中吊臂如图 1-9 所示,吊臂结构型式分为桁架式和伸缩臂式,伸缩臂式为箱形结构。桁架式吊臂由型钢或钢管组焊而成,箱形伸缩臂由钢板组焊而成。吊臂是主要受力构件,它直接影响起重机的承载能力、整机稳定性和自重的大小。

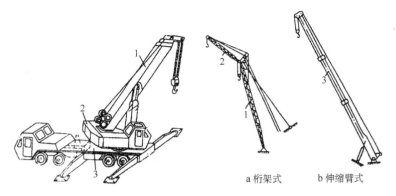

图 1-8　轮胎起重机的钢结构　　图 1-9　轮胎起重机吊臂结构型式
　　　　　　　　　　　　　1—桁架式主臂;2—桁架式副臂;3—箱形伸缩臂

　　转台分为平面框式和板式两种结构形式,均为钢板和型钢组合焊接构件。转台用来安装吊臂、起升机构、变幅机构、旋转机构、配重、发动机和司机室等。

　　车架又称为底架,底架分为平面框式结构和整体箱形结构。底架用来安装底盘与运行部分。

二、起重机的机构

　　能使起重机发生某种动作的传动系统,统称为起重机的机构。因起重运输作业的需要,起重机要做升降、移动、旋转、变幅、爬升及伸缩等动作,而这些动作必然要由相应的机构来完成。

　　起重机最基本的机构,是人们早已公认的四大基本机构——起升机构、运行机构、旋转机构(又称为回转机构)和变幅机构。除此之外,还有塔式起重的塔身爬升机构和汽车、轮胎等起重机专用的支腿伸缩机构。

　　以下只向起重机作业人员介绍最基本的四大机构。

　　起重机每个机构均由四种装置组成,其中必然有驱动装置、制动装置和传动装置。另外一种装置是与机构的作用直接相关的专用装置,如起升机构的取物缠绕装置、运行机构的车轮装置、回转机构的旋转支承装置和变幅机构的变幅装置。

驱动装置分为人力、机械和液压驱动装置。手动起重机是依靠人力直接驱动；机械驱动装置是电动机或内燃机；液压驱动装置是液压泵和液压油缸或液压马达。

制动装置是制动器与制动轮（盘），各种不同类型的起重机根据各自的特点与需要，将采用各种块式、盘式、带式、内张蹄式和锥式等制动器。

传动装置是减速器，各种不同类型的起重机根据各自的特点与需要，将采用各种不同形式的齿轮、蜗轮和行星等形式的减速器。

这四种专用装置试举例分别介绍如下。

1. 起重机的起升机构

起重机的起升机构由驱动装置、制动装置、传动装置和取物缠绕装置组成。最基本最典型的起升机构的组成形式如图 1-10 所示。

起升机构的驱动装置采用电力驱动时为电动机，其中葫芦起重机多采用鼠笼电动机，其他电动起重机多采用绕线电动机或直流电动机。履带、铁路起重机的起升机构驱动装置为内燃机。汽车、轮胎起重机的起升机构驱动装置是由原动机带动的液压泵、液压油缸或液压马达组成。

图 1-10 中取物缠绕装置包括起升卷筒（或链轮）、钢丝绳（或链条）、定滑轮、动滑轮、吊钩（或抓斗、吊环、吊梁、电磁吸盘）等。

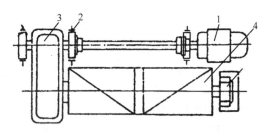

图 1-10　起重机的起升机构

1—电动机；2—制动器；3—减速器；4—取物缠绕装置

2. 起重机的运行机构

起重机的运行机构可分为轨行式运行机构和无轨行式运行机构（轮胎、履带式运行机构），这里只介绍轨行式运行机构，以下简称运行机构。

轨行式运行机构除了铁路起重机以外，基本都为电动机驱动形式。为此，起重机的运行机构是由驱动装置——电动机、制动装置——制动器、传动装置——减速器和车轮装置四部分组成，如图1-11 和图 1-12 所示。

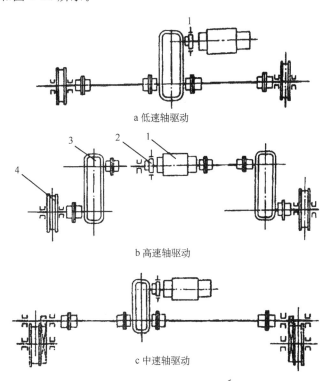

a 低速轴驱动

b 高速轴驱动

c 中速轴驱动

图 1-11 集中驱动的运行机构

1—电动机;2—制动器;3—减速器;4—车轮装置

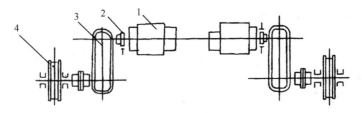

图 1-12　a 分别驱动的运行机构

1—电动机；2—制动器；3—减速器；4—车轮装置

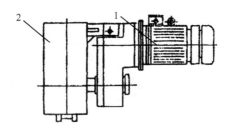

图 1-12　b 分别驱动的"三合一"运行机构

1—"三合一"驱动装置；2—车轮装置

　　车轮装置由车轮、车轮轴、轴承及轴承箱等组成。采用无轮缘车轮，是为了将轮缘的滑动摩擦变为滚动摩擦，此时应增设水平导向轮。车轮与车轮轴的连接可采用单键、花键或锥套等多种方式。

　　起重机的运行机构分为集中驱动和分别驱动两种形式。

　　集中驱动是由一台电动机通过传动轴驱动两边车轮转动运行的运行机构形式，如图 1-11 所示。集中驱动只适合小跨度的起重机或起重小车的运行机构。

　　分别驱动是两边车轮分别为两套独立的无机械联系的驱动装置的运行机构形式，如图 1-12 所示。

　　随着葫芦式起重机技术的发展，电动机采用锥形制动电动机，将驱动与制动两个机能合二而一，进一步又发展为将电动机、制动器和减速器三者合三而一，三者不再需要用联轴器连接，电机轴同时也是制动器轴和减速器高速轴，三者不可再分，构成一种十分紧凑的整体，可谓锥形制动减速电动机,或称为"三合一"驱动装置。目前已经为起重小车和起重机大车分别驱动形式所采用,如图 1-12b 所示,分别驱动的运行机构是由独立的"三合一"驱动装置 1 和车轮装置 2 所组成。

3. 起重机的旋转机构

起重机的旋转机构又称为回转机构。

起重机的回转机构是由驱动装置、制动装置、传动装置和回转支承装置组成。

回转支承装置分为柱式和转盘式两大类。

柱式回转支承装置又分为定柱式回转支承装置和转柱式回转支承装置。

定柱式回转支承装置如图 1-13 所示,由一个推力轴承与一个自位径向轴承及上、下支座组成。浮式起重机多采用定柱式回转支承装置。

转柱式回转支承装置如图 1-14 所示,由滚轮、转柱、上下支承座及调位推力轴承、径向球面轴承等组成。塔式、门座起重机多采用转柱式回转支承装置。

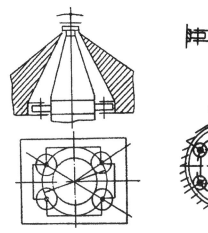

图 1-13　定柱式回转支承装置

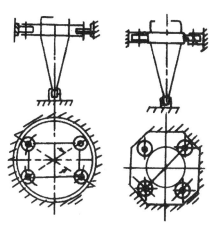

图 1-14　转柱式回转支承装置

转盘式回转支承装置又分为滚子夹套式回转支承装置和滚动轴承式回转支承装置。

滚子夹套式回转支承装置是由转盘、锥形或圆柱形滚子、轨道及中心轴枢等组成,如图1-15所示。

滚动轴承式回转支承装置是由球形滚动体、回转座圈和固定座圈组成,如图1-16所示。

回转驱动装置分为电动回转驱动装置和液压回转驱动装置。

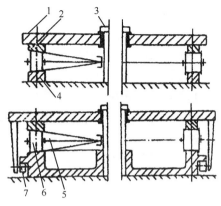

图 1-15　滚子夹套式回转支承装置
1—转盘;2—转动轨道;3—中心轴枢;4—固定轨道;
5—拉杆;6—滚子;7—反抓滚子

电动回转驱动装置通常装在起重机的回转部分上,由电动机经过减速机带动最后一级开式小齿轮,小齿轮与装在起重机固定部分上的大齿圈(或针齿圈)相啮合,以实现起重机的回转。

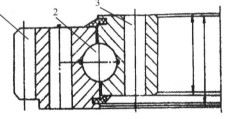

图 1-16　滚动轴承式回转支承装置
1—回转座圈;2—球形滚动体;3—固定座圈

电动回转驱动装置有卧式电动机与蜗轮减速器传动、立式电动机与立式圆柱齿轮减速器传动和立式电动机与行星减速器传动三种形式。

液压回转驱动装置有高速液压马达与蜗轮减速器或行星减速器传动和低速大扭矩液压马达回转机构两种形式。

4. 起重机的变幅机构

起重机变幅机构按工作性质分为非工作性变幅(空载)和工作性变幅(有载);按机构运动形式分为运行小车式变幅和臂架摆动式变

幅;按臂架变幅性能分为普通臂架变幅和平衡臂架变幅。

普通臂架变幅机构分为臂架摆动式和运行小车式。

臂架摆动变幅机构又分为定长臂架变幅机构和伸缩臂变幅机构,如图 1-17 所示。

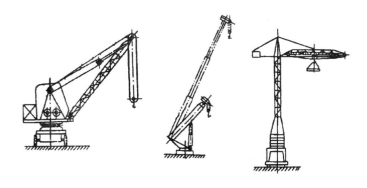

a 定长臂架变幅机构　b 伸缩臂架变幅机构　c 牵引小车式变幅机构

图 1-17　普通臂架变幅机构

臂架摆动式变幅机构实用于汽车、轮胎、履带、铁路和桅杆起重机;牵引小车式变幅机构适用于塔式起重机。

平衡臂架变幅机构分为绳索补偿型和组合臂架型。绳索补偿型又分为滑轮补偿型和卷筒补偿型。组合臂架型又分为四连杆组合臂架型和平行四边形组合臂架型。

三、起重机的电气控制系统

起重机钢结构负责载荷支承;起重机机构负责动作运转;起重机机构动作的启动、运转、换向和停止等均由电气或液压控制系统来完成,为了起重机运转动作能平稳、准确、安全可靠是离不开电气有效的传动、控制与保护。

1. 起重机电气传动

起重机对电气传动的要求有:调速、平稳或快速起制动、纠偏、保持同步、机构间的动作协调、吊重止摆等。其中调速常作为重要要求。

一般起重机的调速性能是较差的,当需要准确停车时,司机只能采取"点车"的操纵方法,如果"点车"次数很多,不但增加了司机的劳动强度,而且由于电器接电次数和电动机启动次数增加,而使电器、电动机工作年限大为缩短,事故增多,维修量增大。

有的起重机对准确停车要求较高,必须实行调速才能满足停准要求。有的起重机要采用程序控制、数控、遥控等,这些技术的应用,往往必须在实现了调速要求后,才有可能。

由于起重机调速绝大多数需在运行过程中进行,而且变化次数较多,故机械变速一般不太合适,大多数需采用电气调速。电气调速分为两大类:直流调速和交流调速。

直流调速有以下三种方案:固定电压供电的直流串激电动机,改变外串电阻和接法的直流调速;可控电压供电的直流发电机——电动机的直流调速;可控电压供电的晶闸管供电——直流电动机系统的直流调速。

直流调速具有过载能力大、调速比大、启制动性能好、适合频繁的启制动、事故率低等优点。缺点是系统结构复杂、价格昂贵、需要直流电源等。

交流调速分为三大类:变频、变极、变转差率。

调频调速技术目前已大量地应用到起重机的无级调速作业当中,电子变压变频调速系统的主体——变频器已有系列产品供货。

变极调速目前主要应用在葫芦式起重机的鼠笼型双绕组变极电动机上,采用改变电机极对数来实现调速。

变转差率调速方式较多,如改变绕线异步电动机外串电阻法、转子晶闸管脉冲调速法等。

除了上述调速以外还有双电机调速、液力推动器调速、动力制动调速、转子脉冲调速、涡流制动器调速、定子调压调速等。

2. 起重机的自动控制

可编程序控制器——程序控制装置一般由电子数字控制系统组

成,其程序自动控制功能主要由可编程序控制器来实现。

自动定位装置——起重机的自动定位一般是根据被控对象的使用环境、精度要求来确定装置的结构形式。自动定位装置通常使用各种检测元件与继电接触器或可编程序控制器,相互配合达到自动定位的目的。

大车运行机构的纠偏和电气同步——纠偏分为人为纠偏和自动纠偏。人为纠偏是当偏斜超过一定值后,偏斜信号发生器发出信号,司机断开超前支腿侧的电机,接通滞后支腿侧的电机进行调整。自动纠偏是当偏斜超过一定值时,纠偏指令发生器发出指令,系统进行自动纠偏。电气同步是在交流传动中,常采用带有均衡电机的电轴系统,实现电气同步。

地面操纵、有线与无线遥控——地面操纵多为葫芦式起重机采用,其关键部件是手动按钮开关,即通常所称的手电门。有线遥控是通过专用的电缆或动力线作为载波体,对信号用调制解调传输方式,达到只用少通道即可实现控制的方法。无线遥控是利用当代电子技术,将信息以电波或光波为通道形式传输达到控制的目的。

起重电磁铁及其控制——起重电磁铁的电路,主要是提供电磁铁的直流电源及完成控制(吸料、放料)要求。其工作方式分为:定电压控制方式和可调电压控制方式。

3. 起重机的电源引入装置

起重机的电源引入装置分为三类:硬滑线供电、软电缆供电和滑环集电器。

硬滑线电源引入装置有裸角钢平面集电器、圆钢(或铜)滑轮集电器和内藏式滑触线集电器进行电源引入。

软电缆供电的电源引入装置是采用带有绝缘护套的多芯软电线制成的,软电缆有圆电缆和扁电缆两种形式,它们通过吊挂的供电跑车进行引入电源。

4. 起重机的电气设备与电气回路

不同类型的起重机的电气设备是多种多样的,其电气回路也不一样,但电气回路基本上是由主回路、控制回路、保护回路等组成。在这里不再一一介绍,只简要地介绍一下电动起重机的典型产品通用桥式起重机的主要电气设备和基本电气回路。

(1)通用桥式起重机的电气设备

通用桥式起重机的电气设备主要有各机构用的电动机、制动电磁铁、控制电器和保护电器。

①电动机 桥式起重机各机构应采用起重专用电动机,它要求具有较高的机械强度和较大的过载能力。应用最广泛的是绕线式异步电动机,这种电动机采用转子外接电阻逐级启动运转,既能限制启动电流确保启动平稳,又可提供足够的启动力矩,并能适应频繁启动、反转、制动、停止等工作的需要。要求较高容量大的场合可采用直流电动机,小起重量起重机,运行机构中有时采用鼠笼式电动机。

绕线式电动机型号为 JZR、JZR$_2$ 和 JZRH 和 YZR 系列电动机。

鼠笼式电动机型号为 JZ、JI$_2$ 和 YZ 系列电动机。

②制动电磁铁 制动电磁铁是各机构常闭式制动器的打开装置。起重机常用的打开装置有如下四种:单相电磁铁(MZD1 系列)、三相电磁铁(MZS1 系列)、液压推动器(TY1 系列)和液压电磁铁(MY1 系列)。

③操作电器 又称为控制电器,它包括控制器、接触器、控制屏和电阻器等。

主令控制器主要用于大容量电动机或工作繁重、频繁启动的场合(如抓斗操作)。它通常与控制屏中相应的接触器动作,实现主电动机的正、反转、制动停止与调速工作。其常用型号为 LK4 系列和 LK14 系列。

凸轮控制器主要用于小起重量起重机的各机构的控制中,直接控制电动机的正、反转和停止。要求控制器具有足够的容量和开闭能力、熄弧性能好、触头接触良好、操作应灵活、轻便、档位清楚、零位手感明确、工作可靠、便于安装、检修和维护。常用型号为 KT10 和 KT12 系列。

电阻器在起重机各机构中用于限制启动电流,实现平稳和调速之用。要求应有足够的导电能力,各部分连接必须可靠。

④保护电器 桥式起重机的保护电器有保护柜、控制屏、过电流继电器、各机构的行程限位、紧急开关、各种安全连锁开关及熔断器等。对于保护电器要求保证动作灵敏、工作安全可靠、确保起重机安全运转。

(2)电气回路

桥式起重机电气回路主要有主回路、控制回路及照明信号回路等。

1)主回路 直接驱使各机构电动机运转的那部分回路称为主回路,如图 1-18 所示。它是由起重机主滑触线开始,经保护柜刀开关1QS、保护柜接触器主触头,再经过各机构控制器定子触头至相应电动机,即由电动机外接定子回路和外接转子回路组成。

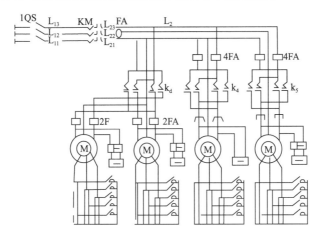

图 1-18 分别驱动桥式起重机主回路原理图

2)控制回路 桥式起重机的控制回路又称为连锁保护回路,它控制起重机总电源的接通与分断,从而实现对起重机的各种安全保护。由控制回路控制起重机总电源的通断,原理如图 1-19 所示。左边部分为起重机的主回路,即直接为各机构电动机供电并使其运转的那部分电路。右边部分则为起重机的控制回路。从图 1-19 中可知,在主回路刀开关 1DK 推合后,控制回路于 A、B 处获得接电,而主回路因接触器 KM 主触头分断未能接电,故整个起重机各机构电动机均未接通电源而无法工作。因此,起重机总电源的接通与分断,就取决于主接触器主触头 KM 的接通与否,而控制回路就是控制主接触器 KM 主触头的接通与分断,也就是控制起重机总电源的接通与分断,故把这部分控制主回路通断的电路称之为控制回路。

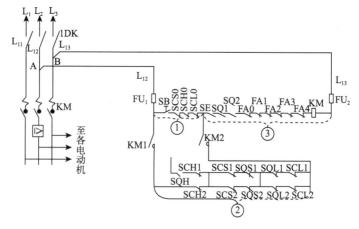

图 1-19 通用桥式起重机控制回路原理图

①控制回路的组成

如图 1-19 所示,控制回路由三部分组成:①号电路零位启动部分电路、②号电路限位保护部分电路和③号电路连锁保护部分电路。在①号电路内包括起升、小车、大车控制器的零位触头(它们分别用 SCH0、SCS0、SCL0 表示)和启动按钮 SB;在②号电路内包括起升、小车和大车限位器的常闭触头(它们分别用 SQH、SQS1、SQS2、SQL1、SQL2 表示);在③电路中包括主接触器 KM 的线圈、紧急开关 SE、端梁门并关 SQ1、SQ2 及各过电流继电器 FA0、FA1、……、

FA4 的常闭触头。①号电路与②号电路通过主接触器 KM 之常开连锁触头 KM1、KM2 并接后与③号电路中串连接入电源而组成一个完整的控制回路。

②控制回路的工作原理

a. 起重机零位启动　如图 1-19 所示,当保护柜刀开关 1DK 推合后,在控制回路中,由于 KM1 和 KM2 未闭合而只有①号电路和③号电路串联并通过熔电器 FU_1 和 FU_2 接于电源之 A、B 两点。只要各机构控制器手柄置于零位,即非工作位置,此时 SCH0、SCS0 和 SCL0 各控制器零位触头闭合,各安全开关 SE、SQ1、SQ2 和 FA1,……,FA4 之触头都处于正常闭合状态,此时按下启动按钮 SB,则主接触器 KM 之线圈构成闭合回路接电而将其主触头吸合,遂将起重机总电源接通。

b. 起重机电源接通的自锁原理　在按下启动按钮 SB 接触器吸合接通总电源同时,接触器 KM 的常开连锁触头 KM1 和 KM2 将随之闭合,遂将包括各机构限位器常闭触头在内的②号电路与①号电路并接于控制回路中,故当启动按钮 SB 脱开使①号电路分断后,因有②号电路取代①号电路并与③号电路串联而使接触器 KM 线圈持续通电吸合,故其主、副触头保持闭合状态,使起重机总电源保持接通状态,从而实现起重机供电连锁作用。这时,扳动起重机各机构控制器手柄置于工作位置,则起重机即可产生相应动作。由于各机构限位触头接在②号电路中,故可起到相应的限位保护作用。

c. 零压保护　起重机总电源为保护柜中主接触器的通断所控制,当电源供电电压较低时(低于额定电压的 85%),因电磁拉力小,主接触器 KM 的静铁芯不能吸合动铁芯,其主、副触头就不能闭合,即不能合闸(或工作时掉闸),从而可实现欠电压保护。

d. 零位保护　从图 1-19 所示,①号电路中各控制器零位触头 SCH0、SCS0、SCL0 任一个不闭合(即其控制器手柄置于工作位置时),按下启动按钮 SB,控制回路因此在此处分断而不能形成闭合回路,无法使接触器通电吸合,故起重机不能启动。这就避免了在控制器手柄置于工作位置时接通电源而发生危险动作所造成的危害。故对起重机起到零位保护作用。

e. 各电动机的过载和短路保护 在控制回路的③号电路中,串有总过电流继电器和保护各电动机的过电流继电器常闭触头,当起重机因过载、某电动机过载、发生相间或对地短路时,强大的电流将使其相应的过电流继电器动作而顶开它的常闭触头,使接触器 KM 的线圈失电,导致起重机掉闸(接触器释放),从而实现起重机的过载和短路保护作用。

f. 各机构的限位保护 起重机启动且按钮 SB 脱开后的控制回路原理图如图 1-20 所示。此时②号电路取代①号电路而接入控制回路中,保护主接触器持续通电吸合。当某机构控制器手柄置于工作位置时,如起升机构吊钩上升,此时控制回路原理图如 1-21 所示。这时起升控制器上升方向连锁触头 SCH1 闭合(下降方向连锁触头 SCH2 断开),只串有上升限位器 SQH 常闭触头的这一分支电路与 $L_2(V_2)$ 相接而使主接触器通电闭合,当吊钩升至上极限位置而将上升限位器 SQH 常闭触头撞开时,则控制回路断开而使主接触器 KM 线圈失电释放,导致主回路断电,电动机停止运转,吊钩停止上升,起到上升方向的限位保护作用。如欲使吊钩下降,重新工作,则必须将各机构控制器手柄复位回零,重新启动。起升控制器手柄扳向下降方向,吊钩下降,上升限位器释放而使其触头恢复常闭状态,以备吊钩再次上升时限位保护之用。同理可实现下降、大车、小车相应各方向的行程端限位保护。

g. 紧急断电保护 从图 1-19 中可知,紧急开关 SE 的常闭触头串于③号电路中,当遇有紧急情况而需要立即断电时,则司机可顺手将置于其操作下方的紧急开关扳动即可打开其常闭触头,使③号电路断开而导致主接触器失电释放,切断起重机总电源,实现紧急断电保护。

h. 各种安全门开关连锁保护 在控制回路的③号电路中,串有司机门连锁开关 SQ1、舱口门开关 SQ2、端梁门开关 SQ3 和 SQ4 的

常闭触头,这些门任何一个打开,均会使控制回路分断而无法合闸
(或掉闸),从而可实现对桥上工作的司机、检修人员的保护,免受起
重机意外的突然启动所造成的危害。

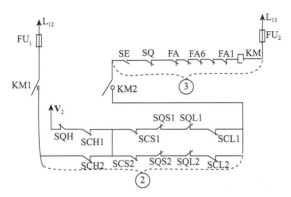

图 1-20　起重机启动后的控制回路原理图

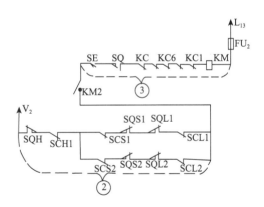

图 1-21　控制回路原理图

i. 起重机的超载保护　在控制回路中,串入超载限制器的常闭
触头,当起吊载荷超过额定负荷时,则控制回路中某一环节有接地或
发生相间短路时,熔断器熔丝立即熔断而使起重机断电,避免火灾事
故发生,对控制回路起短路保护作用。

j. 失压保护　控制柜上设置启动按钮。当控制系统欠压或失压停电,重新恢复启动时,必须用手动启动按钮,恢复正常工作。

3)照明信号回路　桥式起重机的照明信号回路如图 1-22 所示。其回路特点如下:

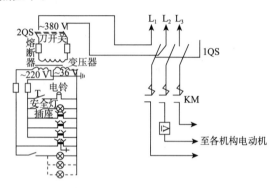

图 1-22　照明信号回路

照明信号回路为专用线路,其电源由起重机主断路器的进线端分接,当起重机保护柜主刀开关拉开后(切断 1QS),照明信号回路仍然有电供应,以确保停机检修之需要。

照明信号回路由刀开关 2QS 控制,并有熔断器作短路保护之用。

手提工作灯、司机室照明及电铃等均采用 36 V 的低电源,以确保安全。

照明变压器的次级绕组必须作可靠接地保护。

思考题:

1. 起重机的基本技术参数有哪些?

2. 桥式起重机金属结构主要由哪几部分组成?

3. 起重机基本机构是指哪几部分?

4. 桥式起重机的控制回路由哪几部分组成?

5. 什么是起重机的失压保护?

第二章 起重机的基础知识

第一节 电学基础知识

一、电学相关知识

1. 导体　容易让电流通过的物体称为导体。一般是指电阻率在 $10^{-8} \sim 10^{-9}$ $\Omega \cdot mm^2/m$ 之间的物体,如钢、铁等金属材料,均属导体。

2. 绝缘体　不容易让电流通过的物体叫绝缘体。一般是指电阻率 $>10^9$ $\Omega \cdot mm^2/m$ 的物体。如塑料、木材、橡胶等。

3. 半导体　介于导体和绝缘体之间的物体称为半导体。

二、直流电基础知识

1. 电流　电荷的定向流动,称为电流。

2. 稳恒电流　电流的大小和方向都不随时间而改变的电流称为稳恒电流。

3. 直流电　电流流动的方向不随时间而改变的电流称为直流电流,简称直流电。

4. 电流强度　通过导线横截面的电量与通这些电量所耗用时间之比,称为电流强度。其表示符号为 I,单位为安培(A)。

5. 电阻　导体对电流的阻碍作用称为电阻,用符号 R 表示。

电阻的单位为欧姆,用符号 Ω 表示。电阻的大小与导体的材料和几何形状有关。

6. 电压　在电场中两点之间的电势差(又称电位差)叫做电压。它表示电场力把单位正电荷从电场中的一点移到另一点所做的功,其方向为电动势的方向。电源加在电路两端的电压称为电源的端电压,电压的单位为伏特,用符号 V 表示。

7. 电动势　把单位正电荷从电源负极经电流内部移到正极时所做的功称为电源的电动势。电动势的方向是由负极经电源内部指向正极。电动势是描述电源性质的物理量,用来表示这个电源将其他形式能量转换为电能本领的大小。

8. 电源　凡能把其他形式的能量转化为电能的装置均称为电源,电源有正负极各一个。

9. 电功　电流通过导体时所做的功称为电功,用 W 表示。电功的大小表示电能转换为其他形式能量的多少。在数值上等于加在导体两端电压 U,流经导体的电流 I 和通电时间 t 三者之乘积。

10. 电阻率　把 1 m 长,截面积为 1 mm^2 的导体所具有的电阻值称为该导体的电阻率,电阻率用 ρ 表示,其单位为 $\Omega \cdot mm^2/m$。

11. 直流电的计算

(1)电流的计算:

$$I = \frac{V}{R}$$

式中: I——电流强度,单位为安培(A);

$\quad\quad V$——电压,单位为伏特(V);

$\quad\quad R$——电阻,单位为欧姆(Ω)。

(2)电功计算:

$$W = IUt$$

式中: W——电功,单位为焦耳(J);

$\quad\quad I$——电流强度,单位为安培(A);

$\quad\quad U$——端电压,单位为伏特(V);

$\quad\quad t$——通电时间,单位为秒(s)。

在电力工程中,电功常用千瓦小时为单位,通常所说的一度电,就是电功的概念,千瓦小时与焦耳的关系为:

$$1 \text{ 度电} = 1 \text{ kWh} = 1000 \text{ W} \times 3600 \text{ s} = 3.6 \times 10^6 \text{ J}$$

(3)电功率计算:

$$P = \frac{W}{t} = IU$$

式中:P——电功率,单位为瓦特(W)。

$$1 \text{ W} = 1 \text{ J/s} = 1 \text{ A} \times 1 \text{ V} = 1 \text{ VA}$$

$$1 \text{ kW} = 1000 \text{ W}$$

三、交流电基础知识

1. 交流电及其电源

(1)交流电　电流的大小和方向都随时间作周期性变化的电流,称为交流电。通有交流电的电路,称为交流电路。

(2)频率　交流电正弦量每秒钟变化的次数叫做正弦量的频率。单位为赫兹(Hz),用 f 表示。

(3)周期　正弦交流电变化一周所需的时间称为正弦交流电的周期,单位为秒(s)。用符号 T 表示。

(4)频率与周期的关系为:

$$f = \frac{1}{T}$$

我们日常用的市电,其频率为 50 Hz,即每秒 50 周,周期为 0.02 s。周期和频率都是描述交流电随时间变化快慢程度的物理量。

(5)三相交流电　一个发电机同时发出峰值相等,频率相同,相位彼此相差 $2\pi/3$ 的三个交流电,称为三相交流电。三相电的每一相,就是一个交流电。

(6)三相交流电源　我国各工矿企业广泛采用电压为 380 V、频率为 50 Hz 三相四线制供电系统。如图 2-1 所示,发电机三相绕组做星形连接,a—A、b—B、c—C 即为三条相线(火线),$(x$、y、$z)$—O

即为零线(地线)。

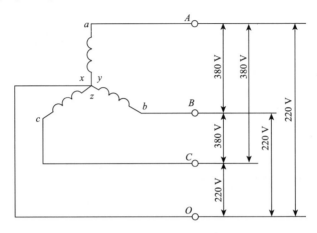

图 2-1　三相交流电源示意图

2.三相交流电

(1)线电压　相线与相线之间的电压称为线电压。在 380 V、50 Hz的三相四线制供电系统中,线电压值为 380 V。

(2)相电压　相线与零线之间的电压,称为相电压。在 380 V、50 Hz 的三相四线制供电系统中,相电压值为 220 V。

第二节　液压传动基础知识

用液体作为工作介质,主要以液压压力来进行能量传递的传动系统称为液压传动系统。

液体主要是水或油,起重机液压系统传递能量的工作介质是液压油,液压油同时还肩负着摩擦部位的润滑、冷却和密封等作用,常用的液压油有 20 号、30 号和 40 号液压油。

液压传动系统一般是由动力、控制、执行(工作)和辅助等四部分组成。

一、动力部分

液压系统中的动力部分主要液压元件是油泵,它是能量转换装置,通过油泵把发动机(或电动机)输出的机械能转换为液体的压力能,此压力能推动整个液压系统工作并使机构运转。

液压系统常用的油泵有齿轮泵、柱塞泵、叶片泵、转子泵和螺栓泵等,其中汽车起重机采用的油泵主要是齿轮泵,还有柱塞泵等。

1. 齿轮泵 它是由装在壳体内的一对齿轮所组成。根据需要齿轮油泵设计有二联或三联油泵,各泵有单独或共同的吸油口及单独的排油口,分别给液压系统中各机构供压力油,以实现相应的动作。

2. 柱塞泵 它有轴向柱塞泵和径向柱塞泵之分。这种油泵的主要组成部分有柱塞、柱塞缸、泵体、压盘、斜盘、传动轴及配油盘等。

二、控制部分

液压系统中的控制部分主要由不同功能的各种阀类所组成,这些阀类的作用是用来控制和调节液压系统中油液流动的方向、压力和流量,以满足工作机构性能的要求。根据用途和工作特点之不同,阀类可分为如下三种类型,即方向控制阀、压力控制阀和流量控制阀。

方向控制阀有单向阀和换向阀等;压力控制阀有溢流阀、减压阀、顺序阀和压力继电器等;流量控制阀有节流阀、调速阀和温度补偿调速阀等。

以下以汽车起重机液压系统控制部分采用的各种阀类为例作一介绍。

1. 控制方向阀

汽车起重机常采用的控制方向阀为换向阀。换向阀也称分配阀,属于控制元件,它的作用是改变液压的流动方向,控制起重机各工作机构的运动,多个换向阀组合在一起称为多联阀,起重机下车常用二联阀操纵下车支腿,上车常用四联阀,操纵上车的起升、变幅、伸缩、回转机构。换向阀主要由阀芯和阀体两种基本零件组成,改变阀芯在阀体内的位置,油液的流动通路就发生变化,工作机构的运动状态也随之改变。

2. 控制压力阀

汽车起重机常采用的控制压力阀为平衡阀和溢流阀。

平衡阀是控制元件,它安装在起升机构、变幅机构、伸缩机构的液压系统中,防止工作机构在负载作用下产生超速运动,并保证负载可靠地停留在空中,平衡阀是保证起重机安全作业不可缺少的重要元件,其构造由主阀芯、主弹簧、导控活塞、单向阀、阀体、端盖等组成。主阀芯的开启受导控活塞的控制。主阀弹簧一般为固定式,也有的为可调式。通过调整端盖上的调节螺钉来改变平衡阀的控制压力。

溢流阀属于控制元件,它是液压系统的安全保护装置,可限制系统的最高压力或使系统的压力保持恒定,起重机使用溢流阀是先导式溢流阀。它主要由主阀和导阀两部分组成。主阀随导阀的启闭而启闭,主阀部分有主阀芯、主阀弹簧、阀座等。导阀部分有导阀、导阀弹簧、阀座、调整螺钉等。当系统压力高于调定压力时,导阀开启少量回油。由于阻尼作用,主阀下方压力大于上方压力,主阀上移开启,大量回油,使压力降至调定值,转动调节螺钉即可调整系统工作压力的大小。

3. 控制流量阀

汽车起重机常采用的控制流量阀为液压锁,液压锁又叫做液控单向阀,是控制元件。它安装在支腿液压系统中,能使支腿油缸活塞杆在任意位置停留并锁紧,支承起重机,也可以防止液压管路破裂可能发生的危险,凡是支腿油缸都装有液压锁,它主要由阀体、柱塞和两个单向阀组成,柱塞可左右移动,打开单向阀。

三、工作执行部分

液压传动系统的工作执行部分主要是靠油缸和液压马达(又称油马达)来完成,油缸和液压马达都是能量转换装置,统称液动机。

以下以汽车起重机用油缸和液压马达为例作简要介绍。

1. 油缸

油缸是执行元件,它将压力能转变为活塞杆直线运动的机械能,推动机构运动,变幅机构、伸缩机构、支腿等均靠油缸带动。油缸是由缸筒、活塞、活塞杆、缸盖、导向套、密封圈等组成。

2. 液压马达

液压马达又称油马达,是执行元件。它将压力能转变为机械能,驱动起升机构和回转机构运转。起重机上常用的油马达有齿轮式马达和柱塞式马达。轴向柱塞式油马达因其容积效率高、微动性能好,在起升机构中最为常用。油马达与油泵互为可逆元件,构造基本相同,有些柱塞马达与柱塞泵则完全相同,可互换使用。

四、辅助部分

液压系统的辅助部分是由液压油箱、油管、密封圈、滤油器和蓄能器等组成。它们分别起储存油液、传导液流、密封油压、保持油液清洁、保持系统压力、吸收冲击压力和油泵的脉冲压力等作用。

五、液压系统的基本回路

1. 调压回路

调压回路的作用是限定系统的最高压力,防止系统的工作超载。

如图 2-2 所示,是起重机主油路调压回路,它是用溢流阀来调整压力的,由于系统压力在油泵的出口处较高,所以溢流阀设在油泵出油口侧的旁通油路上,油泵排出的油液到达 A 点后,一路去系统,一路去溢流阀,这两路是并联的,当系统的负载增大油压升高并超过溢流阀的调定压力时,溢流阀开启回油,直至油压下降到调定值时为止。该回路对整个系统起安全保护作用。

2. 卸荷回路

当执行机构暂不工作时,应使油泵输出的油液在极低的压力下流回油箱,减少功率消耗,油泵的这种工况称为卸荷。卸荷的方法很多,起重机上多用换向阀卸荷,如图 2-3 所示是利用滑阀机能的卸荷回路,当执行机构不工作时,三位四通换向阀阀芯处于中间位置,这时进油口与回路口相通,油液流回油箱卸荷,图中 M、H、K 型滑阀机都能实现卸荷。

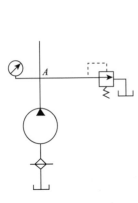

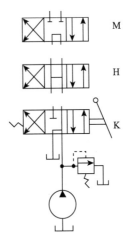

图 2-2　调压回路　　　图 2-3　利用滑阀机能的卸荷回路

3. 限速回路

限速回路也称为平衡回路,起重机的起升马达,变幅油缸及伸缩油缸在下降过程中,由于载荷与自重的重力作用,有产生超速的趋势,运用限速回路可靠地控制其下降速度。如图 2-4 所示为常见的限速回路。

当吊钩起升时,压力油经右侧平衡阀的单向阀通过,油路畅通,当吊钩下降时,左侧通油,但右侧平衡阀回油通路封闭,马达不能转动,只有当左侧进油压力达到开启压力,通过控制油路打开平衡阀芯形成回油通路,马达才能转动使重物下降,如在重力作用下马达发生超速运转,则造成进油路供油不足,油压降低,使平衡阀芯开口关小,回油阻力增大,从而限定重物的下降速度。

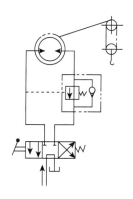

4. 锁紧回路

起重机执行机构经常需要在某个位置保持不动,如支腿、变幅与伸缩油缸等,这样必须把执行元件的进口油路可靠地锁紧,否则便会发生"坠臂"或"软腿"危险,除用平衡阀锁紧外,还有如图 2-5 所示的液控单向阀锁紧。它用于起重机支腿回路中。

图 2-4 限速回路

当换向阀处于中间位置,即支腿处于收缩状态或外伸支承起重机作业状态时,油缸上下腔被液压锁的单向阀封闭锁紧,支腿不会发生外伸或收缩现象,当支腿需外伸(收缩)时,液压油经单向阀进入油缸的上(下)腔,并同时作用于单向阀的控制活塞打开另一单向阀,允许油缸伸出(缩回)。

5. 制动回路

如图 2-6 所示为常闭式制动回路,起升机构工作时,扳动换向阀,压力油一路进入油马达,另一路进入制动器油缸推动活塞压缩弹簧实现松闸。

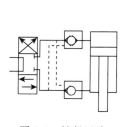

图 2-5 锁紧回路

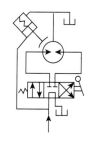

图 2-6 制动回路

六、流动式起重机液压系统

如图 2-7 所示是 QY-8 型汽车起重机的液压系统。该系统由油泵 1 供油,压力油经滤清器 6、分路阀 5 后,可分别给上车或下车供油,当阀 5 在图示位置时,压力油经中心回转接头 22 流入上车四联换向阀 D、C、B、A,如果将阀 5 变换到左位,则压力油流入支腿换向阀 2、3,上车回油经阀 A,中心回转接头 22 返回油箱 23,下车回油经阀 3 返回油箱。

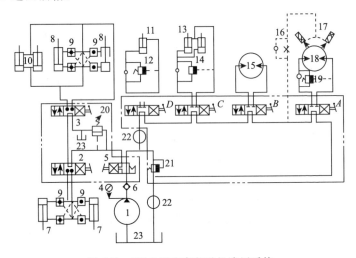

图 2-7   QY-8 型汽车起重机液压系统

1—油泵;2—前支腿换向阀;3—后支腿换向阀;4—压力表;5—分路阀;
6—滤清器;7—前支腿油缸;8—后支腿油缸;9—双向液压锁;10—稳定器油缸;
11—伸缩油缸;12、14、19—平衡阀;13—变幅油缸;15—回转马达;
16—单向节流阀;17—制动器;18—起升马达;20、21—溢流阀;
22—中心回转接头;23—油箱

四联换向阀 A、B、C、D 分别控制卷扬机构的起升马达 18,回转机构的回转马达 15,变幅油缸 13,伸缩油缸 11 的动作,当四个阀都处于中位时,油泵卸荷,油液全部流回油箱,由于四联换向阀油路串联,故当空载或轻载时,各工作机构可以进行组合动作。

上车的起升、变幅和伸缩油路中分别装有平衡阀 12、14 和 19,以控制负载下降的速度,防止重物坠落和油缸回缩。

起升马达 18 通过两级齿轮减速器驱动卷筒转动,在减速器高速轴上装有常闭式瓦块制动器 17,制动器靠弹簧力制动,当制动油缸通入压力油时,可以克服弹簧压力将制动器打开,制动油缸前装有单向节流阀 16,它与主油路在 K 点相接。由于 K 点位于起升控制阀 A 之前,所以只要阀 A 处于中位时,没有压力油进入制动油缸,制动器 17 处于制动状态。而阀 A 处于工作位置,起升马达 18 旋转时,制动油缸进入压力油,制动松开,单向节流阀 16 的作用是使制动器油缸滞后于马达 18 进油,这样可以避免马达转动瞬间发生溜钩现象。

回转马达 15 的回路中没有制动装置,它的制动靠阀 B 的 M 型滑阀机能来实现的。

下车的蛙式支腿油缸 7、8 分别由串联的 M 型三位四通阀 2、3 操纵,支腿油缸装有双向液压锁 9。在后支腿回路中,并联有稳定器油缸 10,放后支腿时,压力油同时将稳定器油缸的活塞杆推出,将后桥挂起,收后支腿时,油缸收缩,将后桥放下。

溢流阀 21、20 分别保护上车与下车油路。上车与下车的工作压力不同,下车的工作压力为 16 MPa,上车的工作压力为 25 MPa。

在油泵出口处装有滤清器 6,用以保护油泵以外的液压元件,为了避免滤清器堵塞而损坏滤芯或其他元件,滤清器前面管路设有压力表 4,当空载时,如果压力表读数超过 1 MPa,则说明滤清器很脏,应进行保养清洗。阻尼塞对压力油起阻尼作用,能保护压力表并防止压力表指针剧烈摆动。

七、液压系统的安全技术要求

1. 液压系统应有压力表,指示准确。

2. 液压系统应有防止过载和冲击的装置。采用溢流阀时,溢流压力不得大于系统工作压力的 110%。

3. 应有良好的过滤器或其他防止液压油污染的措施。

4. 液压系统中,应有防止被吊重或臂架驱动使执行元件超速的措施。

5. 液压系统工作时,液压油的温升不得超过 40℃。

6. 支腿油缸处于支承状态时,基本臂在最小幅度悬吊最大额定起重量,15 min 后,变幅油缸和支腿油缸活塞杆的回缩量均应不大于 6 mm。

7. 平衡阀必须直接或用钢管连接在变幅油缸、伸缩油缸和起升马达上,不得用软管连接。

8. 各平衡阀的开启压力应符合说明书要求。

9. 使用蓄能器时,蓄能充气压力与安装应符合规定。

10. 手动换向阀的操作与指示应方向一致,操纵轻便,无冲击跳动。起升离合器操纵手柄应设有锁止机构,工作可靠。

11. 液压系统应按设计要求用油,油量满足工作需要。

12. 油泵和液压马达无异响,系统工作正常,不得漏油。

第三节 力学基础知识

一、力的基本概念

1. 力的概念

人们在日常生活中用手推车或用手提水,就会使手臂的肌肉收缩,人们感到在用"劲",而使车子前进或水被提携起来,则逐步产生了"力"的概念。

所谓力,就是物体间的相互机械作用,而这种机械作用使物体的运动状态发生了改变或使物体产生变形。这种物体间的相互机械作用就叫做力。

2. 力的三要素

力作用在物体上所产生的效果,不但与力的大小和方向有关,而且与力的作用点有关。我们把力的大小、方向和作用点称为力的三要素。

3. 力的单位

在国际单位制,力的单位是牛顿,简称"牛",国际符号是"N"。

目前在工程中,仍采用工程单位制,以公斤力(kgf)或吨力(tf)作为力的单位。它们的换算关系是:

$$1 公斤力(1\ kgf)=9.8(N)\approx10\ 牛(N)$$

二、力的合成与分解

1. 力的合成

当一个物体同时受到几个力的作用时,如果找到这样的一个力,其产生的效果与原来几个力共同作用的效果相同,则这个力叫做原来那几个力的合力,求几个已知力的合力的方法叫做力的合成。

2. 力的分解

一个已知力(合力)作用在物体上产生的效果可以用两个或两个以上同时作用的力(分力)来代替,由合力求分力的方法叫做力的分解。力的分解有图解法和三角函数法。

3. 力的平衡

在两个或两个以上力系的作用下,物体保持静止或做匀速直线运动状态,这种情况叫做力的平衡。几个力平衡的条件是它们的合力等于零。

三、重力和重心

1. 重力和重量

在地面附近的物体,都受到地球对它的作用力,其方向垂直向下(指向地心),这种作用力叫做重力。而重力的大小则称为该物体的重量。

2. 重心

物体的重心,就是物体上各个部分重力的合力作用点。不论怎样放置,物体重心的位置是固定不变的。

3. 物体重心的确定方法

(1)对于具有简单几何形状,材质均匀分布的物体,其物体重心就是该几何体的几何中心。如球形的重心即为球心;圆形薄板的重心在其中分面的圆心上;三角形薄板的重心在其中分面三条中线的交点上;圆柱体的重心在轴线的中点上,等等。

(2)形状复杂、材质均匀分布的物体,可以把它分解为若干个简单几何体,确定各个部分的重量及其重心位置坐标,然后计算整个物体的重心位置坐标值,来确定其重心位置。

(3)物体重心的实测法,对于材质不均匀又不规则几何形体的重心,可用悬吊法求得重心位置,如图 2-8 所示。先选 A 点为吊点将物体吊起,得物体重力作用线Ⅰ-Ⅰ,再旋转任一角度选 B 点为吊点亦把物体吊起,得物体重力线Ⅱ-Ⅱ,Ⅰ-Ⅰ与Ⅱ-Ⅱ两线的交点 C,即为整个物体的重心位置。

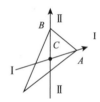

图 2-8 物体重心的实测法简图

四、物体重量的计算

物体的重量是由物体的体积和它本身的材料密度所决定的。为了正确地计算物体的重量,必须掌握物体体积的计算方法和各种材料密度等有关知识。

1. 长度的量度,工程上常用的长度基本单位是毫米(mm)、厘米(cm)和米(m)。它们之间的换算关系是 1 m=100 cm=1000 mm。

2. 面积的计算,物体体积的大小与它本身截面积的大小成正比。各种规则几何图形的面积计算公式见表 2-1。

表 2-1　平面几何图形面积计算公式表

名称	图形	面积计算公式
正方形		$S=a^2$
长方形		$S=ab$
平行四边形		$S=ah$
三角形		$S=\dfrac{1}{2}ah$
梯形		$S=(a+b)h/2$
圆形		$S=\dfrac{\pi}{4}d^2$（或 $S=\pi R^2$） d——圆直径 R——圆半径

名称	图形	面积计算公式
圆环形		$S=\dfrac{\pi}{4}(D^2-d^2)$ $=\pi(R^2-r^2)$ d、D——分别为圆环内、外直径 r、R——分别为圆环内、外半径
扇形		$S=\pi R^2 \alpha/360$ α——圆心角(度)

3. 物体体积的计算,物体的体积大体可分两类:即具有标准的几何形体和由若干规则几何体组成的复杂形体两种。对于简单规则的几何形体的体积计算可直接由表 2-2 中的计算公式查算;对于复杂的物体体积,可将其分解成数个规则的或近似的几何形体,查表 2-2 按相应计算公式计算并求其体积的总和。

表 2-2　各种几何形体体积计算公式表

名称	图形	公式
立方体		$V=a^3$
长方体		$V=abc$

续表

名称	图形	公式
圆柱体		$V=\dfrac{\pi}{4}d^2h$ 或 $=\pi R^2h$ R——为半径
空心圆柱体		$V=\dfrac{\pi}{4}(D^2-d^2)h$ 或 $=\pi(R^2-r^2)h$ r、R——内、外半径
斜截正圆柱体		$V=\dfrac{\pi}{4}d^2\cdot\dfrac{(h_1+h_2)}{2}$ $=\pi R^2(h_1+h_2)/2$ R——半径
球体		$V=\dfrac{4}{3}\pi R^3$ R——大圆半径 球体的直径或半径常用大圆 (即通过球心的截面圆)来定义

续表

名称	图形	公式
圆锥体		$V=\dfrac{\pi}{3}R^2h$ R——底圆半径 d——圆锥的高
任意三棱体		$V=\dfrac{1}{2}bhl$
截头方锥体		$V=\dfrac{h}{6}\times[(2a+a_1)b+(2a_1+a)b_1]$
正六角棱柱体		$V=2.598b^2h\approx2.6b^2h$

　　4. 材料的密度 ρ，计算物体的重量时，必须知道物体材料的密度。所谓密度就是指某种物体物质材料的单位体积所具有的质量，表2-3列出了几种常用材料的密度。水的密度为 1 t/m³（1000 kg/m³ ＝ 1 g/cm³）。

　　材料密度的单位是 g/cm³。

对于散粒物料,采用堆密度,亦列于表 2-3 中。

表 2-3　材料的密度 ρ(比重)

材料名称	密度(t·m^{-3})	材料名称	密度(t·m^{-3})
水	1.00	煤油	0.8
钢	7.85	煤	0.6~0.8
铸铁	7.4~7.7	焦炭	0.36~0.53
铜、镍	8.9	煤灰	0.7
铅	11.34	造型砂	0.8~1.3
铝	2.7	石灰石	1.2~1.5
木材	0.5~0.7	水泥	0.9~1.6
混凝土	2.4	铁矿	1.5~2.5

5. 物体重量的计算,物体的重量等于构成该物体材料的密度与物体体积的乘积,其表达式为:

$$G = 1000\rho Vg\,(\text{N})$$

式中 ρ——物体材料密度(t/m³);

V——物体体积(m³);

g——重力加速度,取 $g = 9.8$ m/s²。

思考题:

1. 什么叫电流、直流电、交流电、电阻、电压?

2. 液压系统由哪些元件组成?各起什么作用?

3. 什么叫力?力的三要素指什么?

4. 什么叫重心?重心在起重作业中有什么作用?

第一节　钢丝绳

　　钢丝绳是一种具有强度高、弹性好、自重轻及绕性好的重要构件,被广泛用于机械、造船、采矿、冶金以及林业等多种行业。

　　钢丝绳由于绕性好,承载能力大,传动平稳无噪声,工作可靠,特别是钢丝绳中的钢丝断裂是逐渐产生的,在正常工作条件下,一般不会发生整根钢丝绳突然断裂。为此钢丝绳不仅成为起重机械的重要零部件,如用于起重机械起升机构、变幅机构、牵引机构中作为缠绕绳,用于桅杆起重机桅杆的张紧绳,用于缆索起重机与架空索道的支持绳等,而且还大量地用于起重运输作业中的吊装及捆绑绳。

　　虽然钢丝绳在正常工作条件下不会发生突然破断,但随着钢丝绳的磨损、疲劳等破坏的加剧,将会出现断绳事故的隐患,为此作为一名起重机司机,不仅是要求会操作,还应了解和掌握起重机的易损件——钢丝绳的基本结构性能特点、安全使用检查及维护保养等。

一、钢丝绳的材质

　　钢丝绳的钢丝因要求要有很高的强度与韧性,通常采用含碳量为 $0.5\% \sim 0.8\%$ 的优质碳素钢制作,而且含硫、磷量不应大于 0.035% 。为此应选用 GB 699—88《优质碳素结构钢技术条件》中的 50、60 和 65 号钢。

二、钢丝绳绳芯

在钢丝绳的绳股中央必有一绳芯,绳芯是钢丝绳的重要组成部分之一。

1. 绳芯的作用

(1)增加绕性与弹性。在钢丝绳中设置绳芯的主要目的是为了增强钢丝绳的绕性与弹性,通常情况下在钢丝绳的中心都应设置一绳芯。如果为了钢丝绳的绕性与弹性更好,还应在钢丝绳的每一绳股中再增加一股绳芯,此时的绳芯应选用纤维芯。

(2)便于润滑。在绕制钢丝绳时,将绳芯浸入一定量的防腐、防锈润滑脂,钢丝绳工作时润滑油将浸入各钢丝之间,起到润滑、减磨及防腐等作用。

(3)增加强度。为了增强钢丝绳的挤压能力,在钢丝绳中心设置一钢芯,以便提高钢丝绳的横向挤压能力。

2. 绳芯的种类

(1)纤维芯 纤维芯通常是用剑麻、棉纱等纤维制成,并用防腐、防锈润滑油浸透。纤维芯能促使钢丝绳具有良好的绕性和弹性,润滑油能使钢丝得到润滑、防锈、防腐、减磨作用,但纤维芯钢丝绳不适宜在高温环境中工作,也不适宜在承受横向压力情况下工作。它主要用于常温下的缠绕绳和捆绑绳。

(2)石棉纤维芯 石棉纤维芯是用石棉纤维制成,并用防腐、防锈润滑油浸透。石棉纤维芯绳与纤维芯绳具有同样的良好绕性和弹性,以及润滑性,同时又具有耐高温性,适用于高温、烘烤环境中的冶金起重机缠绕绳。

(3)金属芯 金属芯是用软钢钢丝或软钢绳股制成,由于金属芯强度大,抵抗横向挤压能力强,因而它适宜用于多层缠绕的起重设备,如卷扬机、汽车起重机的缠绕装置中;由于强度高,也适用于特重级高温环境下的冶金起重机。通常情况下,这种金属芯绳自身润滑性差,近年来有采用螺旋金属管作为绳芯的,在管中储有润滑油用来润滑钢丝。金属芯钢丝绳绕性及弹性均不如纤维芯钢丝绳,除了用于多层缠绕、高温环境之外,多用于起重设备的张紧绳或支持绳。

三、钢丝绳钢丝

1. 钢丝制造

利用优质碳素钢钢锭经过多次热轧制成直径大约为 $\phi6$ mm 的圆钢,通常称为盘钢或盘条,然后再经过多次冷拔加工使盘钢或盘条直径减小至所需要的 $\phi0.5\sim2$ mm 细钢丝为钢丝绳钢丝。在拔丝过程中还要经过若干次热处理,在热处理及冷拔工艺过程中钢丝通过反复变形强化达到了很高的强度与韧性,通常强度可达到 $1200\sim2000$ N/mm。冷拔至需要尺寸的钢丝根据需要还要进行镀锌或镀铅等表面处理。

2. 钢丝质量分级

钢丝的质量是根据钢丝韧性的高低,即耐弯折次数的多少,分为三级:特级、Ⅰ级及Ⅱ级。特级能承受反复弯曲和扭转的次数较多,用于载人升降机和大型冶金浇铸起重机;Ⅰ级能承受反复弯曲和扭转的次数一般,用于普通起重设备;Ⅱ级用于起重运输作业中的吊装捆绑绳。

3. 钢丝表面处理

在正常使用条件下,钢丝为光面不做表面处理。当工作条件为潮湿等有腐蚀的环境时,为了防止钢丝的腐蚀损害,钢丝表面要进行镀锌处理,镀锌钢丝以甲、乙进行标记,"甲"用于严重腐蚀条件,"乙"用于一般腐蚀条件。如用于有耐酸要求的场合,钢丝表面应进行镀铅表面处理。

四、钢丝绳的绕制方法

绝大部分的钢丝绳首先由钢丝捻成股,然后再由若干股围绕着绳芯捻成绳,这类钢丝绳称为双绕绳,为起重机械大量采用。也有极少的钢丝绳为单股绳,又称为单绕绳,直接由钢丝分内外层按不同捻绕方向绕制而成,这种单绕绳具有封闭光滑的外表面,耐磨、雨水不易浸入内部,适用于缆索起重机与架空索道的支承绳,由于绕性不好不宜作缠绕绳。

双绕绳按捻向绕制方法之不同有以下几种类型:

1. 交互捻钢丝绳

交互捻钢丝绳又称为交绕绳,交绕绳的绳与股的捻向相反(如图3-1a所示),捻向分为左向螺旋和右向螺旋,如右捻绳即为由钢丝按左向螺旋捻制成股,再由股向右向螺旋捻制成绳。这种绳由于绳与股的扭转趋势相反,互相抵消而没有扭转打结、松散的趋势,使用方便,为起重机大量采用。

2. 同向捻钢丝绳

同向捻钢丝绳又称为顺绕绳,顺绕绳的绳与股捻向相同(如图3-1b所示),其捻向也分为左、右捻,如右捻顺绕绳即为丝捻成股,股再捻成绳,均为右向螺旋捻制而成。这种绳丝与丝之间接触较好,具有绕性好、寿命长的特点,但有扭转打结、易松散的趋向,只能用于张紧绳或牵引绳,不宜用于起升缠绕绳。

3. 混合捻钢丝绳

半数股为左捻、半数股为右捻的绳,称为混合捻钢丝绳(如图3-1c所示)。这种绳为多层股不旋转钢丝绳,各相邻层股的捻向相反。它具有交互捻和同向捻的共同优点,但制造工艺复杂,仅用于起重量较小、起升高度较大的起重机,如塔式起重机。

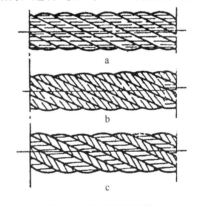

图 3-1　钢丝绳的卷绕

a—交互捻(交绕)　b—同向捻(顺绕)　c—混合捻

五、钢丝绳绳股形状与结构

1. 股的形状

(1)圆股钢丝绳:制造方便,常被采用(见图 3-2a)。

(2)异形股钢丝绳:有三角股(见图 3-2c)、椭圆股(见图 3-2b)及扁股等异形股绳。这种绳虽然制造工艺复杂,但却是一种起升缠绕性能良好的理想钢丝绳。

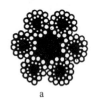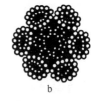

a   b   c

图 3-2　异型股钢丝绳

a 圆股　b 椭圆股　c 三角股

2. 股的构造

根据钢丝之间的接触状态之不同,股的结构也不同,可分为点接触、线接触和面接触。

(1)点接触钢丝绳。点接触钢丝绳的股是由直径相同的钢丝捻制而成(如图 3-3a 所示)。这种钢丝绳的特点是钢丝之间为点接触,比压较大,钢丝易磨损折断,使用寿命短。但这种绳绕性好,制造简单,成本低,曾为起重机械广泛应用过。

(2)线接触钢丝绳。各股是由直径不相同的钢丝捻制而成,又称为复合结构钢丝绳(如图 3-3b 所示)。复合钢丝绳又分为外粗式绳、粗细式绳和填充式绳(如图 3-4 所示)。外粗式绳又称为西尔式绳,外层钢丝粗,内层钢丝细(如图 3-4a 所示)。粗细式绳又称为瓦林吞式绳,绳股一般为二层,绳股中外层钢丝直径粗细交隔(如图 3-4b 所示)。填充式绳的绳股也分为二层,在二层粗钢丝之间的孔隙中充填一根细钢丝,称为充填丝,提高了钢丝绳的金属充满率,增强了破断拉力(如图 3-4c 所示)。总之复合型钢丝绳通过直径不同的钢丝适当配置,使每层钢丝的捻距相同,钢丝间形成线接触。其优点是绳股断面排列紧密,相邻钢丝接触良好,当钢丝绳绕过滑轮或卷筒时在钢丝交叉地方不致于产生很大局部应力,有抵抗潮湿及防止有害物浸入钢丝绳内部的能力,它将会取代点接触的普通结构钢丝绳。

(3)面接触钢丝绳。面接触钢丝绳是由特制的异型钢丝绳绕制成股,然后用挤压的方法制成面接触型绳(如图 3-3c 所示)。

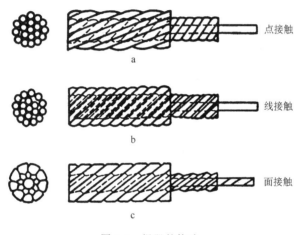

点接触

线接触

面接触

图 3-3 绳股的构造
a 点接触绳 b 线接触绳 c 面接触绳

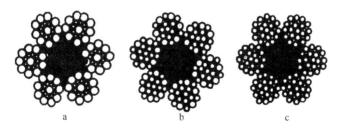

图 3-4 线接触钢丝绳
a 外粗式 b 粗细式 c 填充式

3. 股的数目

钢丝绳股的数目通常有 6 股、8 股和 18 股绳等,其外层股的数目愈多,钢丝绳与滑轮槽或卷筒槽接触的情况愈好,寿命愈长。6 股绳是起重机常用绳,8 股绳多为电梯起升绳,18 股绳为不旋转绳,多用于起升倍率为 1∶1 的单绳起升机构中,为某些港口装卸起重机或建筑塔式起重机所用。

六、钢丝绳的选用

1. 按用途选用钢丝绳

(1)普通起升、变幅缠绕绳应优先选用 6 股线接触交绕绳。

(2)起重机用张紧绳、牵引绳应选用顺绕绳。

(3)缆索起重机或架空索道用的支承绳应选用单绕绳。

(4)在有腐蚀性的环境中工作时,应选用镀锌钢丝绳。

(5)需要有耐酸要求的场合,应选用镀铅钢丝绳。

(6)在高温环境中工作的起重机应选用具有特级韧性石棉芯钢丝绳或具有钢芯的钢丝绳。

(7)电梯起升绳应选用 8 股韧性为特级的钢丝绳。

(8)起升倍率为 1∶1 的港口起重机或塔式起重机应选用 18 股不旋转钢丝绳。

(9)电动葫芦起升绳多选用点接触的每股 37 丝的钢丝绳。

(10)捆绑绳多选用韧性较低的 Ⅱ 级绳。

2. 按钢丝绳许用拉力选择钢丝绳

(1)钢丝绳的破断力。钢丝绳做拉伸试验被拉断的拉力称为钢丝绳的破断力,钢丝绳破断力按式 3-1 计算。

$$S_P = \varphi S_0 \tag{3-1}$$

式中 S_P ——钢丝绳的破断力,N;

S_0 ——钢丝绳的钢丝破断拉力总和,N。可以从不同类型规格钢丝绳的性能表中查得,还可以近似计算 $S_0 \approx 500 d^2$(d 为钢丝绳直径,mm);

φ——折减系数,6×19绳的为 0.85,6×37绳的为 0.82,6×61绳的为0.80。

(2)钢丝绳的安全系数与许用应力。为了安全,钢丝绳的许用拉力应有一定的储备能力,储备能力的大小用安全系数表示,钢丝绳的许用拉力按式 3-2 计算。

$$[S]=\frac{S_P}{n} \tag{3-2}$$

式中$[S]$——钢丝绳的许用拉力,N;

n——钢丝绳的安全系数。

起重机各机构用钢丝绳的安全系数如表 3-1 所示,其他钢丝绳安全系数如表 3-2 所示。

表 3-1　机构用钢丝绳安全系数

机构工作级别	M_1—M_3	M_4	M_5	M_6	M_7	M_8
安全系数 n	4	4.5	5	6	7	8

表 3-2　其他钢丝绳安全系数

其他绳	支承动臂张紧绳	缆风绳张紧绳	吊装及捆绑绳	双绳抓斗起升、开闭绳	单绳马达抓斗起升绳	手扳葫芦牵引绳	手动轿车牵引绳
安全系数 n	4	3.5	6	6	5	4.5	4

(3)钢丝绳的静载拉力。起升绳的静载拉力按式 3-3 计算;吊装绳的静载拉力(如图 3-5 所示),按式 3-4 计算。

$$S_j=\frac{Q}{\eta a} \tag{3-3}$$

式中 S_j——钢丝绳的静载拉力,N;

Q——额定起重量及吊具重力之和,N;

η——起升机构的总效率,取 $\eta=0.80\sim0.90$;

a——起升机构的钢丝绳分支数。

$$S_j=\frac{G}{Z\cdot\cos\alpha} \tag{3-4}$$

式中 S_j——吊装绳的静载拉力,N；

$\quad\quad G$——吊载重力,N；

$\quad\quad Z$——吊装绳的分支数。

(4)钢丝绳的选择。为了安全所选择的钢丝绳许用拉力[S]应不小于钢丝绳的静载拉力 S_j,按式 3-5 计算。

$$[S] \geqslant S_j \quad\quad (3\text{-}5)$$

3.钢丝绳的标记方法与示例

(1)钢丝绳的标记方法

钢丝绳的标记方法参阅 GB 8707—1988《钢丝绳标记代号》。

(2)钢丝绳标记示例

例 3-1 结构形式为 6×37,公称抗拉强度为 1700 N/mm² 。I 号甲组镀

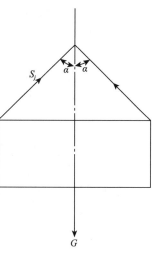

图 3-5 吊装绳受力图

锌钢丝制成的 15 mm 直径绳,右同向捻点接触钢丝绳标记为：

钢丝绳 6×37—15—170—I—甲镀—右同—GB 1102。

例 3-2 公称抗拉强度 1550 N/mm² ,I 号光面钢丝制成的直径 12 毫米右向交互捻不松散瓦林吞型钢丝绳标记为：

钢丝绳 6 W(19)—12—155—I—光—右交—GB 1102。

标记中"光"、"右"、"交"可以省略不标。

七、钢丝绳的绳端固定

钢丝绳在使用中需与其他承载构件连接传递载荷,绳端连接处应牢固可靠,常用的绳端固接方式(如图 3-6 所示)。

1.编结法(如图 3-6a 所示)。将钢丝绳绕于心形垫环上,尾端各股分别编插于承载各股之间。每股插 4～5 次,然后用细软钢丝扎紧,捆扎长度为钢丝绳直径的 20～25 倍,同时不应小于 300 mm。

2.绳卡固定法(如图 3-6b 所示)。当绳径 $d \leqslant 16$ mm 时,可用三个绳卡；16 mm$<d \leqslant 20$ mm 时,可用四个绳卡；20 mm$<d \leqslant 26$ mm 时,可用

五个绳卡;$d > 26$ mm 时,可用六个绳卡。绳卡的方位应按图 3-6b 所示,以免圆钢卡圈将钢丝绳工作支压伤,各绳卡间距约为 150 mm。

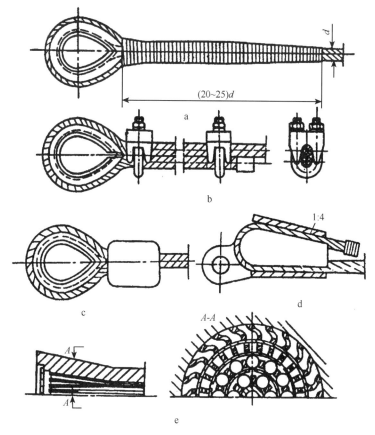

图 3-6　钢丝绳绳尾端的固定
a 编结法　b 绳卡固定法　c 压套法　d 斜楔固定法　e 灌铅法

　3. 压套法(如图 3-6c 所示)。将绳端与工作支套入一个长圆形铝合金套管中,用压力机压紧即可,当绳径 $d = 10$ mm 时约需压力 550 kN;$d = 40$ mm 时压力约为 720 kN。

4. 斜楔固定法(如图 3-6d 所示)。利用斜楔能自动夹紧的作用来固定绳端,这种方法装拆都很方便。

5. 灌铅法(如图 3-6e 所示)。将绳端钢丝拆散洗净,入锥型套筒中,把钢丝末端弯成钩状,然后灌满熔铅。这种方法操作复杂,仅用于大直径钢丝绳,如缆索起重机的支承绳。

八、钢丝绳的安全使用

1. 新更换的钢丝绳应与原安装的钢丝绳同类型、同规格。如采用不同类型的钢丝绳,应保证新换钢丝绳性能不低于原钢丝绳,并能与卷筒和滑轮的槽形相符。钢丝绳捻向应与卷筒绳槽螺旋方向一致,单层卷绕时应设导绳器加以保护以防乱绳。

2. 新装或更换钢丝绳时,从卷轴或钢丝绳卷上抽出钢丝绳应注意防止钢丝绳打环、扭结、弯折或粘上杂物。

3. 新装或更换钢丝绳时,截取钢丝绳应在截取两端处用细钢丝扎结牢固,防止切断后绳股松散。

4. 对运动的钢丝绳与机械某部位发生摩擦接触时,应在机械接触部位加适当保护措施;对于捆绑绳与吊载棱角接触时,应在钢丝绳与吊载棱角之间加垫木块或钢板等保护措施,以防钢丝因机械割伤而破断。

5. 起升钢丝绳不准斜吊,以防钢丝绳乱绳出现故障。

6. 严禁超载起吊,应安装超载限制器或力矩限制器加以保护。

7. 在使用中应尽量避免突然的冲击振动。

8. 应安装起升限位器,以防过卷拉断钢丝绳。

九、钢丝绳的安全检查

1. 安全检查周期

(1)日常观察,起重机司机有责任在每个工作日中,都要尽可能对钢丝绳任何可见部位进行观察,以便及时发现钢丝绳的损坏与变形,如有异常应及时通报主管部门进行处理。

（2）主管人员的定期安全检查,对一般起重机械及吊装捆绑作业用的钢丝绳,每月至少进行一次安全检查。

（3）主管人员对建筑工地起重机械用的钢丝绳,每周至少进行一次安全检查。

（4）主管人员对吊运熔化或赤热金属、酸溶液、爆炸物、易燃物及有毒物品的起重机械用钢丝绳,每周至少应进行两次安全检查。

2. 安全检查部位

（1）一般部位检查。应注意检查钢丝绳运动和固定的始末端;应注意检查通过滑轮组或绕过滑轮组的绳段,特别是负载时绕过滑轮的钢丝绳的任何部位;应注意检查平衡滑轮的绳段、与机械某部位可能引起磨损的绳段、有锈蚀等腐蚀及疲劳部分的绳段。

（2）绳端部位检查。绳端固定连接部位的安全可靠性对起重机械的安全是十分重要的,对绳端部位应做好如下安全检查:从固接端引出的那段钢丝绳应进行检查,因为这个部位发生疲劳断丝或腐蚀都是极其危险的;对固定装置的本身变形或磨损也应进行检查;对于采用压制或锻造绳箍的绳端固定装置应检查是否有裂纹及绳箍与钢丝绳之间是否有产生滑动的可能;检查绳端可拆卸的楔形接头、绳夹、压板等装置内部和绳端内的断丝及腐蚀情况,以确保绳端固定的紧固可靠性;检查编制环状插口式绳头尾部是否有突出的钢丝伤手。如果绳端固定装置附近或绳端固定装置内有明显断丝或腐蚀,可将钢丝绳截短再重新装到绳端固定装置上,且钢丝绳的长度应满足在卷筒上缠绕的最少圈数(一般为2圈)要求。

3. 安全检查内容

造成钢丝绳破坏的主要因素是钢丝绳工作时承受了反复的弯曲和拉伸而产生疲劳断丝;钢丝绳与卷筒和滑轮之间反复摩擦而产生的磨损破坏;钢丝绳绳股间及钢丝间的相互摩擦引起的钢丝磨损破坏;还有钢丝受到环境的污染腐蚀引起的破坏;钢丝绳遭到机械等破坏产生的外伤及变形等。为此对钢丝绳的安全检查重点是疲劳断丝数、磨损量、腐蚀状态、外伤和变形程度以及各种异常与隐患。

十、钢丝绳的维护保养

钢丝绳的维护保养应根据起重机械的用途、工作环境和钢丝绳的种类而定。注意对钢丝绳的安全使用,注意日常观察和定期检查钢丝各部位异常与隐患,本身就是对钢丝绳的最好维护。对钢丝绳的保养最有效的措施是适当地对工作的钢丝绳进行清洗和涂抹润滑油脂。

当工作的钢丝绳上出现锈迹或绳上凝集着大量的污物,为消除锈蚀和消除污物对钢丝绳的腐蚀破坏,应拆除钢丝绳进行清洗除污保养。

清洗后的钢丝绳应及时地涂抹润滑油或润滑脂,为了提高润滑油脂的浸透效果,往往将洗净的钢丝绳盘好再投入到加热至 80~100℃的润滑油脂中泡至饱和,这样润滑脂便能充分地浸透到绳芯中。当钢丝绳重新工作时,油脂将从绳芯中不断渗溢到钢丝之间及绳股之间的空隙中,就可以大大改善钢丝之间及绳股之间的摩擦状况而降低了磨损破坏程度。同时钢丝绳由绳芯溢出的油脂又会降低改善钢丝绳与滑轮之间、钢丝绳与卷筒之间的磨损状况。如果钢丝绳上污物不多,也可以直接在钢丝绳的重要部位,如经常与滑轮、卷筒接触部位的绳段及绳端固定部位绳段涂抹润滑油或润滑脂,以减少摩擦,降低钢丝绳的磨损量。

对卷筒或滑轮的绳槽也应经常清理污物,如果卷筒或滑轮绳槽部分有破裂损伤造成钢丝绳加剧破坏时,应及时对卷筒、滑轮进行修整或更换。

当起升钢丝绳分支在四支以上时,空载常见钢丝绳在空中打花扭转,此时应及时拆卸钢丝绳,让钢丝绳伸直在自由状态下放松消除扭结,然后再重新安装。

对于吊装捆绑绳,除了适当进行清洗浸油保养之外,主要的是要时刻注意加垫保护钢丝绳不被重物棱角割伤割断,还要特别注意捆绑绳尽量避免与灰尘、砂土、煤粉矿碴、酸碱化合物接触,一旦接触应及时清除。

十一、钢丝绳的报废

钢丝绳是起重机的典型易损件之一,起重机总体设计不可能是各种零件都按等强度设计。例如电动葫芦的总体设计寿命为 10 年,而钢丝绳的寿命仅为总体设计寿命的 1/3 左右,就是说在电动葫芦报废之前允许更换两次钢丝绳。

钢丝绳使用的安全程度,即使用寿命或者称为报废的标准由各个因素判定。然而,钢丝绳的损坏往往不是孤立的,而是由各种因素综合积累造成的,应由主管人员判断并决定钢丝绳是报废还是继续使用。

造成钢丝绳损坏报废的因素按下列项目判定:断丝的性质和数量、绳端断丝、断丝的局部聚集、断丝的增加率、绳股断裂、外部及内部腐蚀、变形和由于热或电弧造成的损坏。

1. 断丝的性质与数量

对于 6 股和 8 股的钢丝绳,断丝主要发生在外表;对于多层绳股的钢丝绳,断丝大多数发生在内部,是不可见的断裂。钢丝绳断丝是由多种因素综合累积造成的。各种典型类型的钢丝绳达到报废的断丝数如表 3-3 所示。当吊运熔化或赤热金属、酸溶液、爆炸物、易燃物及有毒物品时,表 3-3 中报废断丝数应减少一半。

表 3-3　报废断丝数

外层绳股承载钢丝数 n	钢丝绳结构的典型例子	起重机械中钢丝绳必须报废时与疲劳有关的可见断丝数							
		机械工作级别				机械工作级别			
		M_1 及 M_2				M_3,M_4,M_5,M_6,M_7,M_8			
		交捻		顺捻		交捻		顺捻	
		长度范围				长度范围			
		$6d$	$30d$	$6d$	$30d$	$6d$	$30d$	$6d$	$30d$
<50	$6\times7,7\times7$	2	4	1	2	4	3	2	4
$51\sim75$	6×12	3	6	2	3	6	12	3	6

外层绳股承载钢丝数 n	钢丝绳结构的典型例子	起重机械中钢丝绳必须报废时与疲劳有关的可见断丝数							
76～100	18×7(12外股)	4	8	2	4	8	15	4	8
101～120	6×19、7×19、6X(19)、6W(19) 34×7(17外股)	5	10	2	5	10	19	5	10
121～140		6	11	3	6	11	22	6	11
141～160	6×24、6X(24)、6W(24)8×19、8X(19)、8W(19)	6	13	3	6	13	26	6	13
161～180	6×30	7	14	4	7	14	29	7	14
181～200	6X(31)、8T(25)	8	16	4	8	16	32	8	16
201～220	6W(35)、6W(26)、6XW(36)	8	18	4	9	18	38	9	18
221～240	6×37	17	19	5	10	19	38	10	19
241～260		10	21	5	10	21	42	10	21
261～280		11	22	6	11	22	45	11	22
281～300		12	24	6	12	24	48	12	24
>300	6×61	$0.04n$	$0.08n$	$0.02n$	$0.04n$	$0.08n$	$0.16n$	$0.04n$	$0.08n$

注：①d——钢丝绳直径。

②填充钢丝不能看作承载钢丝,因此要从检验数中扣除,多层股钢丝绳仅考虑可见的外层绳股,带钢芯的钢丝绳绳芯看作内部绳股而不予考虑。

2. 绳端断丝

当绳端或其附近出现断丝时,即使断丝数量没有达到表 3-3 报废断丝数,甚至断丝数量很少也表明该部位应力很高,可能是由于绳端安装不正确造成的,应查明损坏原因。如果绳长允许,应将断丝的部位切去重新安装固定。

3. 断丝的局部聚集

如果断丝紧靠一起形成局部聚集,即局部集中,则钢丝绳应报废。如果这种断丝聚集在小于 6 倍绳径长范围内,或者集中在任一支绳股中,那么,即使断丝数比表 3-3 报废断丝数少,钢丝绳也应报废。

4. 断丝数的增加率

在某些使用场合,疲劳是引起钢丝绳破坏的主要原因,断丝则是在使用一个时期以后才开始出现,但断丝逐渐增加,其时间间隔越来越短。在这种情况下,为了判断钢丝绳的增加率,应仔细检查并记录断丝增加情况,判明这个规律可用来确定钢丝绳未来报废日期。

5. 绳股断裂

如果出现整根绳股断裂,钢丝绳应报废。

6. 由于绳芯损坏而引起的绳径减小

当钢丝绳的纤维芯损坏或钢芯(或多层结构中的内部绳股)断裂而造成绳径显著减小时,钢丝绳应报废。

微小的损坏,特别是当所有各绳股中应力处于良好平衡时,用通常的检验方法可能是不明显的。然而这种情况会引起钢丝绳的强度大大降低,所以有任何内部微小损坏的迹象时,均应对钢丝绳内部进行检验予以查明,一经证实破坏,则该钢丝绳就应报废。

7. 弹性减小

在某些情况下(通常与工作环境有关),钢丝绳的弹性会显著减小,若继续使用则是不安全的。

钢丝绳的弹性减小是较难发觉的,如检验人员有任何怀疑时,则应征询钢丝绳专业人员的意见,弹性减小通常随下述现象发生:绳径减小;钢丝绳捻距伸长;由于各部分相互压紧而钢丝之间和绳股之间缺少空隙;绳股凹处出现细微的褐色粉末;虽然未发现断丝,但钢丝绳明显的不易弯曲和直径减小比单纯是由于钢丝磨损而引起的也要快得多。所以这些情况会导致在动载作用下突然断裂,故应立即报废。

8. 外部及内部磨损

产生的磨损分内部和外部两种磨损情况：

（1）内部磨损及压坑——这种情况是由于绳内各个绳股和钢丝之间的摩擦引起的，特别是当钢丝绳经受弯曲时更是如此。

（2）外部磨损——钢丝绳外层绳股的钢丝表面的磨损，是由于它在压力作用下与滑轮和卷筒的绳槽接触摩擦造成的。这种现象在吊载加速和减速运动时，钢丝绳与滑轮接触的部位特别明显，并表现为外部钢丝磨成平面状。

润滑不足，或不正确的润滑以及还存在灰尘和砂粒都会加剧磨损。

磨损使钢丝绳的断面积减小因而强度降低，当外层钢丝磨损达到其直径的 40％时，钢丝绳应报废。

当钢丝绳直径相对于公称直径减小 7％或更多时，即使未发生断丝，该钢丝绳也应报废。

9. 外部及内部腐蚀

腐蚀在海洋或工业污染的大气中特别容易发生，它不仅减少了钢丝绳的金属面积从而降低了破断强度，而且还将引起表面粗糙并从中开始发展裂纹以致加速疲劳，严重的腐蚀还会引起钢丝绳弹性的降低。

（1）外部腐蚀——外部钢丝绳的腐蚀可以用肉眼观察，当表面出现深坑，钢丝相当松弛时应报废。

（2）内部腐蚀——内部腐蚀比经常伴随它出现的外部腐蚀较难发现，但通过考查下列现象可以识别：

①钢丝直径的变化。钢丝绳在绕过滑轮的弯曲部位直径通常变小，但对于静止段的钢丝绳则常由于外层绳股出现锈积而引起钢丝绳直径的增加。

②钢丝绳外层绳股间的空隙减小，还经常伴随出现外层绳股之间断丝。

如果有任何内部腐蚀的迹象,主管人员对钢丝绳进行内部检验,若确认有严重的内部腐蚀,则钢丝绳应立即报废。

10. 变形

钢丝绳失去正常形状产生可见的畸形称为变形,这种变形部位可能引起变化,会导致钢丝绳内部应力分布不均匀。

钢丝绳的变形从外观上区分,主要分为下述几种:

(1)波浪形(如图 3-7a 所示),波浪形的变形是钢丝绳的纵向轴线呈螺旋线形状。这种变形不一定导致任何强度上的损失,但变形严重即会产生跳动,造成不规则的传动,时间长了会引起磨损及断丝。

出现波浪形时,在钢丝绳长度不超过 25 倍绳径的范围内,若 $d_1 \geqslant 4/3d$,则钢丝绳应报废,式中的 d 为钢丝绳公称直径,d_1 为钢丝绳变形后所包络的直径。

(2)笼状畸变(如图 3-7b 所示),这种变形出现在具有钢芯的钢丝绳上,当外层绳股发生脱节或者变得比内部绳股长的时候就会发生这种变形,出现笼状畸变的钢丝绳应立即报废。

(3)绳股挤出(如图 3-7c 所示),这种状况通常伴随笼状畸变一起发生,绳股被挤出说明钢丝绳不平衡,绳股挤出的钢丝绳应报废。

(4)钢丝挤出(如图 3-7d 所示),这种变形是一部分钢丝或钢丝束在钢丝绳背着滑轮槽的一侧拱起形成环状,这种变形常因冲击载荷引起,这种变形严重时钢丝绳应报废。

(5)绳径局部增大(如图 3-7e 所示),钢丝绳直径有可能发生局部增大,并能波及相当长的一段钢丝绳,绳径增大通常与绳芯畸变有关(如在特殊环境中,纤维芯因受潮而膨胀),其必然结果是外层绳股产生不平衡,而造成定位不正确。绳径局部增大的钢丝绳应报废。

(6)绳径局部减小(如图 3-7f 所示),钢丝绳直径的局部减小常常与绳芯的断裂有关,应特别仔细检验靠绳端部位有无此种变形。绳径局部严重减小的钢丝绳应报废。

(7)部分被压扁(如图 3-7g 所示),钢丝绳部分被压扁是由于机械事故造成的,严重时钢丝绳应报废。

(8)扭结(如图 3-7h 所示),扭结是由于钢丝绳呈环状在不可能绕其轴线转动的情况下被拉紧而造成的一种变形,其结果是出现捻距不均匀而引起格外的磨损,严重时钢丝绳将产生扭曲,以致留下极小一部分钢丝绳强度。严重扭结的钢丝绳应报废。

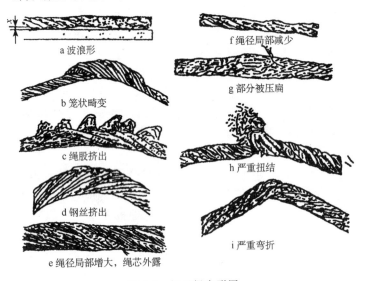

a 波浪形

f 绳径局部减少

b 笼状畸变

g 部分被压扁

c 绳股挤出

h 严重扭结

d 钢丝挤出

i 严重弯折

e 绳径局部增大,绳芯外露

图 3-7　钢丝绳变形图

(9)弯折(如图 3-7i 所示),弯折是钢丝绳在外界影响下引起的角度变形,有这种变形的钢丝绳应报废。

11. 由于热或电弧的作用而引起的损坏

钢丝绳经受了特殊热力的作用其外表出现可识别的颜色时,该钢丝绳应报废。

12. 焊接环形链的报废

(1)环形链出现裂纹时应报废。

(2)环形链发生塑性变形,伸长达原长度的 5% 时应报废。

(3)环形链直径磨损量达原直径的 10% 时应报废。

第二节　取物装置

取物装置是起重机械上用来攫取物品的重要部件。为使起重机械能够高效率和安全地工作,取物装置应满足操作时间短、工作安全可靠、自身重量小,以及构造简单、成本低廉等要求。取物装置可分为通用和专用两种。通用取物装置有吊钩及吊环;专用取物装置有抓斗、起重电磁铁及专用吊具等。

取物装置按吊运的物料类型可分为以下三种类型:第一类是用于吊装成件货物的,如吊钩、夹钳及集装箱的专用吊具;第二类是用于吊装散装物料的,如抓斗、起重电磁铁及料斗等;第三类是用于吊装液态物品的,如桶、缸及特种容器等。

一、吊钩

吊钩是取物装置中使用得最为广泛的一种。它具有制造简单和适用性强的特点。

吊钩通常有两种:锻造吊钩和板钩。

锻造吊钩一般选用强度较高、韧性较好的 20 号优质碳素钢加工而成。板钩应选用 16 Mn 或 Q235 等普通碳素钢或低合金钢制造,板钩由每块厚 30 mm 的成型钢板铆合制成。

1. 吊钩的危险断面

吊钩的危险断面是日常检查和安全检验时的重要部位,经过对吊钩的受力分析得出吊钩有以下危险断面。下面以图 3-8 单钩为例,所示的吊挂在吊钩上的重物的重量为 Q。

(1)$B—B$ 断面

由于重物的重量通过钢丝绳作用在这个断面上,此作用力有把吊钩切断的趋势,在该断面上产生剪切应力。

又由于该处是钢丝绳索具或辅助吊具的吊挂点,索具等经常对此处摩擦,该断面会因磨损而使其横截面积减小,从而增大剪断吊钩的危险。

(2)C—C断面

由于重物重量 Q 的作用,在该面上这个作用力有把吊钩拉断的趋势。这个断面位于吊钩柄柱螺纹的退刀槽处,该断面为吊钩最小断面,有被拉断的危险。

(3)A—A断面

吊钩在重物重量 Q 的作用下,产生拉、切应力之外,还有把吊钩拉直的趋势,图 3-8 所示的吊钩中,中心线以右的各断面除受拉伸之外,还受到力矩 M 的作用。

在力矩 M 的作用下,A—A断面的内侧产生弯曲拉应力,外侧产生弯曲压应力。A—A断面的内侧受力为 Q 力的拉应力和 M 力矩的拉应力叠加,外侧则为 Q 力的拉应力与 M 力矩的压应力叠加,这样内侧应力将是两部分拉应力之和,外侧应力将是两应力之差,即内侧应力将大于外侧应力,这就是把吊钩断面做成内侧厚、外侧薄的梯形或 T 字形断面的原因。

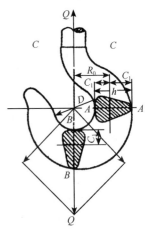

图 3-8 吊钩的危险断面

2. 吊钩的安全技术要求

吊钩广泛地使用在各种型式的起重机械中。目前使用的吊钩有的按沿用的行业标准制造,有的按 GB 10051.1～5《起重吊钩》制造。在检查和检验时,各类吊钩的检查项目和内容均相同,但在要求上略有不同。

(1)吊钩的安全检查

在用起重机的吊钩应根据使用状况定期进行检查,但至少每半年检查一次,并进行清洗润滑。吊钩一般的检查方法是:先用煤油清洗吊钩钩体,然后用 20 倍放大镜检查钩体是否有疲劳裂纹,尤其对危险断面要仔细检查,对板钩的衬套、销轴、轴孔、耳环等检查其磨损的情况,检查各紧固件是否松动。某些大型的工作级别较高或使用在重要工况环境的起重机的吊钩,还应采用无损探伤法检查吊钩内、外部是否存在缺陷。

新投入使用的吊钩要认明钩件上的标记、制造单位的技术文件和出厂合格证。投入正式使用前应根据标记进行负荷试验,确认合格后才允许使用。检验方法是:以递增方式,逐步将载荷增至额定载荷的 1.25 倍,吊钩负载时间不少于 10 分钟。卸载后吊钩不得有裂纹及其他缺陷,其开口度变形不应超过 0.25%。

使用后有磨损的吊钩也应做递增的负荷试验,重新确定使用载荷值。

(2)吊钩的报废标准

不准使用铸造吊钩,吊钩固定牢靠。转动部位应灵活,钩体表面光洁,无裂纹、剥裂及任何有损伤钢丝绳的缺陷。钩体上的缺陷不得焊补。为防止吊具自行脱钩,吊钩上应设置防止意外脱钩的安全装置。

吊钩出现以下情况之一时应予以报废:

①吊钩有裂纹时;

②吊钩危险断面磨损量达原尺寸的 10%时;

③吊钩开口度比原尺寸增加 15%时;

④吊钩扭转变形超过 10°时;

⑤吊钩危险断面或吊钩颈部产生塑性变形时。

板钩部件出现以下情况应予以报废:

①板钩衬套磨损量达原尺寸的 50%时,衬套应报废。

②板钩心轴磨损量达原尺寸的 5%时,心轴应报废。

二、抓斗

1. 概述

抓斗是一种由机械或电动控制的身行取物装置,主要用于装卸散粒物料。若对抓斗的颚板进行必要的改造;抓斗还可用于装卸原木等其他的物料。

抓斗在工作中,具有斗的升降和开闭两种动作。抓斗的起升机构和开闭机构设置于斗外时称为绳索式抓斗。抓斗的开闭机构设置在抓斗内时,通常采用一台电动葫芦或电动绞车来操纵开闭,这种抓斗称为电动抓斗。起升机构和开闭机构合并时称为单绳抓斗;起升机构和开闭机构分开设置时称为双绳抓斗。

抓斗一般由两个颚板、一个下横梁、四个支撑杆和一个上横梁组成。

图 3-9 示意的是双绳抓斗。它由两个独立的卷筒分别驱动开闭绳和支持绳来完成张斗、下降、闭斗和提升等四个动作。

电动抓斗的升降是由起重机的起升机构来完成的。抓斗的开闭则是安装在抓斗内的上横梁下方的电动葫芦或电动绞车来实现的。

抓斗式起重机的起重量应为抓斗自重与被抓取物料重量之和。

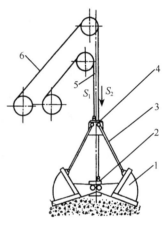

图 3-9　双绳抓斗工作原理图

2. 抓斗的安全技术要求

(1)刃口板检查:发现裂纹应停止使用,有较大变形和严重磨损的刃口板应修理或更新。

(2)铰链销轴应做定期检查:当销轴磨损超过原直径的 10% 时,应更换销轴;当衬套磨损超过原厚度的 20% 时,应更换衬套。

(3)抓斗闭合时,两水平刃口和垂直刃口的错位差及斗口接触处的间隙不得大于 3 mm,最大间隙处的长度不应大于 200 mm。

(4)抓斗张开后,斗口不平行差不得超过 20 mm。

(5)抓斗起升后,斗口对称中心线与抓斗垂直中心线应在同一垂直面内,其偏差不得超过 20 mm。

(6)双绳抓斗更换钢丝绳时,应注意两套钢丝绳的捻向应相反,以防升降和开闭时钢丝绳在运行过程中互相缠绕或使抓斗回转摆动。

三、起重电磁铁

对于具有导磁性的黑色金属及其制品,采用起重电磁铁作为取物装置,可以大大缩短钢铁材料及其制品的装卸时间和减轻装卸人员的劳动强度。因而在冶金工厂、机械工厂、冶金专用码头及铁路货场应用较多。起重电磁铁作为起重机械的取物装置的缺点是自重大,安全性能较差,并且受温度及物料中锰、镍含量的影响较大。同时,起重电磁铁的起重能力与物料的形状和尺寸有关。

起重电磁铁由外壳、线圈、外磁极、内磁极和非磁性锰钢板构成。

起重电磁铁有以下安全技术要求:

1. 每班使用前必须检查起重电磁铁电源的接线部位和电源线的绝缘状态是否良好,如有破损应立即进行修复。

2. 起重电磁铁的外壳与起重机应有可靠的电气连接。

3. 起重电磁铁的供电电路应与起重机主回路分立。

4. 吊运温度高于 200℃ 的钢铁物料,应使用专用的高温起重电磁铁。

5. 起重电磁铁在吊运物料,特别是吊运碎钢铁时,不允许在人和设备的上方通过。

6. 电磁铁式起重机要装设断电报警装置,以便操作人员在供电电源断电后及时采取防范措施。

四、吊具

吊具属于专用取物装置。用于吊运成件物品的专用吊具,按其夹紧力产生方式的不同,可分为杠杆夹钳、偏心夹钳和它动夹钳三大类,如图 3-10 所示。

杠杆夹钳的夹紧力是由物料自重通过杠杆原理产生的。因此,当钳口距离保持不变时,夹紧力与吊物自重成正比,从而能可靠地夹持货物。

偏心夹钳的夹紧力是由物料自重通过偏心块和物料之间的自锁作用而产生的。

它动夹钳的夹紧力是依靠外部加力,通过螺旋机构产生的,它与物料的自重和尺寸大小无关。

吊具的安全技术检查:

图 3-10　常用吊具

1. 使用前应检查铰接部位的杠杆有无变形、裂纹。

2. 对转动部位的轴、销进行定期检查和润滑。如有较大的松动、磨损、变形等,应及时予以修理和更换。

3. 新投入使用的吊夹具应进行负载试验,经检验合格后才能允许使用。

第三节　车轮与轨道

车轮是用来支承起重机和载荷,并在轨道上使起重机往复行驶运行的装置。

轨道是承受起重机车轮的轮压,并引导车轮运行。起重机常用的轨道有:起重机专用轨,铁道轨和方钢三种。轻小型起重机的葫芦小车车轮和悬挂梁式起重机大车车轮通常在工字梁下翼缘上运行,此时工字梁即为起重机的葫芦小车轨道和大车轨道。

流动式起重机无轨道。在非起重作业时,整机移动时使用橡胶轮胎或履带。

一、车轮

车轮按轮缘形式可分为双轮缘、单轮缘和无轮缘三种。轮缘的作用是导向和防止车体脱轨。通常大车车轮采用双轮缘,高度为25～30 mm;小车车轮采用单轮缘,高度为 20～25 mm;无轮缘车轮只能用于车轮两侧具有水平导向滚轮的装置中。

适当增加轮缘高度,可减少轮缘磨损。

车轮按踏面形式可分为圆柱形、圆锥形和鼓形轮三种。在钢轨上行走的起重机均采用前两种踏面形式,鼓形踏面车轮只用于在工字梁下翼缘上运行的电动葫芦上。对于桥式起重机,集中驱动的大车主动车轮采用双轮缘锥形踏面,并必须配用顶面为圆弧形的轨道,被动车轮采用双轮缘圆柱形踏面,圆锥形踏面的车轮在运行时能自动对中,防止车体走斜。在工字梁下翼缘上运行的车轮,也有采用锥形踏面车轮。

小车车轮采用单轮缘圆锥形踏面车轮时,轮缘一端应安置在轨道的外侧。

车轮与轴、轴承和轴承箱等组成车轮组。车轮主要损伤的形式是磨损、硬化层压碎和点蚀。

车轮的材料一般采用 ZG 340～640 铸钢。为了提高车轮表面的耐磨强度和寿命,踏面应进行表面热处理,要求表面硬度为HB 300～350,淬火深度不少于 20 mm。

二、轨道

中、小型起重机的小车轨道常采用 P 型铁路钢轨或方钢,大型起重机的大车、小车轨道可采用 P 型铁路钢轨和 QU 型起重机专用轨。

葫芦式起重机的小车及悬挂式起重机的大车轨道常采用工字钢作为轨道。

轨道可用压板和螺栓固定,特殊场合可采用焊接方式固定,以保证轨距的大小公差,使车轮在轨道运行不出现啃道现象。

三、车轮与轨道的安全技术要求

1. **车轮的安全技术要求**

(1)检查车轮各个部位,车轮的踏面,轮缘和轮辐发现裂纹时,应更换车轮。

(2)车轮踏面的径向跳动不应大于直径的公差。

(3)车轮踏面在下列情况时允许修理:

①圆柱形踏面的两主动轮的直径差:

车轮直径 $\phi 250\sim 500$ mm 时,不大于 0.125 mm;

车轮直径 $\phi 600\sim 900$ mm 时,不大于 0.30 mm。

②圆柱形踏面的两被动轮的直径差:

车轮直径 $\phi 250\sim 500$ mm 时,不大于 0.50 mm;

车轮直径 $\phi 600\sim 900$ mm 时,不大于 0.90 mm。

③圆锥形踏面直径偏差大于名义直径的 1/1000 时,应重新加工修理。

在使用过程中,踏面剥离,擦伤的面积大于 2 cm,深度大于 3 mm时,允许修理,否则应更换。

(4)装配后的车轮组,车轮基准端面摆幅不得大于 0.1 mm,轮缘及轮径的壁厚偏差不应大于 3 mm,装配后的车轮组,应能用手灵活转动。

2. **车轮出现下列情形之一报废**

(1)车轮有裂纹时应报废。

(2)车轮为球墨铸铁车轮时,当车轮没有达到标准规定的球化要求,没有达到规定要求的硬度、强度和延伸率时应报废。

(3)车轮轮缘厚度磨损量达原厚度的 50%时应报废。

(4)车轮轮缘厚度弯曲变形量达原厚度的 20%时应报废。

(5)车轮踏面经磨损出现软点时应报废。

(6)车轮踏面磨损量达原尺寸的 15%时应报废。

(7)车轮踏面因疲劳出现剥落时应报废。

(8)当运行速度≤50 m/min 时,车轮椭圆度达 1 mm 时应报废;当运行速度>50 m/min 时,车轮椭圆度达 0.5 mm 时应报废。

3. 轨道的安全技术要求

(1)检查钢轨、螺栓、鱼尾板有无裂纹、松脱和腐蚀。发现裂纹应及时更换,如有其他缺陷应及时修理。

(2)轨道的调整:轨道的接头可做成直接头,也可以做成 45°斜接头,一般接头的缝隙为 1~2 mm,在寒冷地区冬季施工或安装时应考虑温度缝隙一般为 4~6 mm。接头处,两轨顶面高度差不得大于 1 mm,侧面直线度不大于 2 mm。

两轨道同一截面高度差不得大于 10 mm。每根轨道沿长度方向,每 2 m 测量长度不得大于 2 mm,全长上不得超过 15 mm。

4. 轨道出现下列情形之一报废

(1)工字钢、H 钢等悬挂型轨道的磨损量达到以下指标时应报废:支承车轮的轨道踏面(工字钢、H 钢下翼缘上表面被车轮踏面磨损部位)的磨损量达原尺寸的 10%时;支承车轮的轨道翼缘宽度磨损量达原尺寸的 5%时。

(2)轻机、重机、起重机钢轨及方钢等支承型轨道的磨损量达到以下指标应报废:支承车轮轨道踏面的磨损量达原尺寸的 10%时;轨道面宽度磨损量达原尺寸的 5%时。

(3)起重机运行轨道有疲劳龟裂、有疲劳剥落等缺陷时应报废。

(4)起重机运行轨道出现局部横向塑性变形或局部扭转等塑性变形,影响起重机正常运行,如出现严重的啃轨、跑偏、蛇行等故障时应报废。

(5)起重机运行轨道的固定采用螺栓压板固定装置时,如果出现轨道固定松动、侧移等,经修理仍不能保证可靠牢固地固定时,螺栓压板固定装置应报废。

(6)起重机运行轨道的固定采用焊接连接或焊接压板装置时,如果固定连接焊缝有裂纹或开焊损伤时应补焊,如失去补焊的意义时,焊接压板应报废。

第四节　滑轮和卷筒

一、滑轮

1. 滑轮分类:按其运动的方式可分为定滑轮和动滑轮两类。滑轮与滑轮轴、轴承、滑轮罩及其他零件组成滑轮组。滑轮组分为定滑轮组和动滑轮组。动滑轮组通常与吊钩组配合工作,同步运行。定滑轮组一般安装在起重小车上。

滑轮通常用 HT 150 或 HT 200 灰铸铁或 ZG 270~500 铸钢浇铸后经机加工而成。对于直径较大的滑轮,可采用焊接滑轮。为了延长钢丝绳的使用寿命,常在钢制滑轮的绳槽底部镶上铝合金或尼龙材料,甚至直接采用铝合金或尼龙材料制做的滑轮。

起重机用滑轮组按构造形式可分为单联滑轮组和双联滑轮组。

单联滑轮组是钢丝绳一端固定,另一端通过一系列动、定滑轮,然后绕入卷筒的滑轮组型式。电动葫芦通常采用单联滑轮组,其结构比较简单,升降时吊物随卷筒回转而发生水平移动。

双联滑轮组是钢丝绳由平衡轮两侧引出,分别通过一系列动、定滑轮,然后同时绕入卷筒的滑轮组型式。平衡轮位于整根钢丝绳中间部位。双联滑轮组用于桥架型起重机。由于有平衡轮,吊钩在升降时不会引起吊物水平方向的位移。

由于钢丝绳经动、定滑轮的多次穿绕后,会使钢丝绳单根负载拉力随承载绳数增多而减小。

滑轮组倍率表明滑轮组省力倍数或减速的倍数,其表达式为:

$$滑轮组倍率\ m = \frac{起升载荷\ G}{理论提升力\ S} = \frac{承载分支数}{绕入卷筒分支数}$$

滑轮是转动零件,应经常进行维修、检查和润滑。

2. 滑轮组的安全技术要求有:

(1)滑轮组润滑良好,转动灵活;滑轮侧向摆动不得超过滑轮名义尺寸的千分之一。

(2)滑轮罩及其他零部件不得妨碍钢丝绳运行。应有防止钢丝绳跳出轮槽的防护装置。

3. 滑轮有以下情况之一时,应报废:

(1)有裂纹或轮缘破损;

(2)轮槽不均匀磨损达 3 mm 时;

(3)轮槽壁厚磨损达原壁厚的 20% 时;

(4)轮槽底部直径磨损量达钢丝绳直径的 50% 时;

(5)滑轮轮槽表面光洁平滑,不应有损伤钢丝绳的缺陷;

(6)起升链轮有裂纹或磨损量达到原尺寸的 20% 时应报废。

二、卷筒

卷筒是起升机构中用来缠绕钢丝绳的部件。卷筒与卷筒轴、法兰式内齿圈、卷筒毂、轴承和轴承座等组成卷筒组。当卷筒轴一端装有旋转式上升极限位置限制器的开关时,必须确保卷筒轴与上升限位开关的转轴同步旋转。

桥式类型起重机卷筒的表面制有导向螺旋槽,通常钢丝绳只进行单层缠绕。当起升高度较大时,为了缩短卷筒尺寸,可采用多层卷绕。卷筒壁的导向槽通常采用标准槽,只有当钢丝绳有脱槽危险时(例如抓斗卷筒)才采用深槽螺旋槽。

卷筒材料一般采用铸铁。特别需要时可用铸钢或用钢板卷制焊接制造。卷筒是比较耐用的零件,常见的损坏部位是卷绳用的沟槽处。损坏的原因是由于钢丝绳对它的磨损,尤其是当润滑不良时,更会加剧磨损。同时,钢丝绳在卷绕过程中,当钢丝绳对卷筒和滑轮偏斜角过大时,也会使钢丝绳与绳槽峰或滑轮槽壁及钢丝绳之间产生严重的摩擦,使卷筒槽峰磨损,其结果会造成钢丝绳脱槽。当沟槽磨损到不能控制钢丝绳在沟槽中有秩序的排列,而经常跳槽或发现卷筒壁有裂纹时,应更换新的卷筒。

钢丝绳在卷筒上的固定是利用压板或楔块将钢丝绳压在卷筒的壁上。钢丝绳的固定应安全可靠且便于检查和更换。

1. 钢丝绳尾端固定方式

(1)利用楔形块固定绳端的方法,常用于直径比较细的钢丝绳。

(2)绳端用螺栓、压板固定在卷筒外表面,压板上的沟槽与卷筒相配合。经常拆装钢丝绳的铸铁卷筒,应采用双头螺栓。每端压板数至少2个。

(3)钢丝绳尾端穿入卷筒内部特制的槽内后,用螺栓和压板压紧。

2. 卷筒组的安全技术要求

(1)取物装置在上极限位置时,钢丝绳全卷在螺旋槽中,取物装置在下极限位置时,每端固定处都应有1.5～2圈固定钢丝绳用槽和2圈以上的安全槽。

(2)卷筒与绕出钢丝绳的偏斜角对于单层缠绕机构不应大于3.5°,对于多层缠绕机构不应大于2°。

(3)多层缠绕的卷筒,端部应有凸缘。凸缘应比最外层钢丝绳或链条高出2倍的钢丝绳直径或链条的宽度。单层缠绕的单联卷筒也应满足上述要求。

(4)组成卷筒组的零件齐全,卷筒转动灵活,不得有阻滞现象及异常声响。

3. 卷筒有下列情形之一时应报废:

(1)起升卷筒有裂纹时;

(2)起升卷筒有损害钢丝绳的缺陷时;

(3)因磨损使绳槽底部减少量达到钢丝绳直径的50%时或筒壁

磨损达到原壁厚的 20％时；

（4）悬吊型卷筒外壳焊缝有开焊部分；悬挂吊板螺杆和吊杆连接孔磨损量达原尺寸 10％时，卷筒外壳及螺杆应报废。

4. 导绳器有下列情形之一时应报废：

（1）导绳器失去导绳作用，时有乱绳发生时；

（2）导绳器压紧弹簧有较大塑性变形或断裂时，弹簧应报废；

（3）导绳器外圈有裂纹时，外圈应报废；

（4）导绳器磨损量超过钢丝绳直径尺寸 30％时应报废。

第五节　减速器和联轴器

一、减速器

桥式类型起重机常用的卧式减速器有 ZQ 型，ZHQ 型齿轮减速器；常用的立式减速器有 ZSC 型齿轮减速器。按输出轴安装形式不同可分为轴装和套装两种。此外，常用的减速器还有蜗轮减速器、行星轮减速器和硬齿面减速器。其他类型的起重机有各自专用的减速器。

齿轮减速器在使用中经常会出现轮齿的损坏。经常出现的损坏形式有轮齿断裂、齿面点蚀、齿面磨损、齿面胶合及齿面塑性变形等五种。

1. 减速器在使用中的常见故障

（1）连续的噪声：主要是齿顶与齿根相互挤磨所致，将齿顶尖角磨平即可解决。

（2）不均匀的噪声：主要是斜齿轮辐的螺旋角不一致，或轴线不平行所致。应更换不合格的零件。

（3）断续而清脆的撞击声：主要是啮合面存有异物或有凸起的疤痕所致，清除异物或铲除疤痕后即可解决。

（4）发热：轴承损坏，润滑不良或装配不当。

(5)震动:减速器连接的部件有松动,底座或支架的刚度不够时,会产生震动现象。

(6)漏油:减速器箱体的开合面不平,闷盖与箱体连接处,当密封破坏后会出现漏油现象。

2. 减速器的安全技术要求

(1)经常检查地脚螺栓,不得有松动、脱落和折断。

(2)每天检查减速器箱体,轴承处的发热不能超过允许温度升高值。当温度超过室温 40℃时,应检查轴承是否损坏,是否安装不当或缺少润滑油脂,负荷时间是否过长,运行有无卡滞现象等。

(3)检查润滑部位。减速器使用初期,应每三个月更换一次润滑油,并清洗箱体,去除金属屑,以后半年至一年更换一次。润滑油不得泄漏,同时油量要适中。

(4)听察齿轮啮合声响,噪声过高或有异常撞击声时,要开箱检查轴和齿轮有无损坏。

(5)用磁力或超声波探伤检查减速器箱体和轴,发现裂纹应及时更换。

(6)壳体不得有变形、开裂缺损现象。

3. 减速器有下列情况之一时,应予以报废:

(1)减速器漏油现象严重,几经修复仍不能有效解决漏油问题时,减速器应报废。

(2)减速器箱体出现裂纹等损伤,其箱体应报废。

(3)齿轮有裂纹、断齿时,齿面点蚀损伤达到啮合面的 30%,且深度达到齿厚的 10%时,齿轮应报废。

(4)起升和变幅机构的减速器用第一级啮合齿轮,当齿厚磨损量达到原齿厚的 10%时,齿轮应报废;其他级啮合轮,当齿厚磨损量达到原齿厚的 20%时,齿轮应报废。

(5)运行机构和旋转机构的第一级啮合齿轮,当齿厚磨损量达到原齿厚的 15%时,齿轮应报废;其他级啮合齿轮,当齿厚磨损量达到原齿厚的 25%时,齿轮应报废。

（6）运行机构、旋转机构和变幅机构用的开式齿轮传动的齿轮，当齿厚磨损量达到原齿厚的30％时，齿轮、齿圈、齿条等应报废。

（7）吊运熔化金属或易燃易爆等危险品的起升机构齿轮为第一级啮合齿轮，当齿厚磨损量达到原齿厚的5％时，齿轮应报废；其他级啮合齿轮，当齿厚磨损量达到原齿厚的10％时，齿轮应报废。

二、联轴器

联轴器用于连接两根轴，使其一起旋转，并传递扭矩。

联轴器的种类很多，在起重机中主要采用齿轮联轴器、弹性圈柱销联轴器、片式和锥式摩擦器。此外如万向联轴器、链条联轴器、鼓销联轴器也有采用。

1. 联轴器安全技术要求

（1）转动中的联轴器径向跳动或端面跳动是否超出极限。

（2）联轴器与被连接件间的键有无松动、变形或出槽；键槽有无裂痕和变形，有无滚键。用承剪螺栓连接的联轴器，其螺栓有无松动、脱落和折断，当出现上述情况时，应停机处理。

（3）带有润滑装置的联轴器的密封装置应完好。

（4）齿轮联轴器有裂痕、断齿或起升机构和非平衡变幅机构齿轮齿厚磨损量达原齿厚的15％，其他机构齿轮齿厚磨损量达原齿厚的20％时，联轴器不能再使用。

（5）起升机构使用的制动轮联轴器，应加设隔热垫。

2. 联轴器有下列情形相应部件应予以报废

（1）齿轮联轴器的齿轮齿套的轮齿磨损量达原尺寸的20％时，齿轮齿套应报废。

（2）弹性柱销联轴器的橡胶弹性圈如因老化失去弹性时，橡胶弹性圈应报废。

（3）旋转机构用的片式摩擦联轴器的摩擦片磨损量达原尺寸的40％时，摩擦片应报废。

（4）梅花联轴器的聚氨酯元件因老化失去弹性时，聚氨酯弹性元件应报废。

（5）十字轴式万向联轴器的十字轴磨损量达原尺寸的 15％ 时，十字轴应报废。

（6）液力耦合器的密封件因老化失效产生泄漏时，密封件应报废。

第六节　制动器

起重机械的各机构中，制动装置是用来保证起重机能准确、可靠和安全运行的重要部件。起升机构的制动装置保证了吊物停止位置，并且在起升机构停止运行后能使吊物保持在该位置，起到阻止重物下落的作用。运行机构及其他机构的制动装置除用来实现停车及保持在停留位置外，在某些特殊情况下，还可根据工作需要实现降低或调节机构运行速度。

制动装置通常由制动器、制动轮和制动驱动装置组成。它是通过摩擦原理来实现机构制动的。当设置在静止起座上的制动器的摩擦部件以一定的作用力压向机构中某一运行转轴上的被摩擦部件时，这两接触面间产生的摩擦力对转动轴线产生了摩擦力矩，这个力矩通常称为制动力矩。当制动力矩与吊物重量或运行时的惯性力产生的力矩相平衡时，即达到了制动要求。

起重机采用的制动器是多种多样的。制动器按结构特性可分为块式、带式和盘式三种。其中块式制动器在卷扬式起重机中广泛使用。盘式制动器多用于电动葫芦的制动及电动葫芦类型起重机的大、小车运行机构的锥形电动机中。制动器按工作状态可分为常闭式和常开式两种。常闭式制动器在制动装置静态时处于制动状态。起重机械在起升、变幅、运行和旋转机构都必须装设制动器。起升机构和变幅机构设置的制动器必须是常闭式的。吊运炽热金属或易燃、易爆等危险品，以及发生事故后可能造成重大危险或损失的起升机构的每一套驱动装置都应装设两套制动器。

一、制动器的类型结构

桥式类型起重机上采用的制动器通常由制动器架和驱动装置组成。制动器架由带有制动瓦的左、右制动臂,主弹簧,辅助弹簧,拉杆,杠杆角板,制动间隙调整装置及底座等组成。

根据驱动装置不同,制动器可分为:短行程电磁铁制动器、长行程电磁铁制动器、液压推杆瓦块式制动器和液压电磁铁瓦块式制动器等。

制动器工作原理是:驱动装置未动作时,制动臂上的瓦块在主弹簧张力的作用下,紧紧抱住制动轮,机构处于停止状态。驱动装置动作时产生的推动力推动拉杆,并使主弹簧被压缩,同时使左、右制动臂张开,使左、右制动瓦块与制动轮分离,制动轮被释放。当驱动装置失去动力后,主弹簧复位的同时带动左、右制动臂及制动瓦块压向制动轮,从而使机构的制动轮连同轴一起停止运行,达到制动目的。

1. 短行程电磁铁制动器

短行程电磁铁制动器的结构如图 3-11 所示。其驱动装置为单相电磁铁(MZD1 系列)。

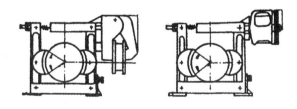

图 3-11　短行程电磁铁制动器结构图

当装有制动器的机构工作时,机构的电动机同时与其并接的制动电磁铁线圈一起接通电源,电磁铁线圈产生的磁力将衔铁吸合,绕铰点做顺时针方向转动,顶着推杆向左移动,迫使主弹簧进一步压缩。当电磁铁的吸力与弹簧的压力平衡时,在辅助弹簧的张力及电磁铁自重的偏心力矩作用下,使左、右制动臂张开,带动制动臂上的制动瓦与制动轮分离,机构在电动机转矩作用下转动运行。当切断电源时,电动机和电磁铁线圈同时断电,从而失去磁力,在主弹簧张力作用下,推杆、制动臂、瓦块做反方向运动,制动瓦抱住制动轮,使机构停止转动。

短行程电磁铁制动器的优点是:衔铁行程短,制动器重量轻,结构简单,便于调整。缺点是:由于动作迅速,吸合时的冲击直接作用在制动器上,容易使螺栓松动,导致制动器失灵;产生的惯性力较大,使桥架剧烈振动。

2. 长行程电磁铁制动器

长行程电磁铁制动器的结构如图 3-12 所示。它的驱动装置是三相电磁铁(MZS1 系列)。电磁铁通过杠杆系统来推动杠杆角板,带动制动臂和制动瓦块动作。与短行程电磁铁制动器相比,在结构上有所改进,除了弹簧产生的制动力矩之外,还有一套杠杆系统用来增大制动力矩,制动效果较好。其工作原理是:通电时,电磁铁吸起水平杠杆,带动主杆向上运动,迫使杠杆角板动作,两个制动臂分别向左、右运动,带动制动瓦块松开制动轮。电磁铁断电时,主弹簧伸张,弹簧带动套板向右移动,使杠杆角板做顺时针转动,使左、右制动臂带着制动瓦块抱住制动轮。

长行程电磁铁制动器的优点是:制动力矩稳定,安全可靠。缺点是:增加了一套杠杆系统,因此在制动时冲击惯性较大,振动和声响也较大,由于铰点较多,容易磨损,需要经常调整。

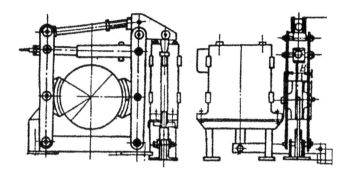

图 3-12　长行程电磁铁瓦块式制动器结构图

3. 液压推杆瓦块式制动器

液压推杆瓦块式制动器的结构如图 3-13 所示。它的驱动装置为液压推杆装置,其制动力也是来自于主弹簧。液压推杆瓦块式制动器工作机理是:当机构电动机通电时,驱动装置的电动机也通电,使电动机轴上的叶轮旋转,叶轮腔体内的液体在离心力作用下被甩出来,这些具有一定压力的液体作用在活塞的下部,推动活塞上升,同时推动导向杆上升,使制动器架的制动臂带动制动瓦块,在杠杆逆时针回转时一起动作,使制动瓦与制动轮分离。当机构断电时,机构主电动机与制动驱动电动机同时断电,叶轮停止转动,活塞下部的液体失去压力,在主弹簧张力的作用下使推杆向下运动,制动瓦块又将制动轮抱住,达到制动目的。

液压推杆瓦块式制动器具有启动与制动平稳,无噪声,允许开闭次数多,能达到每小时 600 次以上,寿命长,推力恒定,结构紧凑和调整维修方便等优点。缺点是用于起升机构时会出现较严重的"溜钩"现象,因而不宜用于起升机构,也不适用于低温环境,只适用于垂直位置,偏角一般不大于 10°。

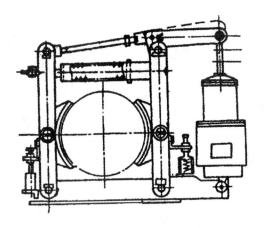

图 3-13　液压推杆瓦块式制动器结构图

4. 液压电磁铁瓦块式制动器

液压电磁铁瓦块式制动器由制动器架、液压电磁铁及硅整流器等三部分组成。其制动器架与液压推杆瓦块式制动器的制动器架相同,硅整流器是为电磁铁提供直流电源的装置。制动是由主弹簧来完成的,制动器的驱动装置是液压电磁铁。液压电磁铁的结构如图3-14 所示。

液压电磁铁由推杆、油缸、底座、活塞和电磁铁等主要零件组成,动铁芯和静铁芯中间有一个工作间隙,其间隙中充满油液。机构电动机与电磁铁线圈的电源通断是同步的。当电磁铁线圈通电后,动铁芯在电磁作用下向上运动,由于齿形阀片的阻流作用,工作间隙的液体被压缩而产生了压力,并进入推杆与静铁芯之间的间隙内,从而推动活塞,使活塞与推杆一起向上移动,推动杠杆板时压紧主弹簧,制动器架的制动臂外张,制动瓦块与制动轮分离;电磁铁断电后,推杆在制动器主弹簧张力作用下,迫使动铁芯下降,制动器又将制动。

液压电磁铁瓦块式制动器的优点是:启动和制动平稳,无噪声,接电次数多。寿命长,能自动补偿制动器的磨损,不需要经常维护和调整,结构紧凑和调整维修方便等。缺点是在恶劣的工作条件下硅整流器容易损坏。

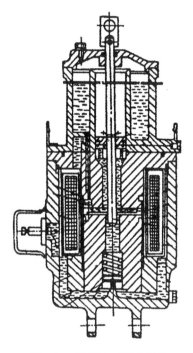

图 3-14　液压电磁铁的结构

二、制动器的使用与维护

1. 制动器的调整

起重机的制动器在使用过程中,由于摩擦和磨损,会使制动摩擦片磨损变薄,铰链副会因磨损造成间隙增大,这样会使制动力矩减小,制动间隙增大,以致造成制动失效。为了使机构的工作准确、安全和可靠,应按工作需要的制动力矩和安全要求进行调整。制动器的调整通常包括以下三个方面:调整工作行程、调整制动力矩、调整制动间隙。

制动器可靠的制动力矩是通过调整主弹簧的长度,即通过调整主弹簧的张力来实现的。为了使两个制动瓦块对制动轮的作用力均匀和相等,同时两个制动瓦块在张开时与制动轮间的间隙应均匀相等。制动间隙通常用调整工作行程的大小来实现。

当一套机构有两套制动器时,应逐个调整每套制动器,保证每套制动器都能单独在额定负荷时能可靠地工作。为保证设备安全,制动器调整时应保证拥有必要的安全制动行程。

(1)短行程制动器的调整

①调整制动力矩,通过调整主弹簧的工作长度来实现。调整方法是用扳手把住螺杆方头,用另一扳手转动主弹簧固定螺母(见图3-15)。弹簧可伸长或压缩,制动力矩随之减小或增大。调整完毕后,再用另外螺母锁紧螺杆及主弹簧调整螺母,以防止松动,保证制动力矩不变化。

②调整工作行程,通过调整电磁铁的冲程来实现。调整的方法是用一扳手把住锁紧螺母,用另一扳手转动弹簧推杆方头(见图3-16),使推杆前进或后退,前进时冲程增大,后退时冲程减小。直至获得容许的冲程,容许值见表3-4。调整方法是推动电磁体衔铁与铁芯合并到一起,使制动瓦块自然松开,调整间隙调整螺母,使两侧间隙均匀(图3-17)。短行程制动器制动瓦块与制动轮允许间隙见表3-5。

表 3-4　电磁铁容许冲程

电磁铁型号	MZD1-100	MZD1-200	MZD1-300
冲程(mm)	3	3.8	4.4

表 3-5　短行程制动器制动闸瓦与制动轮容许间隙(单侧)

制动轮直径(mm)	100	300/100	200	300/200	300
容许间隙(mm)	0.6	0.6	0.8	1	1

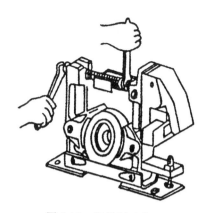

图 3-15　调整制动力矩

图 3-16　调整工作行程

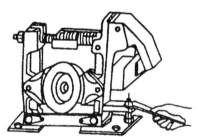

图 3-17　调整间隙调整螺母

（2）长行程制动器的调整

①制动力矩是通过调整主弹簧的工作长度来实现的。调整方法与短行程制动器的调整方法大体相似,转动调整螺母,使主弹簧伸缩来获得必要的制动力矩。调整完毕后,应用锁紧螺母将调整螺母锁紧,以防松动。

②驱动装置的工作行程也用调整弹簧推杆冲程来完成。方法是松开推杆上的锁紧螺母,转动推杆和拉杆,即可调整推杆冲程。制动瓦衬未磨损前,应留有 20～30 mm 的冲程。

③调整制动间隙的方法是拉起螺杆,使制动瓦块与制动轮间形成最大的间隙,调整推杆和调整螺栓,使制动瓦块与制动轮之间的间隙在表3-6中规定的范围内,且使两侧相等。

表3-6　长行程制动器制动闸瓦与制动轮容许间隙(单侧)

制动轮直径(mm)	200	300	400	500	600
容许间隙(mm)	0.7	0.7	0.8	0.8	0.8

(3)液压推杆瓦块式制动器的调整

①制动力矩即主弹簧工作长度的调整与前述调整方法相同。

②调整推杆工作行程。要求是:在保证制动瓦块最小的退距的前提下,液压推杆的行程越小越好。

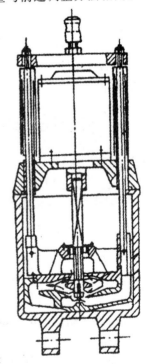

调整的方法是(见图3-18):松开推杆的锁紧螺母,转动推杆,使液压推杆的行程符合技术要求,然后再锁紧推杆上的螺母,以防松动。

③调整制动瓦块与制动轮间的间隙。用手抬起液压推杆到最高位置,松开自动补偿器的锁紧螺母,旋动调整螺栓,使制动瓦块与制动轮间的间隙符合要求。

(4)液压电磁铁瓦块式制动器的调整

①制动力矩也是通过调整主弹簧工作长度来实现。调整方法与相应制动器架主弹簧调整方法相同。

②调整放松制动的补偿行程。调整

图3-18　叶轮式液压推杆图

方法是:松开锁紧螺母,转动斜拉杆,使补偿行程的数值符合规定要求,然后将锁紧螺母旋紧。

③制动瓦块与制动轮间的间隙的调整方法与液压推杆瓦块式制动器相同。

2. 制动器的检查和保养

经常地检查和保养制动器是一项非常重要的工作。起重机的起升机构的制动器,在每个工作班开始工作前均应进行检查。

(1)检查时的注意事项

①注意检查制动电磁铁的固定螺栓是否松动脱落;检查制动电磁铁是否有剩磁现象。

②制动器各铰接点应转动灵活,无卡滞现象,杠杆传动系统的"空行程"不应超过有效行程的 10%。

③检查制动轮的温度。一般不得高于环境温度 120℃。

④制动时,制动瓦应紧贴在制动轮上,且接触面不小于理论接触面积的 70%;松开制动时,制动瓦块上的摩擦片应脱开制动轮,两侧间隙应均等。

⑤液压电磁铁的线圈工作温度不得超过 105℃;液压推动器在通电后的油位应适当。

⑥电磁铁的吸合冲程不符合要求而导致制动器松不开制动时,必须立即调整电磁铁的冲程。

(2)制动器的保养

①制动器的各铰接点应根据工况定期进行润滑工作,至少每隔一周,应润滑一次,在高温环境下工作的每隔三天润滑一次,润滑时不得把润滑油沾到摩擦片或制动轮的摩擦面上。

②及时清除制动摩擦片与制动轮之间的尘垢。

③液压电磁推杆制动器的驱动装置中的油液每半年更换一次。如发现油内有机械杂质,应将该装置全部拆开,用汽油把零件洗净,再进行装配,密封圈装配前应先用清洁的油液浸润一下,以保证安装后的密封性能。但在清洗时,线圈不许用汽油清洗。

三、制动轮的维护

1. 制动轮的摩擦表面出现深度在 0.5 mm 以上的环形沟槽时，会使制动轮与摩擦片的接触面积减小，导致制动力矩降低，应卸下制动轮进行磨削加工，再装配后可重新使用，不必再经淬火热处理。

2. 制动轮的摩擦表面经修理加工后，比原来直径小 $3\sim4$ mm 时，应重新车削加工后经淬火热处理，恢复原来的表面硬度，最后经磨削加工后才能使用。

3. 制动轮的制动表面不得沾染油污，当有油污时，应使用煤油清洗。

四、制动装置零件的维修与报废

1. 制动器架各铰接点经磨损造成松旷，导致无效行程超过制动驱动装置工作行程的 10% 时，应对各铰接点进行修理。

2. 各铰链处的销轴，其直径磨损超过原直径的 5% 或椭圆度超过 0.5 mm 时，均应更换销轴。更换时，应修整销轴孔，恢复圆度，然后根据孔径配制新的销轴。轴孔直径磨损超过原直径 5% 时，也应重新修整轴孔，配制新的销轴。

3. 制动瓦块上摩擦片的磨损超过原厚度的 50%，或有缺损和裂纹时，应报废更换新的摩擦片。更换时，铆钉埋入制动摩擦片的深度应超过原厚度的 1/2。

4. 制动装置的零件出现裂纹时应报废。

5. 制动弹簧出现塑性变形时应更换。

6. 起升机构和变幅机构的制动轮，当轮缘厚度磨损达原厚度的 40% 时，应报废。其他机构的制动轮，轮缘厚度磨损达原厚度的 50% 时，应报废。

7. 制动轮的轴孔与传动轴连接的键出现松动时，应更换制动轮和传动轴。

8. 制动轮凹凸不平度达 1.5 mm 时，允许修理。修复后轮缘厚度符合上述第 6 条的要求时可继续使用,否则应报废。

思考题:

    1. 钢丝绳按捻制方法分为几种?绳芯分为几种?

    2. 钢丝绳许用拉力和安全系数的定义是什么?

    3. 旧钢丝绳断丝报废标准是什么?试举例说明。

    4. 对钢丝绳端部固定连接有何安全要求?

    5. 钢丝绳最大许用拉力如何计算?钢丝绳安全系数怎样选择?

    6. 钢丝绳维护保养注意事项是什么?

    7. 吊钩报废标准有哪些?

    8. 车轮安全技术要求有哪些?

    9. 轨道使用有何要求?对轨道检查的内容有哪些?

    10. 制动器的零件报废标准是什么?

第四章 起重机的安全防护装置

第一节 限位器

限位器是用来限制各机构运转时通过的范围的一种安全防护装置。限位器有两类,一类是保护起升机构安全运转的上升极限位置限制器和下降极限位置限制器,另一类是限制运行机构的运行极限位置限制器。

一、上升极限位置限制器和下降极限位置限制器

上升极限位置限制器是用于限制取物装置的起升高度,当吊具起升到上极限位置时,限位器能自动切断电源,使起升机构停止运转,防止了吊钩等取物装置继续上升,继而可防止拉断起升钢丝绳避免发生重物失落事故。

下降极限位置限制器是用来限制取物装置下降至最低位置时,能自动切断电源,使起升机构下降运转停止,此时应保证钢丝绳在卷筒上(除固定绳尾端圈数)安全圈不少于 2 圈。

吊运炽热金属或易燃易爆或有毒物品等危险品的起升机构应设置两套上升极限位置限制器,且两套限位器动作应有先后,并尽量采用不同结构型式和控制不同的断路装置。

下降极限位置限制器可只设置在操作人员无法判断下降位置的起重机上和其他特殊要求的设备上,保证重物下降到极限位置时,卷

筒上保留必要的安全圈数。

上升极限位置限制器主要有重锤式和螺旋式两种。

1. 重锤式起升高度限位器

重锤式起升高度限位器由一个限位开关和重锤组成。常用的限位开关的型号有 LX4—31、LX4—32、LX10—31。其工作原理是：当重锤自由下垂时，限位开关处于接通电源的闭合状态，当取物装置起升到一定位置时，托起重锤，致使限位开关打开触头而切断总电源，机构停止运转，吊钩停止上升；如要下降，控制手柄回零重新启动即可。

2. 螺旋式起升高度限位器

螺旋式起升高度限位器有螺杆传动和蜗杆传动两种形式，这类限位器的优点是自重小，便于调整和维修。

螺杆式起升高度限位器是由螺杆、滑块、十字联轴节、限位开关和壳体等组成。当起升重物升到上极限位置时，滑块碰到限位开关，切断电路，控制了起升高度。当在螺杆两端都设置限位开关时，则可限制上升和下降的位置。

螺旋式起升限位器准确可靠，但应注意的是：每一次更换钢丝绳后，应重新调整限位器的停止位置，避免发生事故。

3. 起重机吊钩上下限位安全保护装置

现提出替代产品电控式起重机吊钩上下限位安全保护装置QLXC—37，其产品应用自动控制原理，利用蜗轮蜗杆减速器带动标靶和压头做旋转运动，采用无接触、无压力、无火花的电子传感器和微动开关进行控制。其特点构思新颖，结构合理，重复精度高，限位准确，功能齐全，可靠性高，上限位有两道保险，下限位有两道保险，关键是能够在吊钩处于危险位时，强行切断卷扬电机主电源回路，并设置有四个人性化功能：①上正常位限位；②超上限位危险位声光报警；③超上限位危险位强行断电；④下正常位限位；⑤超下限位危险位声光报警；⑥超下限位危险位强行断电；⑦装置自检监视；⑧手动复位。

二、运行极限位置限制器

运行极限位置限制器由限位开关和安全尺式撞块组成。其工作原理是:当起重机运行到极限位置后,安全尺触动限位开关的传动柄或触头,带动限位开关内的闭合触头分开而切断电源,运行机构将停止运转,起重机将在允许的制动距离内停车,即可避免止挡体对运行的起重机产生过度的硬性冲击碰撞。

通常运行极限位置限制器所采用的限位开关型号多为 LX4—11、LX10—11 和 LZ10—12 等。

凡是有轨运行的各种类型起重机,均应设置运行极限位置限制器。

第二节　缓冲器

缓冲器是一种吸收起重机与碰头止挡体相撞能量的装置。当运行极限位置限制器或制动装置发生故障时,由于惯性的原因,运行到终点的起重机或主梁上的起重小车,将在运行终点与设置在该位置的止挡体相撞。设置缓冲器的目的就是吸收起重机或起重小车的运行功能,以减缓冲击。缓冲器设置在起重机或起重小车与止挡体相碰撞的位置。在同一轨道上运行的起重机之间,以及在同一起重机桥架上双小车之间也应设置缓冲器。

缓冲器类型较多,常用的缓冲器有弹簧缓冲器、橡胶缓冲器和液压缓冲器等。

一、弹簧缓冲器

弹簧缓冲器主要由碰头、弹簧和壳体等组成。其特点是结构比较简单、使用可靠、维修方便。当起重机撞到弹簧缓冲器时,其能量主要转变为弹簧的压缩能,因而具有较大的反弹力。

二、橡胶缓冲器

橡胶缓冲器的特点是:结构简单,但它所能吸收的能量较小,一般用于起重机运行速度不超过 50 m/min 的场合,主要起到阻挡作用。

三、聚氨酯缓冲器

聚氨酯缓冲器是一种新型缓冲器,在国际上已普遍采用,目前国内的起重设备也大量采用,大有替代橡胶缓冲器和弹簧缓冲器之势。

聚氨酯缓冲器有如下特点:吸收能量大、缓冲性能好;耐油、耐老化、耐稀酸耐稀碱的腐蚀;耐高温又耐低温、绝缘又能防爆;比重小而轻,结构简单,价格低廉,安装维修方便和使用寿命长。

四、液压缓冲器

当起重机碰撞液压缓冲器后,推动撞头、活塞及弹簧移动。弹簧被压缩时,吸收了极小的一部分能量。而活塞移动时压缩了液压缸筒内的液体,受到压力的液体油,由液压缸筒流经顶杆与活塞的底部环形间隙进入储油腔,在此处把吸收的撞击能量转化为热能,起到了缓冲作用。在起重机反向运行后,缓冲器与止挡体逐渐脱离,缓冲器液压缸筒的弹簧可使活塞回到原来的位置。此时储油腔中液体又流回液压缸筒,撞头也被弹簧顶回原位置。

液压缓冲器能吸收较大的撞击能量,其行程可做得短小,故而尺寸也较小。液压缓冲器最大的优点是没有反弹作用,故工作较平稳可靠。

缓冲器应经常检查其使用状态,弹簧缓冲器的壳体和联结焊缝不应有裂纹或开焊情况,缓冲器的撞头压缩后能灵活地复位,不应有卡阻现象。橡胶缓冲器使用中不能松脱,橡胶撞块不得有老化变质等缺陷,如有损坏应立即更换。液压缓冲器要注意密封不得泄漏,要经常检查油面位置,防止失效。添加油液时必须过滤,不允许有机械杂质混入,且加油时应缓慢进行,使油腔中的空气排出缓冲器,确保缓冲器正常工作。

起重机上的缓冲器与终端止挡体应能很好地配合工作,同一轨道上运行的两台起重机之间及同一台起重机的两台小车之间的缓冲器应等高,即两只缓冲器在相互碰撞时,两碰头能可靠地对中接触。

弹簧式缓冲器与橡胶式缓冲器已系列化,可以根据机构运行的冲量选择适当型号的缓冲器。

缓冲器在碰撞之前,机构运行一般应切断运行极限位置限制器的限位开关,使机构在断电且制动状况下发生碰撞,以减小对起重机的冲撞和振动。

第三节　防碰撞装置

对于同层多台或多层设置的桥式类型起重机,容易发生碰撞。在作业情况复杂,运行速度较快时,单凭司机判断避免事故是很困难的。为了防止起重机在轨道上运行时碰撞邻近的起重机,运行速度超过 120 m/min 时,应在起重机上设置防碰撞装置(电气互锁装置)。其工作原理是:当起重机运行到危险距离范围时,防碰撞装置便发出警报,进而切断电源,使起重机停止运行,避免起重机之间的相互碰撞。

防碰撞装置有多种类型,目前产品主要有:激光式、超声波式、红外线式和电磁波式等类型,均是利用光或电波传播反射的测距原理,在两台起重机相对运动到设定距离时,自动发出警报,并可以同时发出停车指令。

第四节　防偏斜和偏斜指示装置

大跨度的门式起重机和装卸桥的两边支腿,在运行过程中,由于种种原因会出现相对超前或滞后的现象,起重机的主梁与前进方向发生偏斜,这种偏斜轻则造成大车车轮啃道,重则会导致桥架被扭坏,甚至发生倒塌事故。为了防止大跨度的门式起重机和装卸桥在运行过程中产生过大的偏斜,应设置偏斜限制器,偏斜指示器或偏斜调整装置等,来保证起重机支腿在运行中不出现超偏现象,即通过机械和电器的连锁装置,将超前或滞后的支腿调整到正常位置,以防桥架被扭坏。

当桥架偏斜达到一定量时,应能向司机发出信号或自动进行调整,当超过许用偏斜量时,应能使起重机自行切断电源,使运行机构停止运行,保证桥架安全。

GB 6067—85《起重机械安全规程》中规定:跨度等于或大于40 m的门式起重机和装卸桥应设置偏斜调整和显示装置。

常见的防偏斜装置有如下几种:钢丝绳式防偏斜装置、凸轮式防偏斜装置、链式防偏斜装置和电动式防偏斜指示及其自动调整装置等。

第五节　夹轨器和锚定装置

露天工作的轨道式起重机,必须安装可靠的防风夹轨器或锚定装置,以防止起重机被大风吹走或吹倒而造成严重事故。

GB 6067—85《起重机械安全规程》规定:露天工作的起重机应设置夹轨器、锚定装置或铁鞋。对于在轨道上露天工作的起重机,其夹轨钳及锚定装置或铁鞋应能独立承受非工作状态下在最大风力时不致被吹倒。

一、手动式夹轨器

手动式夹轨器有两种型式:垂直螺杆式和水平螺杆式。手动式夹轨器结构简单、紧凑、操作维修方便,但由于受到螺杆夹紧力的限制;安全性能差,仅适用于中小型起重机使用,且遇到大风袭击时,往往不能及时上钳夹紧。

二、电动式夹轨器

电动式夹轨器有重锤式、弹簧式和自锁式等类型。

楔形重锤式电动夹轨器操作方便,工作可靠,易于实现自动上钳,但自重大,重锤与滚轮间易磨损。

重锤式自动防风夹轨器,能够在起重机工作状态下使钳口始终保持一定的张开度,并能在暴风突然袭击下起到安全防护作用。它具有一定的延时功能,在起重机制动完成后才起作用,这样可以避免由于突然的制动而造成的过大的惯性力。它比楔形重锤式夹轨器具有自重小、对中性好的优点,可以自动防风,安全可靠,应用广泛。

三、电动手动两用夹轨器

电动手动两用夹轨器主要用于电动工作,同时也可以通过转动手轮,使夹轨器上钳夹紧。当采用电动机驱动时,电动机带动减速锥齿轮,通过螺杆和螺母压缩弹簧产生夹紧力,使夹钳不松弛,电气连锁装置工作,终点开关断电,自动停止电动机运转。该夹轨器可以在运行机构使螺母退到一定行程后,触动终点开关,运行机构方可通电运行。在螺杆上装有一手轮,当发生电气故障时,可以手动上钳和松钳。

四、锚定装置

锚定装置是将起重机与轨道基础固定,通常在轨道上每隔一段相应的距离设置一个。当大风袭击时,将起重机开到设有锚定装置的位置,用锚柱将起重机与锚定装置固定,起到保护起重机的作用。

锚定装置由于不能及时起到防风的作用,特别是在遇到暴风突然袭击时,很难及时地做到停车锚定,而必须将起重机开到运行轨道设置锚定的位置后才可锚定。故使用是不方便的,常作为自动防风夹轨器的辅助设施配合使用。通常,露天工作的起重机,当风速超过六级时必须采用锚定装置。

除以上几种夹轨器和锚定装置外,还有各种不同类型的防风装置。无论其形式如何,都必须满足以下几点要求:

1. 夹轨器的防爬作用一般应由其本身构件的重力(如重锤等)的自锁条件或弹簧的作用来实现,而不应只靠驱动装置的作用来实现防爬。

2. 起重机运行机构制动器的作用应比防风装置动作时间略为提前,即防风制动时间——夹轨器动作时间应滞后于运行机构的制动时间,这样才能消除起重机可能产生的剧烈颤动。

3. 防风装置应能保证起重机在非工作状态风力作用下而不被大风吹跑。在确定防风装置的防滑力时,应忽略制动器和车轮轮缘对钢轨侧面附加阻力的影响。

第六节　超载限制器

超载作业所产生的过大应力,可以使钢丝绳拉断,传动部件损坏,电动机烧毁,由于制动力矩相对不够,导致制动失效等。超载作业对起重机结构危害很大,既会造成起重机主梁的下挠,主梁的上盖板及腹板有可能出现失稳、裂纹或焊缝开焊,还会造成起重机臂架或塔身折断等重大事故,由于超载而破坏了起重机的整体稳定性,有可能发生整机倾覆倾翻等恶性事故灾害。

额定起重量大于 20 t 的桥式起重机,大于 10 t 的门式起重机、装卸桥、铁路起重机及门座起重机等,根据 GB 6067—85《起重机械安全规程》的规定均应设置超载限制器。额定起重量小于 25 t•m 的塔式起重机,升降机和电动葫芦等起重设备等根据用户要求必要时也应安装超载限制器。

对于超载限制器的技术要求主要有:各种超载限制器的综合误差不应大于 8%;当载荷达到额定起重量的 90% 时,应能发出提示性报警信号;起重机械设置超载限制器后,应根据其性能和精度情况进行调整或标定,当起重量超过额定起重量时,能自动切断起升动力源,并发出禁止性报警信号。

超载保护装置按其功能可分为:自动停止型、报警型和综合型几种。

自动停止型超载限制器是当起升重量超过额定起重量时,能停止起重机向不安全方向继续动作,同时允许起重机向安全方向动作。安全方向是指吊载下降、收缩臂架、减小幅度及这些动作的组合。自动停止型一般为机械式超载限制器,它多用于塔式起重机上。其工作原理是通过杠杆、偏心轮、弹簧等反映载荷的变化,根据这些变化与限位开关配合达到保护作用。

警报型超载限制器能显示出起重量,并当起重量达到额定起重量95%~100%时,能发出报警的声光信号。

综合型超载限制器能在起重量达到额定起重量的95%~100%时,发生报警的声光信号,当起升重量超过额定起重量时,能停止起重机向不安全方向继续动作。

超载限制器按结构型式可分为机械类型、液压类型和电子类型等。机械类型的超载限制器有杠杆式和弹簧式等。

如图4-1所示为电子超载限制器的框图,它是电子类型载荷限制器。它可以根据事先调节好的起重量来报警,一般将它调节为额定起重量的90%;自动切割电源的起重量调节为额定起重量的110%。

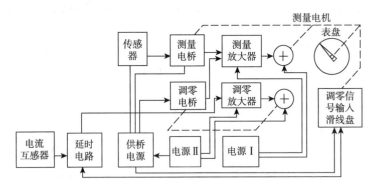

图4-1 电子超载限制器框图

数字载荷控制仪通用性能较好、精度高、结构紧凑、工作稳定。

数字载荷控制仪的重量检出部分通常是一套电阻式压力传感器,它的应变筒上贴有联结成电桥式的电阻应变片。当压力作用于应变筒时,电阻应变片也随着应变筒发生变形,应变片的电阻值也随着变化,电桥失去平衡,产生了与起重量成比例的电信号,电信号由放大器进行放大。放大后的信号,一路传输给模数转换器用来显示重量和输出打印信号;另一路传输给比较电路,与基准信号源传来的基准信号进行比较,当输入的放大信号超过基准信号源的信号时,比较器输出端产生一个高电平,促使开关电路吸动继电器,使起重机控制回路断路而切断电路。

超载保护装置的自动停止型和综合型的产品在设计、安装和调试时应考虑起重机起升作用时动载荷影响。这是由于吊载在起升、制动及振动的情况下,速度的变化会在实际载荷的基础上,产生一个瞬间变化的附加载荷,起升动载荷常达到 110%～130% 的额定载荷。动载荷是起重作业固有的动力现象,是起重机械作业的一个特点,因此超载保护装置必须根据这一特点进行设计,使产品既具备判断处理这种"虚假"载荷的能力,又能防止实际载荷超过规定值,不致发生误动作。

超载限制器在使用中调整设定要考虑以下因素:

1. 使用超载保护装置不应降低起重能力,设定点应调整到使起重机在正常工作条件下可吊运额定载荷。

2. 要考虑动作点偏高设定点相对误差的大小,在任何情况下,超载保护装置的动作点不大于 1.1 倍的额定载荷。

3. 自动停止型和综合型的超载保护器的设定点可整定在 1.0～1.05 倍的额定载荷之间,警报型可整定在 0.95～1.0 倍的额定载荷之间。

4. 超载限制器零点漂移是随环境而变化的,要不定期进行标定。

第七节　力矩限制器

臂架式起重机的工作幅度可以变化是它的工作特点之一,工作幅度是臂架式起重机的一个重要参数。变幅方式一般有动臂变幅和起重小车变幅两种形式。起重量与工作幅度的乘积称为起重力矩。当起重量不变时,工作幅度愈大时,起重力矩就愈大。当起重力矩不变时,那么起重量与工作幅度成反比。当起重力矩大于允许的极限力矩时,会造成臂架折弯或折断,甚至还会造成起重机整机失稳而倾覆或倾翻。臂架式起重机在设计时,已为其起重量与工作幅度之间求出了一条力矩极限关系曲线,即起重机特性曲线。根据GB 6067—85《起重机械安全规程》规定:履带式起重机、起重量等于或大于 16 t 的汽车起重机和轮胎起重机、起重能力等于或大于25 t·m的塔式起重机应设置力矩限制器,其他类型或较小起重能力的臂架式起重机在必要时也要设置力矩限制器。力矩限制器的综合误差不应大于 10%;起重机械设置力矩限制器后,应根据其性能和精良情况进行调整或标定,当载荷力矩达到额定起重力矩时,能自动切断起升动力源,并发出禁止性报警信号。

常用的起重力矩限制器有机械式和电子式等。

如图 4-2 所示,它是电子式起重力矩限制器的框图。它一般由力矩检测器、工况选择器和微型计算机等组成。其工作原理是:当长度、角度检测器测出的臂长、臂角值及工况信息经过数据采集电路进入计算机,计算出该工况的额定值,而力矩检测器测出的信号经过数据采集电路进入计算机,计算出实际值。将额定值与实际值进行比较,当实际值大于或等于额定值的 90% 时,发出预警告信号;当实际值达到额定值时,发出禁止性报警信号,并通过自动停止回路,自动停止起重机向危险方向运动,但允许起重机向安全方向运动。同时,起重臂的长度、角度、幅度、起重量等参数经软件程序中数字模型的计算,分别送到液晶显示器显示。

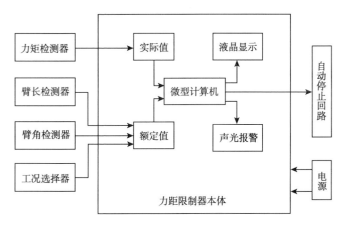

图 4-2 电子力矩限制器框图

第八节 其他安全防护装置

一、幅度指示器

流动式、塔式和门座起重机应设置幅度指示器。

幅度指示器是用来指示起重机吊臂的倾角（幅度）以及在该倾角（幅度）下的额定起重量的装置。它有多种形式，一种是有电子力矩限制器的起重机，这种限制器可以随时正确显示幅度；另一种是采用一个重力摆针和刻度盘，盘上刻有相应倾角（幅度）和允许起吊的最大起重量。当起重臂改变角度时，重力摆针与吊臂的夹角发生变化，摆针则指向相应的起重量。操作人员可按照指针指示的起重量安全操作。

二、连锁保护装置

塔式起重机在动臂变幅机构与动臂支持停止器之间应设置连锁保护装置，使停止器在撤去支承作用前，变幅机构不能开动。

由建筑物进入桥式及门式起重机的门和由司机室登上桥架的舱口门应设置连锁保护装置。当门打开时,起重机不能接通电源。

三、水平仪

起重量大于或等于 16 t 的流动式起重机,应设置水平仪。常用的水平仪多为气泡水平仪。主要由本体、带刻度的横向气泡玻璃管和纵向气泡玻璃管组成。当起重机处于水平位置时,气泡均处于玻璃管的中间位置,否则应调整垂直支腿伸缩量。

水平仪具有检查支腿支承的起重机的倾斜度的性能。

四、防止吊臂后倾装置

流动式起重机和动臂变幅的塔式起重机应设置防止吊臂后倾装置。它应保证当变幅机构的行程开关失灵时能阻止吊臂后倾。

五、极限力矩限制装置

具有可能自锁的旋转机构的塔式和门座式起重机应设置极限力矩限制装置,这种装置应保证当旋转阻力矩大于设计规定的力矩时,能发生滑动而起保护作用。

六、风级风速报警器

臂架铰点高度大于 50 m 的塔式起重机及金属结构高度等于或大于 30 m 的门座起重机应设置风级风速报警器,它应能保证露天工作的起重机,当风力大于 6 级时能发出报警信号,并应有瞬时风速风级的显示能力。在沿海工作的起重机,当风力大于 7 级时应能发出报警信号。

七、支腿回缩锁定装置

对于有支腿的起重机应设置支腿回缩锁定装置,这种装置应能保证工作时顺利打开支腿,非工作时支腿回缩后能可靠地锁定。

八、回转定位装置

流动式起重机应设置回转定位装置,这种装置应能保证流动式起重机在整机行驶时,使上车能保持在固定位置上。

九、登机信号按钮

对于司机室设置在运动部分(与起重机自身有相对运动的部位)的起重机,应在起重机上容易触及的安全位置安装登机信号按钮,对于司机室安装在塔式起重机上部,司机室安装架设在有相对运动部位的门座起重机及特大型桥式起重机必要时也应安装登机信号按钮。其作用是用于司机和维修人员在登机时,按钮按动后在司机室及明显部位显示信号,使司机能注意到有人登机,以防止意外事故发生。

十、防倾翻安全钩

单主梁桥式和门式起重机,在主梁一侧落钩的小车架上应设置防倾翻安全钩。在检修小车时,安全钩应保证小车不倾翻,保证维修工作安全。

十一、检修吊笼

供电主滑线位于司机室对面的桥式类型起重机,在靠近电源滑线的一端应设置检修吊笼。检修吊笼用于高空中导电滑线的检修,其可靠性不得低于司机室。

十二、扫轨板和支承架

在轨道上运行的桥式起重机、门式起重机、装卸桥、塔式起重机和门座起重机的运行机构上应设置扫轨板或支承架保护装置。它们是用来清除轨道上的障碍物,保证起重机能安全运行,通常扫轨板距轨道面不应大于 10 mm,支承架距轨顶面不应大于 20 mm,二者合为一体时,距轨面不应大于 10 mm。

十三、轨道端部止挡体

起重机运行轨道的端部及起重机小车运行轨道的端部均应设置轨道端部止挡体,止挡体应有足够的强度和牢固性,以防止被起重机撞坏出现起重机或小车脱轨而发生事故。止挡体应与起重机端梁或起重小车横梁端设置的缓冲器配合使用。

十四、导电滑线防护板

桥式起重机采用裸露导电滑线供电时,在以下部位应设置导电滑线防护板。

1. 司机室位于起重机电源引入滑线端时,通向起重机的梯子和走台与滑线间应设防护板,以防司机通过时发生触电事故。

2. 起重机导电滑线端的起重机端梁上应设置防护板(通常称为挡电架),以防止吊具或钢丝绳等摆动与导电滑线接触而发生意外触电事故。

3. 多层布置的桥式起重机,下层起重机应在导电滑线全长设置防电保护设施。

其他使用滑线引入电源的起重机,对于易发生触电危险的部位都应设置防护装置。

十五、倒退报警装置

流动式起重机应设置倒退报警装置,当流动式起重机向倒退方向运行时,应发出清晰的报警信号和明灭相间的灯光信号。

十六、防护罩和防雨罩

起重机上外露的、有伤人危险的转动部分,如开式齿轮、联轴器、传动轴、链轮、链条、皮带轮等,均安装防护罩。露天工作的起重机,其电气设备应安装防雨罩。

十七、塔式起重机安全记录仪

塔式起重机安全记录仪是一种配置在各型塔式起重机上的"塔机工作数据"记录仪器。记录仪能以每秒钟数次的速率通过传感系统对塔机每一"工作循环"中的吊钩起重力(吊物重量)及工作幅度(吊物臂距)等进行实时监测、转换和传输,并将起重机的工作状态记录储存。可有效预防因起重机误操作、违章、超载等引起的起重机事故。

思考题:

1. 重锤式限位器的工作原理是什么?
2. 螺杆式限位器的工作原理是什么?
3. 设置缓冲器的目的是什么? 缓冲器有哪几种?
4. 超载限制器起什么作用? 分哪几种?
5. 什么是力矩限制器? 它起什么作用?

第五章 葫芦式起重机安全技术

第一节 葫芦式起重机安全技术概述

葫芦式起重机的特点是结构轻巧紧凑,操作使用简易方便,用途广泛,适用场合众多。更有其独特的特点是少部分采用司机室操纵,大部分采用地面操纵形式,一般没有专职操作人员,更没有专门的司索、指挥人员,往往是操作人员兼司索工作,因而潜在的事故隐患将比其他类型的起重机更为严重。

一、葫芦式起重机的安全防护装置

1. 机械安全装置

为了保证葫芦式起重机使用寿命,葫芦式起重机必备以下基本的机械安全装置。

(1)护钩装置

吊钩应设有防止吊载意外脱钩的保护装置,即采用带有安全爪式的安全吊钩。

(2)导绳器

为防止乱绳引起的事故,目前电动葫芦的起升卷筒大部分都设有防止乱绳的导绳器,导绳器为螺旋式结构,相当于一个大螺母,卷筒相当于螺杆,卷筒正反旋转时导绳器一方面压紧钢丝绳不得乱扣,同时又向左右移动,导绳器上有拨叉拨动升降限位器拨杆上的挡块,达到上下极限位置时断电停车。

（3）制动器

葫芦式起重机的动作为三维动作，即上下升降为 Z 向，小车横向左右运动为 X 向，起重机大车前后纵向运动为 Y 向，每个方向动作的机构（起升机构、小车运行机构和大车运行机构）必须设有制动装置制动器。目前中国有三代电动葫芦共同服役于各项工程当中。20 世纪 50 年代生产的 TV 型电动葫芦虽已淘汰不准再生产，但仍有产品在服役使用，其制动器为电磁盘式制动器。目前仍在大批量生产供货的国产 CD、MD 型电动葫芦和引进产品 AS 型电动葫芦，它们的制动器为锥形制动器，均为机械式制动器，依靠弹簧压力及锥形制动环摩擦力进行制动。小车和地面操作的大车运行机构的制动器为锥形制动电机的平面制动器，司机室操纵的大车制动器为锥形制动器。

（4）止挡

止挡又称为阻进器，在葫芦式起重机主梁（单梁式起重机）两端适当位置（控制极限尺寸）设有带有缓冲器的止挡（止挡与缓冲器为一体），阻止葫芦小车车轮运行而停车；在电动葫芦桥式起重机主梁上两端适当位置设有止挡，阻止小车横行至极限位置而停车；在梁式起重机大车运行轨道两端设有止挡以阻止起重机停在极限位置上。

（5）缓冲器

为减缓葫芦式起重机与止挡的碰撞冲击力，对起重机及吊载的冲击振动，缓冲器通常是装设在单梁起重机端梁上和装在起重机小车架端梁的端部上。过去的缓冲器是采用硬木，目前多采用橡胶的聚氨酯缓冲器。

2. 电气安全防护装置

（1）升降极限位置限制器

以往采用起升限位器为重砣式，重砣式限位器只能起到起升到最高极限位置时断电停车，不能起到下降极限位置的控制。目前绝大部分的升降限位器为双向限位，是与导绳器配合使用，当卷筒旋转吊起重物,钢丝绳缠绕至导绳器拨动限位器导向杆一端的挡块而使限位开关断电停车至上极限位置。卷筒反向旋转吊载下降,导绳器反向移动至拨动限位器导向杆另一个挡块,拨动导向杆使限位开关断电停车至下降极限位置。

(2)运行极限位置限位器

运行极限位置限位器又称为行程开关,在葫芦式起重机的起重小车(葫双)和起重机的端梁装有行程开关,在起重小车轨道和起重机大车运行轨道端适当位置设有一安全尺,当行程开关碰到安全尺,即刻断电停车至极限位置。

(3)安全报警装置

安全报警装置往往与超载限制器是配合使用的,一般为当载荷达到额定起重量的 90% 时,能发出提示性报警信号,如指示闪光灯和蜂鸣器等声光显示,有的可以在手电门上装有起重量显示器。

(4)超载限制器

为防止超载起吊重物造成事故,电动葫芦上一般应设有不同类型的起重量限制器。目前使用的超载限制器按构造、原理大致可分为机械式的弹簧压杆式、杠杆式和摩擦片式;测力传感式;电流检测式和载荷计量式。目前推荐采用和广泛使用的是测力传感超载限制器。

(5)相序保护

相序保护又称为错相保护,目前国产 CD、MD 型电动葫芦不具备这种机能,只有引进的 AS 型电动葫芦具有这种保护机能。

错相保护是与上升极限位置限制器配合使用的,即在设计上升极限位置限制器时,在限制器上增加一对开关触头,当第一对触头(上升限制触头)不起作用时,吊具继续上升就打开了第二对触头,使电动机电源切断。这样即使电动机错相接线,也不会造成事故。

二、葫芦式起重机的安全使用要求

在有粉尘、潮湿、高温或寒冷等特殊环境中作业的葫芦式起重机,除了应具备常规安全保护措施之外,还应考虑能适应特殊环境使用的安全防护措施。

1. 在有粉尘环境中使用

在有粉尘环境中作业的葫芦式起重机应考虑以下安全保护措施:

(1)应采用闭式司机室进行操作,以保护司机的人身健康。

(2)起重机上的电动机和主要电器的防护等级应相应提高,通常情况下葫芦式起重机用电动机及电器的防护等级为 IP44,根据粉尘程度的大小,应相应增强其密封性能,即防护(主要是防尘能力)等级应相应提高为 IP54 或 IP64。

2. 在潮湿环境中使用

在正常情况下,工作环境相对湿度不大于 85% 时,葫芦式起重机的防护等级为 IP44,但目前要求适应湿度较大的场合愈来愈多,要求湿度为 100% 的场合也不少,甚至如核电站还有用高压水冲洗核设备的核粉尘污染,所采用的起重设备的防护等级必须提高。为此,在湿度大于 85% 到 100% 之间的使用场合,起重机的电机与电器防护等级应为 IP55。

在潮湿环境中,对 10 kW 以上电机还应采取增设预热烘干装置。

在露天作业的葫芦式起重机的电机及电器上均应增设防雨罩。

3. 在高温环境中使用

(1)司机室应采用闭式装有电风扇或安装空调的司机室。

(2)电动机绕组及机壳上应埋设热敏电阻等温控装置,当温度超过一定界限时,断电停机加以保护或在电机上增设强冷措施(通常为在电机上增设一专用电风扇)。

4. 在寒冷环境中使用

对于在室外寒冷季节使用的葫芦式起重机应有如下安全防护措施:

(1)采用闭式司机室,司机室内应设取暖装置。

(2)及时清除轨道、梯子及走台上的冰雪,以防滑倒摔伤。

(3)起重机主要受力杆件或构件应采用低合金钢或不低于Q235-C普通碳素钢(指在-20℃以下)材质。

5. 操纵方式

操纵方式有三种:第一种是在地面上用从电动葫芦上悬挂下来的电缆按钮盒来控制;第二种是在桥架一侧挂着司机室,在驾驶室内操作;第三种是用遥控器在地面进行操纵控制。

地面操纵时,起重机运行速度必须在 $V \leqslant 45$ m/min 条件下,以防太快造成操作人员与起重机赛跑。驾驶室操纵的桥架运行速度较快,启动也比较平稳。

三、葫芦式起重机特殊安全保护措施

在以下特殊场合使用的葫芦式起重机,除了应具备常规安全保护措施外,还应具有适应特殊场合使用的特殊安全保护措施。

1. 在易燃易爆场合使用

在易燃易爆场合必须使用专用的防爆葫芦式起重机,应具有以下特殊安全保护措施:

(1)所有的电气元件不得有裸露部分。

(2)防爆葫芦式起重机常温绝缘电阻值不小于 1.5 MΩ。

(3)轨道接地连接电阻值不大于 4 Ω。

(4)所有的防爆电气设备(开关箱、手电门、行程开关及接线盒等),均应具有国家指定的防爆检验单位颁发在有效期内的防爆合格证。

(5)为防止因机械摩擦或碰撞产生火花及危险温度造成危险,对防爆葫芦式起重机裸露的具有相对摩擦运动的部分采取限速的措施,如钢丝绳与卷筒的卷入线速度和葫芦小车及大车在轨道上的运行线速度均不得大于 25 m/min。

(6)钢丝绳表面不得有断丝现象。

(7)运行轨道接头处应光滑平整,车轮运行中不应有冲击现象。

(8)如工作环境金属障碍物较多时,为避免吊钩与金属障碍物发生碰撞,应在吊钩滑轮侧板外表面标出警告字样如"禁止碰撞"、"触地"等。

(9)制动器均应安装在具有隔爆性能的外壳内部。

2. 在吊运有毒、危险、贵重物品的场合使用

如近期有相当一部分葫芦式起重机用来吊运军用导弹、航天用于吊运火箭、核电站用于吊运有放射性的核燃料、核乏料和核废料,这些物品要么十分贵重,要么十分危险,因此要求葫芦式起重机动作要一稳再稳,安全再安全。

为此,用于这种场合的葫芦式起重机必须具有以下特殊的安全保护措施:

(1)断轴保护。为防止万一电动机轴断裂,第一制动器制动失效,造成吊载失落事故,为此,应在起升卷筒轴上增设第二制动器(机械式)加以保护。

(2)断绳保护。为防止钢丝绳突然断裂造成吊载失落事故,可以采取单一事故保护措施。单一事故保护装置由卷筒、钢丝绳、滑轮组、平衡梁等组成。卷筒为双联左右旋结构。两钢丝绳的一端分别固定于卷筒两侧。另一端通过滑轮组(吊钩滑轮组)、定滑轮组,最后在平衡梁上固定。该平衡梁可以在两根钢丝绳之间平衡和分配载荷,若两根钢丝绳中的一根断裂时,平衡梁自动向左或右倾斜,拨动开关切断总电源,使起升动作停止,达到事故保护的作用。

(3)双起升极限位置限位保护。在常规起升限位器上再增加一层限位保护,即双限位双保险。第一层限位保护失灵时,第二层能弥补上限位保护作用。

(4)双行程限位保护。在各运行机构行程限位装置上再加一层第二限位保护,达到双保险作用。

(5)超速保护。在电动葫芦起升卷筒的中心轴上,装有一光电编码器,编码器将卷筒转速转化为脉冲信号传出,当超速10%时自动

切断电源,达到安全目的。同时发出光、电信号。

(6)地震保护。运行机构增设水平导向轮,用来抵抗地震横向冲击;在端梁上增设护钩装置,用来抵抗地震上抛冲击,上抛时护钩将钩住轨道。

3. 在吊运高温或熔化金属的场合中使用

虽然普通的葫芦式起重机一再声明不得吊运熔化金属,但仍有不少用户仍然用葫芦式起重机吊运轻小的高温金属件或小型熔化金属包。尤其是近年来要求利用葫芦式起重机用于冶金行业的呼声也愈来愈高。

为此,用于冶金行业中的葫芦式起重机必须具有以下特殊安全保护措施:

(1)各机构应采取双驱动方式,当一个驱动装置发生故障时,另一个驱动装置能起到整机继续驱动的作用,以防停机熔化金属凝于金属包内。

(2)各机构应采取双制动方式,第一制动器失灵失效时,第二制动器动作保证有继续刹车的功能。

(3)因在高温下作业,电动机主要电器的绝缘等级必须达到 H 级以上。

(4)各机构工作级别不得低于 M6。

(5)钢丝绳绳芯必须采用石棉芯。

4. 在高压电源下作业的场合中使用

在电解铜、电解铝等作业中,也经常采用葫芦式起重机吊运高压电极或吊钩有可能触及高压电源时,就会发生触电事故,造成操作者伤亡或设备毁坏事故。

为此,在此种场合必须采用专用的绝缘葫芦式起重机。

专用的绝缘葫芦式起重机应在吊钩与滑轮组间、小车轨道与主梁间、大车轨道与承轨梁间进行三级绝缘,这种办法现已落伍了。通常是采用在吊钩与滑轮组间、小车架与车轮间、大车端梁与车轮间,或者是吊钩与滑轮组间、卷筒与小车架间、小车车轮轴与小车架端梁车轮轴孔之间的三级绝缘。

绝缘材料为二甲苯树脂玻璃布或环氧酚醛玻璃布等,其绝缘电阻应大于 1 MΩ。

第二节　葫芦式起重机安全操作规程

一、作业前的注意事项

1. 对于长期停止使用的葫芦式起重机重新使用时,应按规程要求进行试车,确认无异常方可投入使用。

2. 作业前应检查起重机轨道上、步行范围内是否有影响工作的异物与障碍物。

3. 检查电压降是否超过规定值。

4. 操作按钮标记应与动作一致。

5. 制动器动作应灵敏可靠。

6. 起升限位开关动作应安全可靠。

7. 起升、运行机构空车运转时是否有异常声响与震动。

8. 吊钩滑轮组是否转动灵活无异常。

9. 起重机钢丝绳、起升及吊装捆绑钢丝绳按 GB/T 5972—2009 相应条款进行作业前检查。

二、葫芦式起重机安全操作要求

1. 严禁超载进行吊装作业。

2. 不得将吊载物在其他作业者头上方通过。

3. 不得侧向斜吊。

4. 不得利用起升限位器作起升停车使用。

5. 不得在正常作业中经常使缓冲器与止挡冲撞达到停车的目的。

6. 不得在吊载作业中调整制动器。

7. 不得在作业中进行检修与维护。

8. 不得在吊载重量不清的情况下,如吊拔埋置物和斜拉作业。

9. 不得在吊载有剧烈震动时进行起吊、横行和纵行作业。

10. 不得随意拆改葫芦式起重机上任何安全装置。

11. 不得在下列有影响安全的缺陷和损伤下作业:制动器失灵、限位器失灵、吊钩螺母防松装置损坏、吊装钢丝绳损伤已达到报废标准等。

12. 不得在捆绑吊挂不牢、吊载不平衡易滑动易倾翻状态下,重物棱角处与吊装钢丝绳之间未加衬垫下进行吊装作业。

13. 不得在工作地昏暗、无法看清场地与被吊物情况下作业。

14. 注意吊钩是否在吊载的正上方。

15. 吊载处在狭窄的场所、易倾倒的位置时不宜盲目操作。

16. 作业中应随时观察前后左右各方位的安全性。

17. 发现故障时应立即切断总电源。

18. 重物接近或达到额定载荷时,应先做小高度、短行程试吊后再平稳地进行起升与吊运。

19. 重物下降至距地面 300 mm 处时,应停车观察是否安全再下降。

20. 无下降限位器的葫芦式起重机,在吊钩处于最低位置时,卷筒上的钢丝绳必须保证有不少于两周的安全圈。

21. 翻转吊载时,操作者必须站在翻转方向的反侧,确认翻转方向处无其他作业人时再动作。

第三节　葫芦式起重机常见故障与排除

葫芦式起重机的常见故障、故障原因及其排除方法如表 5-1 所示。

表 5-1 葫芦式起重机常见故障与排除

序号	项目	常见故障	故障原因	排除方法
1	电动机	空载时电动机不能启动	①电源未接通 ②按钮失灵，接触不良 ③电磁开关箱中的熔断器、接触器等元件失效 ④限位器未复位 ⑤按钮接线折断	①接通电源 ②整修有关的电器元件 ③调整或重新接按钮线
		空载时旋转，有载时不转	①转子断条，转子铸铝铝条粗细不均匀 ②电动机单相运转	①更换电动机 ②重新接线
		电动机启动吃力	①超载过多 ②电源电压过低 ③制动器未完全打开 ④电动机锥形转子窜量太大 ⑤接线、电磁线圈等有断裂等	①按规定吊载 ②调整电源电压 ③调整制动器间隙或锥形转子间隙及窜量 ④重新接线
		噪声大或有异常声响	①定子硅钢片未压紧 ②定转子间隙不均匀扫镗等 ③制动轮偏摆 ④电动机动平衡差 ⑤刹车尖叫，刹车面接触不好	①更换定子 ②调整间隙及窜量 ③检查制动轮端跳并修复 ④修复平衡 ⑤修理制动环或制动轮，使其二者锥角相符
		烧包（定子绕组烧毁）	①绝缘等级低 ②漆包线有外伤 ③扎间、相间或极间未垫绝缘或绝缘性能差	①更换电动机 ②注意保护漆包线的碰磕 ③加强扎间、相间或极间的绝缘措施
		过热	①超载过多 ②电压波动（压降）太大 ③启制动过于频繁 ④制动器间隙太小	①按规定吊载 ②调整电源电压 ③应适当减少启制动次数 ④重新调整制动器间隙

续表

序号	项目	常见故障	故障原因	排除方法
2	减速器	齿轮传动噪声太大或有异常声响	①缺油、润滑不良 ②齿轮齿面有磕碰伤痕,齿轮加工精度低,装配质量差 ③齿轮、轴承等磨损严重,疲劳破坏程度大 ④齿轮箱内清洁度差	①加足润滑油 ②修整齿面磕碰伤痕,提高齿轮加工和装配精度 ③齿轮及轴承达到报废程度应及时更换 ④定期清洗换油
		起升减速器箱体碎裂	多因起升限位器失灵,吊钩滑轮组外壳撞击卷筒外壳,造成吊钩偏摆击裂箱体(CD葫芦尤为突出)	及时更换减速器箱体,更换或修理起升限位器,尽量使限位器少动作
		减速器漏油	①减速器箱体接合面之间密封纸垫破损 ②未涂密封胶或涂抹不匀或密封胶失效 ③油封性能失效 ④放油嘴处密封失效	①更换密封纸垫 ②重新均匀涂抹密封胶 ③更换油封 ④更换密封垫
3	制动器	制动失灵	①电动机轴断裂 ②锥形制动环装配不当,出现磨损台阶制动失效	①更换电动机轴 ②更换制动环,并正确装配
		重物下滑或运行时明显刹不住车	①制动间隙太大 ②制动环或制动轮磨损严重,并超过了规定值而未更换或弹簧失效 ③电动机轴或齿轮轴轴端紧固螺钉松动(CD型葫芦常见)	①调整制动器间隙 ②更换制动环或制动轮 ③将电动机卸下,拧紧松动的紧固螺钉 ④更换弹簧或碟簧
		制动时发出尖叫声	斜吊	按操作规程操作

续表

序号	项目	常见故障	故障原因	排除方法
4	卷筒装置	导绳器破裂	斜吊	按操作规程操作
		卷筒外壳变形	限位器失灵,吊钩滑轮撞伤外壳	修理或更换限位器
		乱绳	斜吊、导绳器作用失效	严禁斜吊,更换导绳器
5	钢丝绳	切断	①因起升限位器失灵被拉断 ②超载过大 ③已达到报废标准仍继续使用	①修理或更换限位器 ②按规定吊载 ③更换钢丝绳
		变形	①无导绳器,缠绕乱绳时,钢丝绳进入卷筒端部缝隙中被挤压变形 ②斜吊造成乱绳而变形	①应安装导绳器 ②按操作规程操作
		磨损	①斜吊造成钢丝绳与卷筒外壳之间的磨损 ②钢丝绳选用不当,直径太大与绳槽不符	①不要斜吊 ②合理选择钢丝绳
		空中打花	在地面缠绕钢丝绳时,未能将钢丝绳放松伸直	让钢丝绳在放松状态下重新缠绕在卷筒上
6	手电门(按钮开关)	按钮动作失灵,按下时不能复位	①按钮弹簧疲劳破坏 ②灰尘污物过多 ③悬挂电缆断线或接线松落 ④悬挂电缆无护绳	①更换弹簧 ②保持清洁 ③更换电缆或重接线 ④增加一细钢丝绳承担悬吊手电门作用
		动作与按钮标志不符	电源相序接错	导换接线
		触电	①采用铁壳手电门 ②非低压手电门	①采用硬塑外壳手电门 ②采用低压(36 V或42 V手电门)

续表

序号	项目	常见故障	故障原因	排除方法
7	起升限位器	负荷升至极限位置时不能限位	①电源相序接错,接线不牢 ②限位杆的停止挡块松动	①重新接线,修整 ②紧固停止挡块于需要的位置上
8	葫芦运行小车	车轮打滑	工字钢等轨道面或车轮踏面上有油、水等污物	清除轨道面或车轮踏面上的污物
		车轮悬空	①工字钢等支承车轮的翼缘面不规整 ②运行小车制造装配精度差,三条腿现象严重	①进行火焰修整 ②按制造装配精度要求进行检查并修整
		轮缘爬轨	①轨道端部止挡(阻进器)或缓冲器不对称 ②运行小车主被动侧重量不平衡,造成被动侧车轮翘起而爬轨	①重新调整(或修整)止挡或缓冲器为对称结构 ②在被动侧加配重
9	起重机运行机构	启动时,主动车轮打滑	①轨道面或车轮踏面有油、水等污物 ②车轮装配精度差,三条腿现象严重,主动轮轮压太小或悬空	①清除污物,必要时在轨道顶面上撒砂子以增加摩擦 ②改进车轮装配质量或火焰矫正桥架几何精度
		运行中:出现歪斜 ——跑偏 ——啃道 ——磨损	①轨道架设未能达到相应规范要求 ②起重机桥架几何精度超差较大(如跨度偏差、跨度差、对角线差等) ③车轮槽宽与轨道顶面宽间隙配合不当 ④车轮公称直径尺寸差较大	①检查轨道跨度偏差、标高差、倾斜度等,如超差较大应重新修整 ②检查起重机桥架几何精度,如超差较大应及时修复 ③调整、修复或更换车轮或轨道,达到规范要求为止 ④检查车轮踏面直径,如因磨损造成直径不一致,应及时更换车轮

续表

序号	项目	常见故障	故障原因	排除方法
9	起重机运行机构	运行中:出现卡轨、爬轨、掉道或正常的蛇行、扭摆、冲击、振动等	①轨道与桥梁跨度配合不当 ②轮槽与轨顶面宽度配合不当 ③起重机三条腿现象严重 ④起重机跑偏现象严重 ⑤轨道接缝质量	①检查起重机桥架和轨道几何精度,整修超差部分 ②调整、整修车轮与轨道的侧隙,或更换车轮 ③必要时进行起重机大修 ④修整轨道接缝达到规范要求
		启制动时,有明显的不同步、扭动、侧向滑移	①因磨损造成车轮踏面直径尺寸相差较大 ②分别驱动的两制动电动机窜量,制动的灵敏程度、转速相差较大	①更换车轮 ②同一个人(靠手感)调整两侧驱动电动机的制动间隙(即锥形制动电机的轴向窜量),选配转速接近的电机配对使用
		制动时,刹不住车、扭摆	①制动器间隙太大 ②制动环磨损已达到报废标准仍在使用 ③制动弹簧效能降低	①调整制动器间隙 ②更换制动环 ③更换制动弹簧、碟簧
10	主梁	主梁上拱度减小至消失,甚至出现下挠	①超载起吊 ②疲劳过度 ③使用环境恶劣(如高温烘烤)	①按规定起吊或加载荷限制器加以限制 ②利用火焰局部烘烤修复 ③改善工作环境
		振动或下挠过大,造成葫芦运行小车溜车	①超载起吊 ②主梁刚度差 ③有共振因素影响	①按规定起吊或加载荷限制器加以限制 ②主梁补强(加大截面) ③降低吨位使用 ④排除共振干扰

续表

序号	项目	常见故障	故障原因	排除方法
10	主梁	主梁工字钢等下翼缘下塌（出现塑性变形）	①超载过大 ②葫芦轮压过大 ③工字钢翼缘太薄 ④主梁下翼缘磨损严重而变薄,局部弯曲强度减弱	①按规定起吊或加载荷限制器 ②增加葫芦走轮个数 ③选用异型加厚工字钢或在工字钢下翼缘下表面贴板补强 ④下塌严重时,无法补强时主梁应报废
11	操纵室	振动与摇晃	①操纵室本身刚性差,与主梁连接不牢 ②起重机主梁动刚度性能差 ③起重机运行振动冲击大	①加强操纵室的刚性 ②增加减振装置 ③适当提高主梁刚性 ④当电机为鼠笼电动机不能调速时,尽量采用双速鼠笼电机,以减小起制动的冲击 ⑤对轨道缺陷进行修复
12	电气	起重机行程开关失灵	①短路 ②接线不对	重新接线
		电源引入装置接触不良	①塑料滑轮磨损严重 ②滑道连接不牢 ③引入支臂固定不牢 ④滑轮脱落脱轨脱绳 ⑤内藏式滑触线滑槽塑料老化变形	①采用耐磨塑料 ②检查滑道,修整固定牢固 ③检查引入支臂、固定牢固 ④整修滑线、滑槽或及时更换

续表

序号	项目	常见故障	故障原因	排除方法
13	锈蚀	零部件裸露表面锈蚀严重	①裸露的机械零件未进行镀锌或煮黑或未涂防锈漆或漆层剥落严重 ②金属结构件涂漆质量太差，剥落严重	①更换经过镀锌或煮黑处理的裸露零件 ②对材料进行打砂等预处理 ③防锈 ④重新涂防锈性能较好的漆层

思考题：

1. 葫芦式起重机电气安全防护装置有哪些？
2. 葫芦式起重机安全操作要求有哪些？

第六章 通用桥(门)式起重机安全技术

第一节　桥(门)式起重机安全技术概述

一、桥(门)式起重机的基本构造

桥(门)式起重机由大车和小车两部分组成。小车上装有起升机构和小车运行机构,整个小车沿装于主梁盖板上的小车轨道运行;大车部分则是由起重机桥架(或龙门架)及司机室(又称操纵室)所组成。在大车桥架上装有大车运行机构和小车输电滑线或小车传动电缆及电气设备(电气控制屏、电阻器)等。司机室内装有起重机控制操纵装置及电气保护柜、照明开关柜等。

按功能划分,桥式起重机则是由金属结构、机械传动和电气传动三大部分组成。

桥(门)式起重机的金属结构是起重机的骨架,所有机械、电气设备均装于其上,是起重机的承载结构并使起重机构成一个机械设备的整体。

桥(门)式起重机的机械传动部分,是起重机动作的执行机构,吊物的升降和移动都是由相应的机械传动机构的运转而实现的。机械传动机构则由起升机构、小车运行机构和大车运行机构三部分组成。

起重机的电气传动部分由电气设备和电气线路所组成。电气设备是由各机构电动机、制动器驱动装置、电气控制装置及电气保护装置等组成;电气线路是由主回路、控制回路和照明信号回路所组成。

二、桥(门)式起重机金属结构安全技术

桥(门)式起重机的金属结构是由起重机桥架(又称大车桥架)、小车架和操纵室(司机室)三部分组成。它是起重机的承载结构,具有足够的强度、刚度和稳定性,是确保起重机安全运转的重要因素之一。

(一)桥式起重机桥架

自新中国成立以来,随着我国工业的不断发展,各种不同类型的桥架结构也在不断创新,计有箱形结构、偏轨箱形结构、偏轨空腹箱形结构、箱形单主梁结构、空腹桥架式结构、四桁架式结构及三角形桁架结构等多种结构型式。本节主要以应用十分广泛的箱形结构型式为例略加阐述。

箱形结构桥架的构成如图 6-1 所示,它是由主梁、端梁(又称横梁)、走台和防护栏杆等组成。主梁和端梁均是由钢板拼焊成的箱形断面结构,故称为箱形结构。

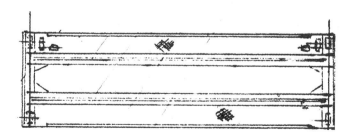

图 6-1　桥式起重机桥架示意图

1—端梁;2—传动走台;3—传动梁;4—导电梁;5—导电走台;6—防护栏杆

箱形结构主梁(见图 6-2)是由上盖板 1、小车轨道 2、腹板 4、下盖板 5 和大小筋板 6、7 及纵向拉筋 3 等组成。

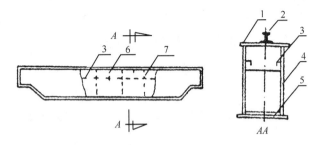

图 6-2　箱形主梁构造示意图

1—上盖板；2—小车轨道；3—纵向拉筋；

4—腹板；5—下盖板；6—小筋板；7—大筋板

(二)桥(门)式起重机金属结构的安全技术要求

1. 主梁的安全技术要求

(1)为了提高主梁的承载能力,改善主梁的受力状况,抵抗主梁在载荷作用下的向下变形,提高主梁的强度和刚度,在制造时,主梁跨中应具有 $F=S/1000$ 的上拱度,其允差为 $^{+0.3F}_{-0.1F}$,并要求由两端向跨中逐步拱起而呈"弓"形状态。门式起重机除了两支腿段间跨中应有 $(0.9/1000\sim1.4/1000)S$ 的上拱度外,若支腿外有悬臂,那么有效悬臂处的上翘度,应为 $(0.9/350\sim1.4/350)L_1(L_2)$,如图 6-3 所示。其中,$S$ 为桥式起重机的跨度。

(2)主梁跨中的旁弯度不得大于 $S/2000$,且不允许向内弯(即只允许向走台方向弯曲)。

(3)主梁的刚度要求。所谓主梁的刚度是表征主梁在载荷作用下抵抗变形能力的重要指标。通常规定为:在主梁跨中起吊额定荷载其向下变形量 $f\leqslant S/700$,卸载后变形消失,即无永久变形,则可认为该主梁刚度合格。此项为测定桥式起重机负荷能力的重要指标,是起重机安装时或大修后必测的重要项目之一。

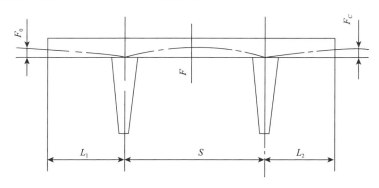

图 6-3　门式起重机悬臂和上翘度

　　凡是在载荷作用下,主梁产生的向下永久变形(从原始拱度算起)称为主梁下挠。

　　2. 端梁中部具有 $B/1500$ 的上拱度,B 为端梁两轮间的轴距。

　　3. 走台应采用防滑性能良好的网纹钢板,室外安装的起重机走台应有排除积水的出水孔。走台上通道的宽度不小于 500 mm。

　　4. 走台外侧安装的防护栏杆高度不应小于 1050 mm,并应设有间距为 350 mm 的水平横杆,护栏的底部应设有高度不小于 70 mm 的围护板。

　　5. 操纵室与桥架连接必须牢固、安全可靠,其顶部应能承受不小于 2.5 kN/mm² 的静载荷。

　　6. 桥(门)式起重机金属结构的安全检查与维护。

　　(1)每年应对主梁的拱度进行检查和测量。

　　(2)每年应对主梁的刚度进行检查和试验,即在跨中起吊额定负荷,测定其向下变形量是否超过 $S/700$,有无永久变形,以鉴定主梁的刚度是否合格,不合格者应予以修复或降级使用。

　　(3)定期对起重机金属结构主要部位进行检查,如主梁的焊缝、主梁与端梁连接的焊缝及端梁连接螺栓等。

(4)每3～4年应对金属结构在清除污垢、锈渍的基础上,进行全面涂漆保护。

(5)在运转过程中,注意对起重机金属结构的保护,严防主梁遭受严重的冲击,避免金属结构受到剧烈碰撞。

(6)工作完毕后,小车应置于起重机跨端,不允许小车长时间停于跨中。

(三)起重机金属结构主要构件的报废标准

1.主要受力构件;如主梁、端梁等构件失去整体稳定时应报废。

2.主要受力构件发生锈蚀时,应对其进行检查和测量鉴定,当承载能力降低至原设计承载能力的87%以下时,如不能修复则应报废。

3.当主要构件发生裂纹时,应立即采取阻止裂纹继续扩张及改变应力的措施,如不能修复则应报废。

4.当主要受力构件断面腐蚀量达到原厚度的100%时,如不能修复与加固,则应报废。

5.主要受力构件因产生塑性变形,使工作机构不能正常安全工作时,如不能修复,则应报废。

6.对于桥式起重机,当小车位于跨中起吊额定载荷时,主梁跨中的下挠值在水平线下超过 $S/700$ 时,如不能修复,则应报废更新。

三、起升机构

(一)起升机构的构成及其工作原理

1.起升机构的构成

常见的起升机构如图6-4所示。

2.起升机构的工作原理

如图6-4所示,电动机1通电后(制动器11打开)产生电磁转矩,通过齿轮联轴器2、传动轴3及制动轮联轴器4将转矩传递至减速器 5 的高速轴,经齿轮传动减速后再由减速器将转矩输出,并经齿盘接手及内齿圈 6,带动卷筒组 7 做定轴转动,使绳端紧固在卷筒上的钢丝绳 9 做绕入或绕出运动,遂使系吊于钢丝绳上的吊钩组 10(或其他取物装置)做相应的上升或下降运行,进而实现吊物的上升或下降运动。为使吊物能安全可靠地停于空中任一位置而不坠落,在起升机构减速器高速轴端安装制动轮及相应的常闭式制动器 11,以便在断电时实现制动。

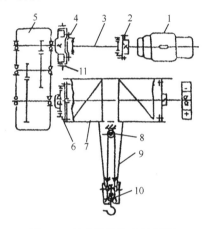

图 6-4　起升机构构成示意图

1—电动机;2—齿轮联轴器;3—传动轴;4—制动轮联轴器;

5—减速器;6—齿盘接手及内齿圈;7—卷筒组;8—定滑轮组;

9—钢丝绳;10—吊钩组;11—制动器

(二)起重静功率 $P_{静}$ 的计算

1. 理论计算公式

$$P_{静} = \frac{G_n V_{起}}{59976\eta} \approx \frac{G_n V_{起}}{60000\eta} \quad (\text{kW}) \qquad (6\text{-}1)$$

式中: G_n——额定起重量(N);

$V_{起}$——额定起升速度(m/min);

η——起升机构传动效率,取值范围为 $0.85 \sim 0.9$。

2. 经验计算公式

$$P_{静} = 0.2 G_n V_{起} \quad (kW) \tag{6-2}$$

式中:G_n——额定起重量(t);

$V_{起}$——额定起升速度(m/min)。

(三)起升机构安全技术

1. 起升机构必须安装常闭式制动器,其制动安全系数理论上应符合表 6-1 的规定。对于吊运液态金属、易燃易爆物或有毒物品等危险品的起升机构必须安装两套制动器,每套制动器的制动安全系数不小于 1.25。

表 6-1　常闭式制动器制动安全系数 K

起升机构工作级别	$M_1 \sim M_4$	M_5	M_6、M_7	M_8
制动安全系数 K	1.5	1.75	2	2.5

制动器的安全检查与维护应注意如下几点:

(1)制动器的调整标准　理论上应按表 6-1 提供的制动安全系数 K 值进行调整,但 K 值之测定较为困难,实际工作中,常用下述调整方法作为标准,即通过对主弹簧、磁铁冲程及闸瓦间隙的调整,使其达到:在空载时,撬开制动器而松闸,吊钩组可缓慢启动下落并逐步加快,这说明制动器已完全打开而无附加摩擦阻力;当起吊额定负荷(即额定起重量 G_n)以常速下降时,断电后其制动下滑距离应符合下式要求:

$$S_{制} \leqslant V_{起}/100 \quad (mm) \tag{6-3}$$

式中:$V_{起}$——额定起升速度。

实践证明,这种方法作为调整起升机构制动器的调整标准是安全可靠的。

(2)起升机构制动器工作必须确保安全可靠,为此,一般应每天检查并调整一次,且在正式工作前应试吊以检验其是否安全可靠,冶金起重机起升机构制动器应每班检查调整一次,且各铰接点应每天注油润滑,以确保制动器动作灵敏、工作可靠。

2. 起升机构必须安装上升、下降双向断火限制器。

(1)上升限位器的安装位置(或调整位置),应能保证当取物装置顶部距离定滑轮组最低点不小于 0.5 m 处断电停机。

(2)下降限位器的设置应能确保取物装置下降到最低位置断电停机,且此时在双联卷筒上每端所余钢丝绳圈数不少于两圈(不包括压绳板处的圈数在内)。

(3)应经常检查限位器工作的可靠性,动作的灵敏可靠性;失效时,必须停机检修,不得"带病"工作,以防钩头冲顶断绳坠落事故的发生。

3. 吊钩必须安装有防绳扣脱钩的安全闭锁装置。

4. 起重量 $G_n=10$ t 以上的龙门起重机和 $G_n=20$ t 以上的桥式起重机,必须安装超载限制器。

5. 对起升机构操作时的安全技术要求

(1)当起吊较重的吊物时,严禁急速推转控制器手柄的猛烈启动,以消除过大的惯性力对机构和主梁的冲击。

(2)对于用凸轮控制器操纵的起升机构,在长距离下降重载时,应迅速将手柄推至下降第 5 档,切除转子串入全部电阻,以最慢的下降速度下降吊物。以防飞逸事故和刹不住车的危险事故发生;对于短距离的重载下降时,可采用手柄推至上升第 1 档的反接制动方式下降吊物,这样操作较为安全。

四、大车运行机构

(一)大车运行机构传动形式、构成及其工作原理

1. 大车运行机构的传动形式可分为两大类:一种为分别驱动形式(见图 6-5a),另一种为集中驱动形式(见图 6-5b)。分别驱动形式与集中驱动形式相比,其自重较轻,通用性好,便于安装和维修,运行

性能不受吊重时桥架变形的影响,故目前在桥式起重机上获得广泛采用,集中驱动形式只用于小起重量和小跨度的桥式起重机上。

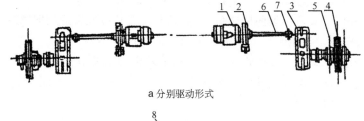

a 分别驱动形式

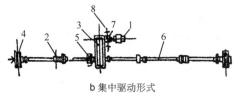

b 集中驱动形式

图 6-5　大车运行机构传动示意图

1—电动机;2—制动轮联轴器;3—减速器;4—车轮组;
5—低速轴齿轮联轴器;6—传动轴;7—高速轴齿轮联轴器;8—制动器

2. 大车运行机构构成　如图 6-5 所示,是由电动机 1、齿轮联轴器 2、5、7、传动轴 6、减速器 3、车轮组 4 及制动器 8 等构成。由电动机经减速器传动所带动的车轮组称为主动车轮组,无电动机带动只起支承作用的独立车轮组称为被动或从动车轮组。

3. 大车运行机构工作原理　如图 6-5 所示,当电动机 1 通电时产生电磁转矩(常闭制动器 8 打开),通过制动轮联轴器 2、传动轴 6、齿轮联轴器 7 将转矩传入减速器 3 内,经齿轮传动减速后传递给低速轴齿轮联轴器 5 并带动车轮组 4 中的车轮转动,在大车轮与轨道顶面间产生的附着力作用下,使大车主动轮沿大车轨道顶面滚动,进而带动整台起重机运行。

(二)大车运行机构安全技术

1. 大车运行机构必须安装制动器且应调整得当,以便在起重

断电后使其在允许制动行程范围内安全停车,其允许制动行程(又称制动距离)$S_制$ 可按下面经验公式确定:

$$V_{大车}^2/5000 \leqslant S_测 \leqslant V_{大车}/15 \qquad (6-4)$$

式中:$V_{大车}$——大车额定运行速度(m/min)。

$S_制 \geqslant V_{大车}^2/5000$——限制大车之最小制动行程,即制动器不能调得太紧,制动力矩不能过大,以防止在停车时产生过大的制动惯性力而影响大车运行性能、吊物大幅游摆及对传动机构的冲击。

$S_制 \leqslant V_{大车}/15$——限制大车之最大制动行程,即制动器不能调得太松,制动力矩太小,起重机滑行过大,以确保起重机能在规定的允许范围内安全停车,防止碰撞事故发生,起到保护起重机桥架和建筑物免遭冲击的作用。

实践证明,按式 6-4 作为调整大车制动器的标准是行之有效的。

2. 制动器每 2～3 天应检查并调整一次,分别驱动的运行机构,两端制动器应调整协调一致,以防止制动时发生起重机扭斜和啃道现象。使运行时两端制动器完全打开而无附加摩擦阻力,确保起重机正常运行。

3. 起重机端梁上应安装行程限位器,并相应在大车行程两端安装限位安全尺,以确保在大车行至轨道末端前触碰限位器转臂并打开限位器的常闭触头而断电停车;同一轨道上每两台起重机间亦应相应安装限位尺,当两车靠近并在碰撞前触碰对方限位器转臂而断电停车,或安装防碰撞的互感器,以防止两台起重机带电硬性碰撞事故的发生。

4. 桥式起重机每端梁的端部必须装有弹簧式或液压式缓冲器,并于起重机每条轨道末端承轨梁上安装止挡体(俗称车挡),既能防止起重机脱轨掉道,又可吸收起重机运动的动能,起到缓冲减震并保护起重机和建筑物不受损害的作用。车挡严禁安装或焊在轨道上。

5. 带有锥形踏面的大车主动轮,必须配用顶面呈弧形的轨道,且用于分别驱动的传动形式,锥度的大端应靠跨中方向安装,不得装反,否则不能起到运行时的自动对中作用反而导致大车偏斜。

6.大车车轮前方应安装扫轨板,扫轨板之下边缘与轨顶面的间隙为 10 mm,用来清除轨道上的杂物,以确保起重机运行安全。

7.操作时的安全技术要求

(1)为防止启动时因惯性力而产生的吊物游摆对地面作业人员及设备的危害事故发生,要求在开动大车后,先回零位一次然后在吊向前游摆时再顺势快速跟车一次的方法,可消除吊物的游摆,对于重载,采用此法效果极为显著,做到起车稳和行车稳的操作。

(2)为防止停车时的吊物游摆,要求司机应掌握大车的运行特性、制动行程距离,应在预停位置前合适距离回零断电,使车在制动滑行后停车,如操作得当,会做到既平稳而又准确。

(3)在除遇到紧急情况(如碰人或设备)以外,严禁开反车制动停车。

五、小车运行机构

(一)小车运行机构传动形式、构成及其工作原理

1. 小车运行机构传动形式 中、小型起重机小车运行机构均采用集中驱动形式(见图 6-6a),大起重量起重机的小车运行机构则通常采用分别驱动形式(见图 6-6b)。

2. 小车运行机构的构成 如图 6-6 所示,小车运行机构是由电动机 2、高速轴联轴器 3、立式减速器 4、低速轴联轴器 5、传动轴 6 及车轮组 7 等组成,在电动机轴上安装制动轮及相应的制动器 1。

3. 小车运行机构工作原理 其与大车运行机构工作原理相同,不再重述。

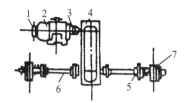

a 集中驱动形式

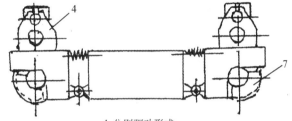

b 分别驱动形式

图 6-6　小车运行机构传动示意图

1—制动器;2—电动机;3—高速轴联轴器;4—立式减速器;

5—低速轴联轴器;6—传动轴;7—车轮组

(二)小车运行机构安全技术

1. 小车运行机构必须安装制动器,以确保在断电后在允许制动行程范围内安全停车。其允许制动行程应符合下式规定:

$$V_{小车}^2/5000 \leqslant S_制 \leqslant V_{小车}/20 \qquad (6\text{-}5)$$

式中:$V_{小车}$——小车额定运行速度(m/min)。

2. 制动器应每 2~3 天检查并调整一次。

3. 小车行程的两终端必须安装限位器,相应在小车架底部应装有限位安全尺,以确保在小车行至终端时触碰限位器转臂而打开常闭触头断电停车。

4. 小车架上必须安装弹簧或液压式缓冲器,并在主梁两端相应部位焊有止挡板,使之与缓冲器的碰头对中相碰撞,既能阻止小车继续运行又能起缓冲减振作用。

5. 在主梁上盖板端部应焊有止挡板,防止小车脱轨掉道。

6. 小车运行时各车轮踏面应与轨顶全面接触,主动轮踏面与轨顶间隙不应大于 0.1 mm;从动轮不应大于 0.5 mm,小车出现"三条腿"故障时,必须予以修复,不得"带病"工作,以防事故发生。

7. 小车车轮为单轮缘时,轮缘应靠近轨道外侧方向安装,尤其是在修理后重新安装时,不得装反。

8. 小车轮前应安装扫轨板,其底边缘与轨顶面间隙为 10 mm。

9. 操作小车时的安全技术要求,与大车同样,不再重述。

六、电气设备与电气线路

(一)桥式起重机的电气设备

桥式起重机电气设备包括有各机构电动机、制动电磁铁、操作电器和保护电器等。

1. 电动机 桥式起重机各机构应采用起重专用电动机,它要求具有较高的机械强度和较大的过载能力。应用最广泛的是绕线式异步电动机,这种电动机采用转子外接电阻逐级切除方式运转,既能限制启动电流过大确保启动平稳,又可提供足够大的启动力矩,并能适应频繁启动、正反转、制动、停止等工作的需要。常用电动机型号为 JZR、JZR_2、JZRH 和 YJR 系列。

2. 制动电磁铁 制动电磁铁是起重机制动器的打开装置。起重机上常用的打开装置有如下四种:单相电磁铁(MZD1 系列)、三相电磁铁(MZS1 系列)、液压推动器也称液压推杆(TY1 系列)和液压电磁铁(MY1 系列)。其中 MZD1 系列仅用于小起重量起重机上。现代广泛采用 TY1 系列和 MY1 系列。

3. 操作电器 又称控制电器,它包括控制器、接触器、控制屏、电阻器等。

(1)主令控制器 主要用于大容量电动机或工作繁重、频繁启动运转的场合(如抓斗操作)。它通常与控制屏配合使用,即由主令控制器发出指令。使置于控制屏中相应接触器动作,实现主电动机的启动,正、反转调速与制动停止等工作程序。常用型号为 LK4 和 LK14 系列。

(2)凸轮控制器　主要用于小起重量起重机各机构的控制中,通过它自身触头的接通与分断来实现电动机的正、反转,调速与停止。要求控制器具有足够的容量和开闭能力,熄弧性能好,动静触头接触良好,操作应灵活、轻快,档位清楚,零位手感明确,工作可靠,便于安装、检修与维护。旧型号为 KTJ1 系列,现在为新型号 KT10 和 KT12 系列所取代。

(3)电阻器　电阻器在起重机各机构中用来限制电动机的启动电流,实现启动平稳和调速之用。要求应有足够的导电能力,各部分连接必须可靠,以防断裂。

4. 保护电器　桥式起重机的保护电器包括保护柜、控制屏、过电流继电器、各机构行程限位器、紧急断电开关、各种安全连锁开关及熔断器等。对保护电器的要求是:动作灵敏;工作安全可靠,确保起重机安全运转。

(二)电气线路

桥式起重机的电气线路由三部分组成,即照明信号回路、控制回路和主回路。

1. 照明信号回路　桥式起重机照明信号回路如图 6-7 所示。其线路特点如下:

(1)照明信号回路为专用独立线路,即其电源由起重机主断路器的进线端分接,它直接与起重机滑线电源 L_1、L_2、L_3 三相中的任两相相接,不受主刀开关 LQS 的控制,在起重机拉开主刀开关 LQS 断电后;照明信号回路仍然供电,以确保停机检修之用,起到防触电的安全保护作用。

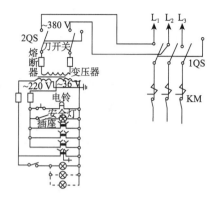

图 6-7　照明信号回路

(2)照明信号回路由刀开关 2QS 控制分断,并有熔断器作短路保护之用。

(3)手提工作灯、司机室照明及电铃等均采用 42 V 以下的低压电源。

(4)照明变压器的次级绕组必须进行可靠接地保护。

2. 控制回路　桥式起重机的控制回路又称连锁保护电路,它控制起重机总电源的自动接通与分断,从而实现对起重机的各种安全保护。通用桥式起重机是由控制回路的接通与否来控制起重机总电源的通断,如图 6-8 所示。左边部分为起重机的主回路,即直接为各机构电动机供电并使其运转的那部分电路。右边所示的那部分则为起重机的控制回路。从图 6-7 可知,在保护柜主刀开关 1QS 推合后,控制回路已与图 6-8A、B 两点处接电,但由于控制回路主接触KM 线圈未形成闭合回路而未通电,故其左边的主触头 KM 亦未闭合,主回路由于 KM 分断而无法接电,各机构电动机无法运转。因此,起重机主回路的接通与分断,就取决于主接触器 KM 主触头的接通与否,而控制回路就是控制主接触器主触头接通与分断的专用电路,这部分电路称为控制回路。

(1)控制回路的组成　通用桥式起重机控制回路(见图 6-8)是

由三部分组成,即由零位启动部分电路(标为①号电路)、连锁保护部分电路(标为③号电路)和限位保护部分电路(标为②号电路)所组成。在①号电路内有启动按钮 SB 和各机构控制器零位触头 SCH0、SCS0、SCL0;③号电路内有主接触器 KM 线圈(它是控制回路的核心关键部位)、紧急开关、端梁门开关、舱口门开关、司机门开关及各机构电动机过电流继电器、总过电流继电器的常闭触头,它们分别用 SE、SQ1、SQ2、SQ3、SQ4、FA1、FA2、FA3、FA4 和 FA0 表示。①号电路和②号电路通过主接触器常开连锁触头 KM1、KM2 闭合并接后与③号电路串连接通电源而组成一个完整的控制回路。

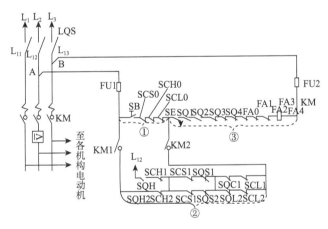

图 6-8　通用桥式起重机控制回路原理图

(2)控制回路工作原理及其各种安全保护

1)起重机零位启动与零位保护　由图 6-8 可知,当保护柜主刀开关 LQS 推合后,在控制回路中,由于 KM1 和 KM2 未闭合前而只有①号和③号电路串联并通过熔断器 FU1、FU2 接于电源 A、B 两点。当各机构控制器手柄置于零位(即右工作位置),各控制器零位触头 SCH0、SCS0 和 SCL0 闭合,安全连锁触头 SE、SQ1、…、SQ4 和

FA0、…、FA4 均处于闭合状态时,此时只要按下启动按钮 SB,则控制回路因处于闭合状态而接通,因此主接触器 KM 因其线圈通电而吸合。遂将其主触头 KM 闭合,即接通起重机的总电源,此时若开动任何一机构控制器即可工作,故完成起重机的启动工作程序。为其后的起重机工作做好准备。

当有任何一机构控制器手柄置于工作位置而非零位时,则因其零位触头未闭合而使①号电路分断;虽按下按钮 SB 而使控制回路无法接通,起重机不能接通总电源而无法启动,从而不会在控制手柄置于工作位置情况下,按下按钮 SB,起重机突然工作造成危害事故的发生,对起重机实现零位保护作用。

当电源电压低于额定电压的 85% 时,按下按钮 SB,虽然控制回路已接通,但因电压低,磁拉力小而主接触器 KM 无法吸合动磁铁,动静触头不能闭合,亦不能接通起重机总电源而无法工作,从而可实现对起重机的零压保护,防止电气设备在低电压情况下工作而被烧毁。

2)起重机电源接通的自锁原理及各机构的限位保护　从图 6-8 可知,在按下启动按钮 SB 接触器 KM 吸合接通总电源的同时,主接触器的连锁副触头 KM1、KM2 亦随之闭合,遂将包括各机构限位器常闭触头在内的②号电路与①号电路并接于控制回路中。当启动按钮 SB 脱开①号电路分断后,因有②号电路取代①号电路并与③号电路串联而使主接触器 KM 持续通电吸合,故主接触器的主、副触头在起重机运转时持续闭合而使起重机不会断电,从而实现起重机持续供电的自动连锁。

在①号电路分断后的控制回路如图 6-9 所示,此时②号电路取代①号电路而接入控制回路中,保证主接触器持续通电吸合。当某机构控制器手柄置于工作位置时,如起升机构吊钩上升时,起升机构控制器的上升方向连锁触头 SCH1 闭合,而下降方向连锁触头 SCH2 由于控制器结构的机械连锁而断开,只串有上升限位器

SQH1 常闭触头的这一分支电路与 $L_2(V_2)$ 相接而使主接触通电吸合,当吊钩升至上极限位置而将上升限位器 SQH1 常闭触头撞开时,则控制回路分断使主接器 KM 线圈断电而释放,导致主回路断电,电动机随即停止运转,吊钩停止上升,可防止吊钩冲顶造成断绳钩头坠落事故的发生,遂起上升保护作用。

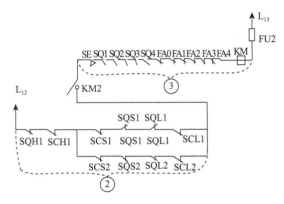

图 6-9　吊钩上升时控制回路原理图

其他机构限位安全保护与此保护原理相同,不再赘述。

3)各电动机的过载和短路保护　在控制回路的③号电路中有总过电流继电器和保护各电动机的过电流继电器的常闭触头FA0,…,FA4 等,当起重机因过载,某电动机过载或发生相间或对地短路时,强大的电流将使其相应的保护过电流继电器动作(静铁芯吸合动铁)而顶开它的常闭触头,使主接触器 KM 线圈断电,导致起重机主接触器释放,切断总电源,从而实现对起重机的过载和短路保护作用。

4)紧急断电保护　在控制回路的③号电路中还串有紧急开关 SE 的常闭触头,当遇有紧急情况必须火速切断总电源时,可扳动置于司机座位前方的紧急开关 SE 的扳把;即可打开其常闭触头而使控制回路断电,随即切除总电源,而无需司机立起身来转向保护柜去拉主刀开关 LQS 手柄。

5)各种安全门开关的连锁保护

①司机室门连锁保护 在③号电路中串有司机门连锁开关常闭触头 SQ1,司机入司机室后必须关好司机室门,即其连锁触头闭合后方能启动起重机运转。

②舱口门开关的连锁保护 在③号电路中还串有舱口门开关常闭连锁触头 SQ2,当维修检查人员或司机需到桥架上检查、修车时,应从舱口门登上走台并不准把舱口门关合,使③号电路在此处断开,切断起重机总电源,当有他人在不知桥上有人情况下入司机室开车时无法启动起重机以确保桥架上人员工作安全可靠。

③端梁门开关连锁保护 在③号电路中还串有端梁门开关常闭触头 SQ3 和 SQ4,当司机或维修检查人员到桥架上检查或工作时,除打开舱口门外,尚须把端梁门打开而使 SQ3 和 SQ4 常闭触头断开,这样可使桥架上检查维修人员得到双重安全保护,防止有人在不能开动起重机后也不到桥架上查看情况下,拉合舱口门而硬性开车,这时由于端梁门开关开启而无法合闸启动,故起双重保护作用。同时也防止当起重机正在运行时有人从端梁上跨入上车,这样起重机会停止运转,防止危险事故发生。

6)起重机的超载保护 在起重机控制回路中串入超载限制器的常闭触头,当起吊载荷超过其整定值时,则控制回路分断而切断总电源,从而实现对起重机的超载保护。

7)熔断器保护 在照明信号回路中和控制回路中,起重机滑触线的供电电源引入端部装有熔断器,当因短路或过载而超过其限定值时,其会自动熔断而使该回路断电,对起重机可起相应的短路保护作用,防止发生火灾。

3. 主回路 直接驱使各机构电动机运转的那部分电路称为起重机主回路(见图 6-10),它是由起重机主滑触线开始,经集电器到保护柜刀开关 1QS,保护柜主接触器主触头 KM,再经各机械控制器定子触头,至各相应电动机的定子绕组端,此乃为起重机各电动机的定子外接电路部分;各电动机的启动调速电阻则分别串入相应电动机的转子绕组三相中,并通过各相应控制器的转子触头进行有序的切除,为各电动机的外接转子回路。起重机主回路就是由各电动机的外接定子回路和外接转子回路组成。

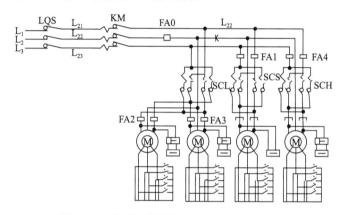

图 6-10　分别驱动桥式起重机主回路原理图

(三)起重机电设备及电路的安全技术

1. 电气设备

(1)总的要求　起重机的电气设备必须保证传动性能和控制性能准确可靠,在紧急情况下能切断电源安全停车。在安装、维护、调整和使用中不得任意改变电路,以防安全装置失效而发生危险事故。

(2)起重机电气设备的安装,必须符合 GBJ 232—82《电气装置安装工程施工及验收规范》的有关规定。

2. 供电及电路

(1)供电电源　起重机应由专用馈电线供电。对于交流 380 V 电源,当采用软缆供电时,宜备有一根专用芯线作为接地线;当采用滑触线供电时,对安全要求高的场合也应备一根专用接地滑线。

凡相电压为 500 V 以上的电源,应符合高压供电的有关规定。

(2)专用馈电线总断路器　起重机专用馈电线进线端应设总断路器。总断路器的出线端不应连接与起重机无关的其他设备。

(3)起重机总断路器　起重机上应设总断路器。短路时,应有分断该电路的功能。

(4)总线路接触器　起重机上必须设置总线路接触器,应能分断起重机的总电源,但不应分断照明信号回路。

(5)控制回路　起重机控制回路应保证控制性能符合机械与电气系统的要求,实现各种安全保护。不得有错误回路或寄生回路存在。

(6)遥控电路及自动控制电路。遥控电路及自动控制电路所控制的任何机构,一旦控制失灵应能保证自动停止工作。

(7)起重电磁铁电路　交流起重机上,起重电磁铁应设专用直流供电系统,必要时还应有备用电源。

(8)馈电裸滑线　起重机馈电裸滑线与周围设备的安全距离与偏差应符合有关规定,否则应采用安全措施。

(9)滑线接触面应平整无锈蚀,导电良好,在跨越建筑物伸缩缝时应设补偿装置。

(10)主滑触线安全标志　供电主滑线应在非导电接触面涂红色油漆,并在适当位置装置安全标志,或安装表示带电的指示灯。

3. 对主要电气元件的安全要求

总的要求:电气元件应与起重机的机构特性、工况条件和环境条件相适应,在额定条件下工作时,其温升不应超过额定允许值,起重机的工况条件和环境条件如有变动,电气元件应作相应的变动。

(1)接触器　接触器应经常检查维修,保证动作灵敏可靠,铁芯极面清洁,触头光洁平整,接触良好紧密,防止粘连、卡阻。可逆接触器应定期检查,确保其连锁可靠。

(2)过电流继电器和延时继电器　过电流继电器和延时继电器

的动作值,应按设计及技术要求调整,不可把触头任意短接,以防使其失去相应的保护作用。

(3)控制器　控制器应操作灵活,档位清楚,零位手感明确,工作可靠,转动应轻快,其操作力应尽可能小,手柄或手轮的扳转方向应与机构运动方向一致。

(4)制动电磁铁　制动电磁铁衔铁动作应灵活准确,无阻滞现象。吸合时铁芯接触面应紧密接触,无异常声响。电磁铁的行程应调整符合机构设计要求。

4.接地

(1)接地的范围　起重机的金属结构及所有电气设备的金属外壳、管槽、电缆金属外皮和变压器低压侧均应有可靠的接地。

(2)接地结构

①起重机金属结构必须有可靠的电气连接。在轨道上工作的起重机,一般可通过轨道接地,且轨道连接板处应用不小于 $\phi14$ mm 的圆钢焊接连接,确保接地良好。

②接地线连接宜采用截面不小于 150 mm^2 的铜线,用焊接法连接,应按 GBJ 232—82《电气装置安装工程施工及验收规范》第十五篇(接地装置篇)规定检验。

③严禁用接地线作载流零线。

(3)接地电阻与绝缘电阻

①接地电阻　起重机轨道的接地电阻,以及起重机任一点的接地电阻均不应大于 4 Ω。

②对地绝缘电阻　起重机主回路和控制回路的电源电压不大于 500 V 时,回路的对地绝缘电阻一般不小于 0.5 MΩ,潮湿环境中不得小于 0.25 MΩ。测量时应用 500 V 的兆欧表在常温下进行。

③司机室地面应铺设绝缘胶垫或木板。

第二节 桥(门)式起重机的基本操作方法

一、开机

要想开动起重机,首先要对起重机送电。一般送电的总电源箱在地面,当电源开关合上后,司机室内控制箱上电源指示灯亮启,表示送电成功,这时应把所有的电气连锁闭合。如司机室、走台门等关上,并合上启动开关和所有控制器手柄放到零位,然后合上控制箱上的闸刀开关,接通主接触器后,才能开始工作。

二、起升机构的操作

起升机构是起重机的核心机构,它的工作好坏是保证起重机能否安全运转的关键,因此作为司机,必须很好地掌握起升机构的操作方法。

桥(门)式起重机多用凸轮控制器操作,中间位置为零位,即停止档,在其左右各有五个档位。将起升机构凸轮控制器手柄推离零位,起升机构就启动运行。当手柄向左推时,起升机构取物装置就向上运行;当手柄向右推时,起升机构取物装置就向下运行。

(一)起升操作

起升操作可分为轻载起升、中载起升和重载起升三种。

1. 轻载起升

轻载起升的起重量 $Q \leqslant 0.4 G_n$(额定起重量),操作方法是:从零位向左(起升方向)逐级推档,直至第五档,每档必须停留 1 秒钟以上,从静止、加速到额定速度(第五档),一般需要经过 5 秒钟以上。当吊钩被提升到预定高度时,应将手柄逐级扳回零位。同理,每档也要停留 1 秒钟以上,使电动机逐渐减速,最后制动停车。

2. 中载起升

中载起升的起重量 $Q = (0.5\sim0.6)G_n$,操作方法是:启动、缓慢加速,当将手柄推到起升方向第一档时,停留 2 秒钟左右,再逐级加速,每档停留 1 秒钟左右,直至第五档。而电动机逐渐减速,直至最后制动停车。

3. 重载起升

重载起升的起重量 $Q \geqslant 0.7G_n$,操作方法是:将手柄推到起升方向的一档时,由于负载转矩大于该档电动机的起升转矩,所以电动机不能启动运转,应该迅速将手柄推到第二档,把物件逐渐吊起。物件吊起后再逐渐加速,直至第五档。如果手柄推到第二档后,电动机仍不能启动,就意味着被吊物件已超过额定起重量,这时要马上停止起吊。另外,如果将物件提升到预定高度时,应将手柄逐档扳回零位,在第二档停留时间应稍长些,以减少冲击。但在第一档位不能停留,要迅速扳回零位,否则重物会下滑。

(二)下降操作

下降操作与上升时各档位速度的逐级加快正好相反,下降手柄一、二、三、四、五档的速度逐级减慢。其操作可分为轻载下降、中载下降和重载下降三种。

1. 轻载下降

轻载下降的起重量 $Q \leqslant 0.4G_n$,操作方法是:将手柄推到下降第一档,这时被吊物件以大约 1.5 倍的额定起升速度下降。这对于长距离的物件下降是最为合理的操作档位,可以加快起重吊运速度,提高工作效率。

2. 中载下降

中载下降的起重量 $Q = (0.5\sim0.6)G_n$。操作方法是:将手柄推到下降第三档比较合适,不应以下降第一档的速度高速下降,以免发生事故。这样操作,既能保证安全,又能达到提高工作效率之目的。

3. 重载下降

重载下降的起重量 $Q \geqslant 0.7G_n$,操作方法是:将手柄推到下降第五档时,以最慢速度下降。当被吊物到达应停位置时,应迅速将手柄由第五档扳回零位,中间不要停顿,以避免下降速度加快及制动过猛。重载下降的操作还应注意以下几点:

(1)不能将手柄置于下降方向第一档。因为这时被吊物下降速度可高达额定起升速度的两倍以上,这无疑是极其危险的,不仅电动机要发生故障,而且由于下降速度过快,重量大的被吊物体会产生很大的动能,造成刹不住车的严重溜钩事故。

(2)长距离的重载下降,禁止采用反接制动方式下降。即手柄置于上升方向第一档,这时电动机启动转矩小于吊物的负载转矩,重物拖带着电动机逆转,电动机转子电流很大,有可能烧毁电动机,所以在这种场合不能采用这种操作方式。

(三)起升机构的操作要领及安全技术

起升机构操作的好坏,是保证起重机工作安全的关键。因此,起重机驾驶员不仅要掌握好起升机构的操作要领,而且还要掌握它的安全技术。

1. 吊钩前后找正

每次吊运物件时,要把钩头对准被吊物件的重心,或正确估计被吊物件的重量和重心,然后将吊钩调至适当的位置。吊钩左右找正,要根据钩头吊挂物件后钢丝绳的左、右偏斜情况而向左、右移动大车,使钩头对准物件的重心。吊钩的前后找正,因为吊钩和钢丝绳在驾驶员的前方,钢丝绳的偏斜情况不太容易看出,所以钩头吊挂物件后,要缓慢提升,然后再根据吊物前后侧绳扣的松紧不同,前后方向移动小车,使前后两侧绳扣松紧一致,即吊钩前后找正。

2. 平稳起吊

当钢丝绳拉直后,应先检查吊物、吊具和周围环境,再进行起吊。起吊过程应先用低速把物件吊起,当被吊物件脱离周围的障碍物后,再将手柄逐档推到最快档,使物件以最快的速度提升。禁止快速推档、突然启动,避免吊物撞周围人员和设备,以及拉断钢丝绳,造成人身或设备事故。

3. 被吊物起升后

一般起升的高度在其吊运范围内,高出地面最高障碍物半米为宜,然后开小车移至吊运通道再沿吊运通道吊运,不得从地面人员和设备上空通过,防止发生意外事故。当吊物需要通过地面人员所站位置的上空时,要发出信号,待地面人员躲开后方可通过。

4. 切断电源

在工作中不允许把各限位开关当做停止按钮来切断电源,更不容许在电动机运转时(带负荷时)拉下闸刀,切断电源。

5. 物件的停放

当物件吊运到应停放的位置时,应对正预定停点后下降,下降时要根据吊物距离落点的高度来选择合适的下降速度。而且在吊物降至接近地面时,要继续开动起升机构慢慢降落至地面,不要过快、过猛。当吊物放置地面后,不要马上落绳脱钩,必须在证实吊物放稳且经地面指挥人员发出落绳脱钩信号后,方可落绳脱钩。

(四)起升机构制动器突然失灵的操作方法

在实际操作中,有时会碰到制动突然失灵的现象。所谓制动器失灵,就是控制器手柄转到零,吊钩或车体仍在运行。当遇到这种情况,特别是起升机构的制动器突然失灵时的正确处理方法如下。

1. 处事态度:驾驶员应该沉着、冷静、正确判断,采取应急措施。

2. 机械方面:先从机械方面着手。首先要进行一次点车或反向操作,使吊物上升到一定高度。(能上升,千万不可断电!)手柄再放到零位,若重物又开始下滑,说明机械故障不能消除,应立即发出紧急信号,同时寻找物体可以降落的地点。如当时物体所处位置即可以降落,就要把控制器手柄放到下降速度最慢一档,使物件降落。决不允许让物件自由坠落。如果当时的情况不允许直接降落物体,就要迅速地把控制器手柄逐级地转到上升速度最慢的一档,严禁将控制器转到上升速度最快的一档。因为转矩变化大,会使过电流继电器触点脱开,把电源切断,使重物立即自由坠落,造成更大的事故。因此,根据实际情况,通过连续几次重复的上下操作,能使大、小车把物件运送到可以降落的地点。

3. 电气方面:如果在点车或反向操作之后,重物仍在下滑,那么可以认为这种失灵是由电气方面原因造成的。遇上这种情况,应立即拉下紧急开关和保护箱闸刀开关,切断电源,使制动器合闸制动(因为是常闭制动器),把吊物停住。然后查明原因,排除故障。

(五)起吊操作中判断超载或故障的方法

当控制器手柄放到上升第二档位置时,仍不能启动负载,驾驶员应当及时把控制器手柄放到零位,然后分两种情况进行分析:

1. 询问、估计载荷是否超载,若有超载可能,就不允许再起吊。

2. 询问、估计载荷不可能超载,那么起升机构有故障,也不能再起吊,应请有关机电维修人员来检查维修。

(六)吊运中突然停电的处理方法

当吊运过程中突然停电时,司机应首先把控制器手柄放到零位,并拉下控制箱闸刀开关,然后询问停电原因。

1. 若短时间停电,就在司机室内耐心等待。

2. 若长时间停电,就要设法撬开制动器放下载荷。

(七)操纵机构突然失灵的处置方法

先立即拉下紧急开关,再拉下闸刀开关切断电源待查。

(八)桥(门)式起重机操作中突然着火的处理方法

司机应该先立即拉下紧急开关,再拉下闸刀开关切断电源。然后用干粉或二氧化碳灭火器灭火,如果烟火很大,灭不了,应及时撤离后立即报警。

（九）操作电磁吊时,突然有人闯入禁区的处理方法

如果有人闯入,但没到吊物下方,司机应立即发出紧急信号阻止其继续闯入;若其已闯入到吊物下方,司机应该保持良好的心态,并保持原来的操作状态,让闯入者离开危险区域。另外,司机有责任对电磁起重机的断电保护装置进行日常的维护保养,以备不时之需。

（十）操作中,突然有人发出紧急信号(不一定规范)的处理方法

司机应该立即停止工作,将手柄放到零位或拉紧急开关,再拉闸刀开关切断电源。

三、稳钩的基本操作方法

作为司机,稳钩是实际操作的重要基本技能之一,是完成每一个吊运工作循环中必不可少的工作环节。所谓稳钩,就是使摇摆着的吊钩,平稳地停在所需要的位置,或使吊钩随起重机平稳运行的操作方法。

稳钩操作要领(见图6-11):在吊钩摇摆到幅度最大时,而尚未回摆的瞬间,把车跟向吊钩将要回摆的方向(钩向哪边摆,车向哪边跟)。跟车的距离应使吊钩的重心恰好处于垂直位置,摆幅大,跟车距离就大,摆幅小,跟车距离就小。跟车速度都不宜太慢。

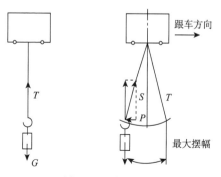

图 6-11　稳钩操作

稳钩的具体操作情况有以下八种。

1. 前后摇摆的稳钩：当吊钩前后方向摇摆时，即沿小车轨道方向的来回摇摆。可启动小车，向吊钩的摇摆方向跟车。如果一次跟车未能完全消除摇摆，可按操作要领，往回再跟车一次，直到完全消除摇摆为止。

2. 左右摆的稳钩：当吊钩左右摇摆时，即沿大车轨道方向的来回摇摆。可启动大车沿吊钩摆动的方向跟车（见图6-12a）。当吊物接近最大摆动幅度（吊物摆动到这一幅度即将往回摆动）时，停止跟车，这样正好使吊物处在垂直位置（见图6-12b）。跟车速度和跟车距离应根据启动跟车时吊物的摇摆位置及吊物摇摆幅度的大小来决定。同理，如一次跟车未完全消除摇摆，可向回再跟车一次。如果跟车速度、跟车距离选择合适，一般1～2次跟车即可将吊钩稳住。

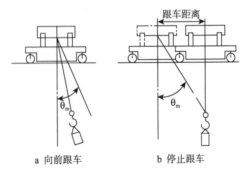

图 6-12　左右摇摆稳钩示意图

3. 起车稳钩：起车稳钩是保证运行时是否平衡的关键。但大车或小车启动时，尤其是突然启动和快速推档时，车体已向前运行一段距离 S，吊物是通过挠性的钢丝绳与车体连接，由于吊物惯性作用而滞后于车体一段距离 S，因此使吊物相对离开了原来稳定的平衡位置 OG 垂线而产生摇摆（见图6-13）。

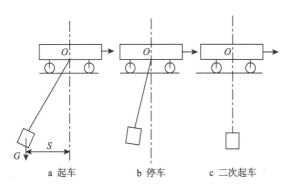

a 起车　　　　　b 停车　　　　　c 二次起车

图 6-13　起车稳钩示意图

吊物越轻,起车越快,摇摆得越严重。因此,在大车或小车启动时,应逐渐加速,力求平稳,从而使吊物摇摆减小。另外,在吊物重量较轻、起车又较快时,应在启动开车吊物滞后于车体时,及时扳转大车或小车手柄回零位使之制动,待吊物向前摇摆并越过吊物与车体的相对平衡位置垂线 OG 时,马上再启动向前跟车。如果跟车时机掌握得好,车速选择适当,就可以使车体与吊物处于 OG 铅垂线位置上而无相对运动,即以相同速度运行,从而可消除起车时的吊物摇摆。

4. 原地稳钩:若大车或小车的车体已经到达了预定停车地点,但因操作不当车速过快、制动太猛,吊物并没有停下来,而是做前后或左右摇摆,在这种情况下开始落钩卸放吊物是极不妥当的,这时卸放吊物不仅吊物落点不准确,而且也极不安全,容易造成事故。对于这种情况起重机驾驶员应采用原地稳钩的操作方法(见图 6-14)。

当吊物向前(或左)摆动时,启动大车(或小车)向前(或左)跟车到吊物最大摆幅的一半,待吊物向回摇摆时再启动大车(或小车)向回跟车,这一点是原地稳钩操作的关键点。根据车体制动状况,恰当地掌握好吊物摇摆的角度,通过来回跟车,一般 1~2 次即可将吊物稳定在应停放的位置。这种原地稳钩操作对缩短一个吊运工作循环时间,提高行车的工作效率,有着很重要的实际意义。

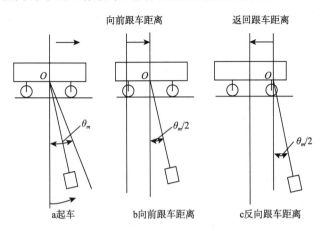

图 6-14　原地稳钩示意图

5. 运行稳钩:在运行中吊物向前摇摆时,应顺着吊物的摇摆方向加大控制器的档位,使车速加快,让运行机构跟上吊钩的摆动。当吊物向回摆动时,应减小控制器的档位,使车速减小,让吊物跟上车体的运行速度,以减小吊物的回摆幅度。

在运行中,通过几次反复加速、减速、跟车,就可以使吊物与运行机构同时平稳地运行。

6. 停车稳钩:尽管在启动和运行时吊物很平稳,但如果停车时,掌握不好停车的方法,往往就会产生停车时的吊物摆动。这时需要起重机驾驶员采用停车稳钩的方法来消除吊物摇摆(见图 6-15)。

在吊物平稳运行时,吊物与车体两者间相对速度为零,以相同速度运行。当即将到达吊物预停位置停车制动时,车体因机械制动而在短距离内停止,但以挠性钢丝绳与车体相连接的吊物,因惯性作用将仍然以停车前的初速度向前运动,从而产生了吊物以吊点 O 为圆心,以吊点至吊物重心 G 之间的距离为半径,以铅垂线 OG 为对称轴的前后(或左右)摇摆运动。消除这种摇摆的方法是:在起重机距离预定停车位置之前的一段距离内,应将控制器手柄逐档扳回零位,在起重机逐渐减速的同时,适当地制动1～2次,在吊物向前摇摆时,立即以低速档瞬动跟车1～2次,即可将吊物平稳地停在预停地点。

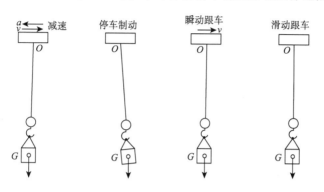

图6-15　停车稳钩示意图

7. 稳抖动钩:在起重机的吊运过程中,经常遇到抖动钩,抖动钩表现为吊物以大幅度前后摆动,而吊钩以小角度在吊物一个摆角之内抖动几次。产生抖动的原因为:吊物件的钢丝绳长短不一;吊物重心偏离;操作时吊钩没有对正吊物的重心。上述情况,有时很难避免。例如:受现有吊物件钢丝绳的限制,势必会造成抖动钩。稳这种抖动钩难度较大,稳抖动钩的方法是:当吊物向前方慢速大幅度摆动,而吊钩以小角度快速抖动时,当吊钩抖动的方向与吊物大幅度摆动的方向相同时,快速跟钩,即快速将控制器手柄推回零位。当吊物向回摆时,在吊钩小角度向回抖动时,向回快速跟钩,快速将控制器手柄推回零位。这样,每往返跟钩一次,抖动的摆角就减少许多,如果上述跟车操作顺序掌握得熟练,操作得当,则一般只需2～3次,即可将钩稳住。

8. 稳圆弧钩:在吊运或启动时,因操作不当,或某些外界因素的作用,都将使吊物产生弧形曲线运动,即圆弧钩。稳这种圆弧钩的操作方法是:采用大、小车的综合运动跟车法,即沿吊物运动方向和吊物运动曲线度状况,操纵大、小车控制手柄,改变控制器速度档位,使小车产生相应的曲线运动,即可把圆弧状的吊物摇摆消除。

总之,以上稳钩的几种方法是最基本的方法,而起重机的工作特点,又是经常由静止到高速运动,又由快速运动到制动停止。吊物因惯性存在而产生摇摆是客观存在的,而且吊物摇摆的情况又是千变万化的。因此,采用哪一种方式稳钩,要根据具体情况,综合采用稳钩方法。另外,起重机驾驶员应在掌握稳钩操作技术的基础上,进一步掌握好大、小车制动滑行距离,这对稳钩操作的效果和操作技术的发挥有着十分重要的意义。

四、物体翻身的操作方法

翻转工件,是起重机驾驶员在工作中经常碰到的。常见的有地面翻转、游翻、带翻和空中翻四种。

(一)地面翻转

地面翻转也叫兜底翻。这种兜翻操作适用于一些不怕碰撞的铸锻毛坯件。操作时应注意以下几个要领:

1. 翻物体的兜挂方法要正确,绳索应兜挂在被翻转物体的底部或下部(见图6-16a、b)。

2. 绳扣系牢后,使吊钩逐步提升,随着物体以 A 点为支点的逐渐倾斜,同时要校正大车(或小车)的位置,以保证吊钩与钢丝绳时刻处于垂直状态(见图6-16c)。

3. 当被翻转物件倾斜到一定程度,其重心 G 超过地面支承点 A 时,物件的重力倾翻力矩使物件自行翻转,这时应迅速将控制器手柄扳至下降第一档,让吊钩以最快的下降速度落钩,如这时吊钩继续提升,就会造成物件的抖动和对车体的冲击,这样不仅翻转工作受阻,而且也很危险,所以必须及时快速落钩。

对有些机加工件采用兜翻方式翻转时,为了防止碰撞,可加挂副绳(见图6-17a)。这条副绳在被翻物件的上部,长度要适当,在物体翻转时,副绳处于松弛状态。当吊钩提升物体逐渐倾斜时,副绳的松弛程度逐渐减小(见图 6-17b)。当物体重心 G 超过地面的支承点 A,且物体可以自行翻转时,副绳恰好刚刚拉紧受力,继续提升,即可以将翻转物体略微提高,使其离开地面。然后再进行落钩,当吊物下角部位与地面接触后,继续落钩,使对象逐渐翻转落地(见图 6-17c)。

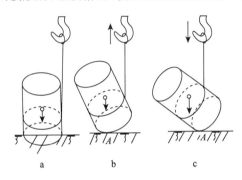

图 6-16　兜翻物件操作示意图

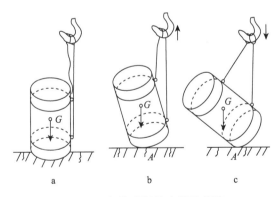

图 6-17　加挂副绳的兜翻示意图

(二)物体的游翻操作

游翻的方法对于一些不怕碰撞的盘状、扁形工件的翻转尤为适合。其操作要领是:根据被翻物件的尺寸、大小和形状,先把已吊挂稳妥的被翻物件摆动至最大摆角的瞬间,立即开动起升机构,以最快的下降速度将物件快速降落。当被翻转物件的下角部位与地面接触后(见图 6-18),吊钩继续下降,物件在重力矩的作用下自行倾倒,在钢丝绳的松弛度足够时,即停止下降,同时

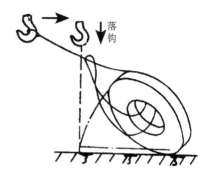

图 6-18　物件游翻示意图

向回迅速开动大车或小车,用以调整车体位置,以达到当被翻物件翻转完成后,钢丝绳处于铅垂位置。游翻操作时,要防止物件与周围设备碰撞,要掌握好翻转时机,动作要快、要准。

（三）物件的带翻操作

　　对于某些怕碰撞的物体,如已加工好的齿轮、液压操纵板等精密件,一般都采用带翻操作来完成(见图 6-19)。

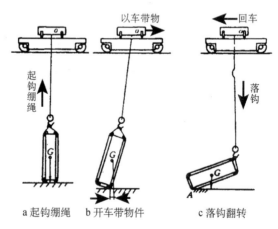

a 起钩绷绳　　　　b 开车带物件　　　　c 落钩翻转

图 6-19　带翻操作示意图

带翻的具体操作方法是:带翻操作时,首先把被翻转的物件吊离地面,再立着慢慢降落,降到被翻物件与地面刚刚接触时,迅速开动大车或小车,通过倾斜绷紧的钢丝绳的水平分力,使物体以支点 A 为中心做倾翻运动。当吊物重心 G 超过支点 A 时,物件在重力矩作用下,就会自行倾倒。在被翻物体自行倾倒时,要顺势开动起升机构落钩,并控制其下降速度,落钩时要使吊钩保持垂直。

带翻操作实际是利用运行机构的斜拉操作方法进行翻活,翻活时进行这样的斜拉是正常操作,是工艺过程所必须的,也是允许的。但翻活时斜拉的角度不宜过大,如果角度过大,则不能进行带翻操作,遇到这种情况可以在被翻物体的下面垫上枕木,以改变被吊物的重心。如这种方法也不能使斜拉的角度减少,则必须采取其他的措施。

值得注意的是:带翻这种操作,被翻转的物体必须是扁形或盘形物件,吊起后的重心位置必须较高,底部基面较窄。另外在操作过程中,要使吊钩保持垂直,在带翻拉紧钢丝绳呈一定角度后,不允许起升卷扬,以免钢丝绳乱绕在卷筒上或从卷筒上脱落而绕在转轴上绞断钢丝绳。另外,物件翻转时,车体的横向运动和吊钩的迅速下降等彼此要配合协调。

(四)物体的空中翻

1. 空中翻多用于重要或精密的部件上。通过采用具有主、副两套起升机构的起重机来实现这种工艺过程。驾驶员必须根据不同的物件状况,合理地选择空中翻转方案,正确地选择吊点,熟练地掌握空中翻转的操作技能。

(1)物体翻转 90°的操作方法(见图 6-20):用具有主、副两套起升机构的起重机来完成浇包翻转的任务。一般将主钩挂在被翻物体的上部挂吊点,用来担负物体的吊运。副钩挂在下部吊点上,用来使物倾倒。

(2)物体翻转 180°的操作方法(见图 6-21):用两套绳索中较长的吊索,挂于(见图 6-21a)中的 B 点,吊索 1 绕过物体的底部后,系挂在主钩上,而吊索 2 则直接系挂在副钩上。系挂妥当后,两钩同时提升,使物体离开地面 0.3～0.5 m,然后停止副钩而继续提升主钩,此时工件将在空中绕 B 端逐渐向上翻转。为使 B 点始终保持距离地面 0.3～0.5 m 的距离,在主钩逐渐提升的同时,继续降落副钩。在主、副钩的这样缓慢而平稳地协调动作下,即可将工件翻转 90°（见图 6-21b）。

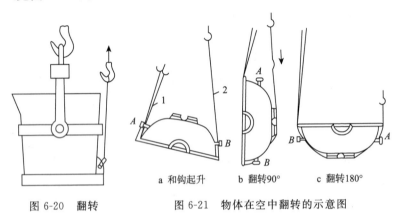

图 6-20　翻转
90°示意图

图 6-21　物体在空中翻转的示意图

a 和钩起升　　b 翻转90°　　c 翻转180°

当物体翻转 90°后,副钩连续慢速下降,主钩继续上升,以防止工件触碰地面。经过这样连续动作,工件上部则依靠在副钩的吊索上,随着副钩的下降,工件的 A 端就绕 B 端顺时针方向转动,使工件安全地翻转 180°（见图 6-21c）。

2. 上述几种翻转物件的操作方法,在各种物件的翻转过程中,有如下几点应该注意:

(1)根据被翻转物件的形状、重量、结构特点,及对翻转程度的要求,结合现场起重设备的起重能力等具体条件,确定安全、合理的翻转吊运方案。

(2)正确估计被翻转物件的重量及重心位置,正确选择物件的系挂吊点,是确保物件翻转工艺过程安全而顺利完成的关键。

(3)根据确定的物件翻转方案,正确地捆绑被翻转的物件,选择适当的吊点。

(4)操作方法、操作程序必须熟练,各机构配合必须协调。

3. 为确保物件翻转的安全可靠,在进行物件翻转的操作过程中还应注意以下几点:

(1)物件翻转时不能危及下面作业人员的安全。

(2)翻转时不能造成对起重机的冲击和震动。

(3)不准碰撞翻转区域内的其他设备和物件。

(4)不能碰撞被翻转的物件,特别是精密物件。

五、岸边集装箱起重机安全操作要求

(一)作业前

1. 熟悉桥(门)起重机安全操作规程和掌握各操作动作的基本要领。

2. 熟悉装卸船舶的类型,包括动态掌握作业船舶积载情况和相应的操作要求。

3. 熟悉桥(门)起重机装卸的各项机械技术指标。

4. 熟悉箱型特性。

5. 熟悉周围操作环境。

(二)桥(门)起重机司机作业前的确认

1. 确认作业环境。

2. 确认通讯畅通。

3. 确认指挥到位。

4. 确认机械正常。

(三)桥(门)起重机就位注意事项

1. 注意途经区域有无障碍。

2. 注意电缆线收放是否正常。

（四）吊具连接注意事项

1. 缓速对位入锁，防止吊具撞毁箱或货。

2. 确认闭锁信号，确保连接牢靠。

3. 禁止使用旁路开关，避免因吊具连锁保护失效，造成坠箱事故。

4. 防止 40 英尺吊具误吊两只 20 英尺集装箱，这是毁坏吊具和集装箱的一大祸根。

5. 适度控制吊具就位，着落吊具时，吊具钢丝绳不宜过松或过紧。这是提高桥吊装卸效率的重要手段。

（五）起吊离地注意事项

1. 避免拖曳（斜拉）起吊，应垂直起吊。

2. 避免误带下层集装箱，应在起吊离地后对吊具的连接状态进行检查，特别是因箱间转锁没有开启到位，造成带箱现象。

（六）吊运基本要求

1. 控制吊运速度。做到"两头慢，中间快"。

起吊离地的检查确认和准确的就位，这两头均是操作的关键环节，也是事故多发的环节，对此必须谨慎操作，做到慢速。中间吊运的速度，在确保安全的前提下，随着操作技能的提高，可适当地提升速度。

2. 控制吊运行程。通过司机目测能力的提高，在安全前提下缩短吊运行程。

缩短吊运的行程，是提高装卸效率和降低能耗的有效手段。这包括集卡停车的位置、吊运的合理提升高度等因素，但必须在安全的前提下。司机的目测能力与合理提升高度密切相关，司机目测能力越强，提升高度控制越好；反之，为确保操作的安全，应增大提升高度。这需要司机经过长期的目测训练，使吊运的行程控制到最好的程度。

其中，建立安全距离控制图像是提高目测能力的一个有效的办法。司机在吊运集装箱时,司机的视线不是正视的,而是俯视的,不能以常规的方式来判断集装箱(或吊具)与途经障碍物或着落点的垂直距离。采取分别对障碍物顶面(或着落点)和集装箱底端取基准点,通过斜俯视而形成的图像来判断两者的垂直距离,安全距离控制图像是基于安全操作的要求而形成的图像概念,其控制极限根据桥吊司机的目测能力和操作技能的高低确定,技能高的其控制点可接近规定的最小安全距离,反之,控制点要适当提高。随着目测能力和控制精度的提高,则吊运的行程相应缩短,装卸效率相应提高。

(七)舱内吊运基本要求

1. 了解舱格槽是否完好:发现变形,不能盲目操作。

2. 了解船体倾侧情况:遇倾侧,使用吊具倾侧功能。

遇舱格槽变形或船舶倾侧时,如集装箱出入舱吊运速度较快或没有合理地使用吊具倾侧功能,均可能引起集装箱卡槽的现象。

特别是集装箱在吊入舱内时,如下降速度较快,遇格槽变形处,因集装箱遇阻挡,桥吊的重量检测信号突然减弱,根据桥吊恒功率原理的特性,其下降速度会瞬间加速,司机来不及反应,最后导致起升钢丝绳"跑马",引起船损、箱损和机损事故。

3. 了解舱内积载情况:对 40 英尺格槽内装两只 20 英尺集装箱,装卸载时应注意箱间的碰撞、碰擦,应注意谨慎操作。

(八)双箱吊运注意事项

1. 防止双箱总重超载。

2. 防止双箱偏载。

3. 防止吊具 40 英尺状态误吊两只 20 英尺集装箱。

(九)小车运行要求

1. 要平衡位移。小车运行的速度应由慢到快平衡提速,严禁急刹车。如快速起步和急刹车,会引起集装箱晃动。如集装箱重心偏于一边,除晃动外,还会出现转动情况,特别对装有超限设备的特种箱在操作时更要谨慎。

2. 要保持距离。为避免吊具或负载在超过集装箱或其他障碍物拖曳或碰撞,由此造成坠箱等箱损事故,至少应保持 0.5 米的距离。

3. 要注意下方。吊运线路的下方俗称"关路",严禁吊运物或空吊具从接运车辆驾驶室或行人上方通过。

（十）就位前注意事项

1. 承载面上方应停顿,避免盲目就位。

2. 对位后松放。

3. 禁止悬吊长时间等候。

（十一）集装箱就位注意事项

1. 要轻放——所吊集装箱应对准位置轻放。如快速猛击车辆抱垫,会损伤车底大梁。

2. 要放妥——在集装箱放妥后,方可解锁。否则,就位不准,严重时会发生翻车、翻箱事故。

（十二）吊具回升注意事项

1. 开锁确认——吊具空载回升前应确认吊具处于解锁状态（通过吊具自动控制的安全保护装置确认）。

2. 防止勾带——避免勾带集装箱或其他物品。

（十三）停止作业时注意事项

1. 小车应停在规定位置,吊具缩至 20 英尺并上升至最高位置。

2. 收起前臂梁,挂好安全钩,仰俯钢丝绳松弛。

3. 大车行至安全处。

4. 逐级断电,将操作开关和手柄放在正常位置和置"零"位。

5. 上紧夹轨器（防爬器）,放好铁鞋,台风季节进行锚定拴固。

第三节　桥(门)式起重机司机安全操作规程

一、对司机操作的基本要求

起重机司机在严格遵守各种规章制度的前提下,在操作中应做到如下几点:

1. 稳　司机在操作起重机过程中,必须做到启动平稳,行车平稳,停车平稳。确保吊钩、吊具及其吊物不游摆。

2. 准　在稳的基础上,吊物应准确地停在指定的位置上降落,即落点准确。

3. 快　在稳、准的基础上,协调相应各机构动作,缩短工作循环时间,使起重机不断连续工作,提高工作效率。

4. 安全　确保起重机在完好情况下可靠有效地工作,在操作中,严格执行起重机安全技术操作规程,不发生任何人身和设备事故。

5. 合理　在了解掌握起重机性能和电动机机械特性的基础上,根据吊物的具体状况,正确地操纵控制器并做到合理控制,使起重机运转既安全又经济。

二、司机在工作前的职责

1. 严格遵守交接班制度,做好交接班工作。

2. 对起重机作全面检查,在确认一切正常后,即推合保护柜总刀开关,启动起重机。对各机构进行空车试运转,仔细检查各安全连锁开关及各限位开关工作的灵敏可靠性,并记录于交接日记中。

3. 对起升机构制动器工作的可靠性应做试吊检查工作,即吊额定负荷,离地 0.5 m 高,检验制动的可靠性,不合格时应及时调整制动器,不可"带病"工作。

4. 起重机钢丝绳、起升及吊装捆绑钢丝绳按 GB/T 5972—2009
相应条款进行作业前检查。

三、司机在操作中的职责

1. 在下列情况下,司机应发出警告信号:

(1)起重机在启动后即将开动前;

(2)靠近同跨其他起重机时;

(3)在起吊和下降吊钩时;

(4)吊物在运移过程中,接近地面工作人员时;

(5)起重机在吊运通道上方吊物运行时;

(6)起重机在吊运过程中设备发生故障时。

2. 不准用限位器作为断电停车手段。

3. 严禁吊运的货物从人头上方通过或停留,应使吊物沿吊运安
全通道移动。

4. 操纵电磁吸盘或抓斗起重机时,禁止任何人员在移动吊物下
面工作或通过,应划出危险区并立警示牌,以引起人们重视。

5. 起重机司机要做到"十不吊":

(1)指挥信号不明确和违章指挥不吊;

(2)超载不吊;

(3)工件或吊物捆绑不牢不吊;

(4)吊物上面有人不吊;

(5)安全装置不齐全、不完好、动作不灵敏或有失效者不吊;

(6)工件埋在地下或与地面建筑物、设备有钩挂时不吊;

(7)光线阴暗视线不清不吊;

(8)有棱角吊物无防护切割隔离保护措施不吊;

(9)斜拉歪拽工件不吊;

(10)钢水包过满有洒落危险不吊。

6. 在开动任何机构控制器时,不允许猛烈迅速扳转其手柄,应逐步推档,确保起重机平稳启动运行。

7. 不准使用限位器及连锁开关作为停车手段。

8. 除非遇有非常情况外,不允许打反车。

9. 不允许同时开动三个以上的机构同时运转。

10. 在操作中,司机只听专职指挥员的指令进行工作,但对任何人发出的停车信号必须立即执行,不得违反。

四、司机在工作完毕后的职责

起重机工作完毕后,司机应遵守下列规则:

1. 应将吊钩提升到较高位置,不准在下面悬吊而妨碍地面人员行动;吊钩上不准悬吊挂具或吊物等。

2. 将小车停在远离起重机滑触线的一端,不准停于跨中部位;大车应开到固定停靠位置。

3. 电磁吸盘或抓斗、料箱等取物装置,应降落至地面或停放平台上,不允许长期悬吊。

4. 将各机构控制器手柄扳回零位,扳开紧急断路开关,拉下保护柜主刀开关手柄,将起重运转中情况和检查时发现的情况记录于交接班日记中,关好司机室门下车。

5. 室外工作的起重机工作完毕后,应将大车上好夹轨钳并锚固牢靠。

6. 与下一班司机做好交接工作。

第四节 桥(门)式起重机常见故障与排除

桥(门)式起重机的常见故障及其排除方法详见表6-2。

表 6-2 桥(门)式起重机常见故障及其排除方法

零部件名称	故障现象及情况	原因分析	排除方法及措施
制动器	1. 制动不灵刹不住车,起升机构溜钩,运行机构溜车,断电后制动滑行距离过大	①制动器杠杆系统中有的活动铰链被卡住 ②制动轮工作表面有油污 ③制动瓦衬严重磨损,铆钉裸露 ④主弹簧调整不当或弹簧疲劳、老化、张力太小、制动力矩过小所致 ⑤电磁铁冲程调整不当或长行程制动器其水平杠杆下面有支承物 ⑥液压推杆制动器叶轮旋转不灵活	①加油润滑各铰接点 ②用煤油清洗制动轮工作表面 ③更换制动瓦衬 ④调整主弹簧的张力,更换已疲劳的主弹簧 ⑤按技术要求调整磁铁冲程 ⑥清理长行程制动电磁铁工作环境 ⑦检修推动机构和电器部分
	2. 制动器打不开,制动力矩过大,表现为电动机"没劲"	①制动瓦衬胶粘在制动轮上 ②活动铰链被卡住 ③主弹簧张力过大 ④制动螺栓弯曲,未能触碰到动衔铁 ⑤电磁铁线圈烧毁 ⑥液力推动器油液使用不当 ⑦液力推动器的叶轮卡住 ⑧电压低于额定电压的 80%,电磁铁吸力不足	①用煤油清洗制动轮工作面及瓦衬 ②清除卡住地方的杂物,加油润滑铰链 ③调整主弹簧,使其符合标准要求 ④调整制动螺杆或更换 ⑤更换线圈 ⑥按工作环境更换适宜的油液 ⑦检查电器部分和调整驱动机构 ⑧测量电磁铁线圈电压值,查明电压降低的原因并予以解决

续表

零部件名称	故障现象及情况	原因分析	排除方法及措施
制动器	3. 制动瓦衬发生焦味、冒烟,瓦衬迅速磨损	①制动瓦衬与制动轮间隙不均匀,在机构运转时,瓦衬仍压在制动轮上,摩擦生热冒烟 ②辅助弹簧失效,推不开制动臂,瓦衬始终贴压在动轮上 ③制动轮工作表面粗糙	①调整制动器,以达到间隙均匀,运转时瓦衬能脱开制动轮 ②更换辅助弹簧 ③将制动轮工作面重新车制
	4. 制动力矩不稳定	①制动轮直径不圆度超整 ②制动轮与减速器输入轴不同心	①重新车制制动轮 ②调整同心度使其一致
吊钩组	1. 吊钩组坠落	①上升限位失效,造成钩头冲顶绳断使吊钩组坠落 ②重载时猛烈启动过大惯性力 ③严重超载或钢丝绳严重损坏	①立即修复上升限位器,使其动作灵敏,工作可靠 ②遵守安全操作规程,平稳启动 ③严禁超载,更换新绳
	2. 钩头歪斜、转动不灵活	推力轴承损坏	更换推力轴承
	3. 滑轮损坏	上升限位失效或操作不当,游摆碰撞所致	修好上升限位器,遵守操作规程,提高操作技术
减速器	1. 周期性的颤动和响声	齿轮周节误差过大或齿面磨损严重致使齿侧间隙过大而引起机构振动	更换已损坏的齿轮
	2. 减速器在桥架上振动,声响巨大	①减速器底座紧固螺栓松动 ②减速器输入轴或其输出轴与其连动件不同心 ③减速器底座支承结构刚性差	①紧固螺栓 ②调整同心度,使其符合标准 ③加固支承结构,使其刚度增大

零部件名称	故障现象及情况	原因分析	排除方法及措施
小车运行机构	1. 小车运行时打滑	①轨道上有油污或冰霜 ②轮压不均,特别是主动轮轮压太小 ③同截面内两轨道标高差过大,严重超过允许值 ④启动过猛(鼠笼电动启动时)	①清除油污或冰霜 ②调整车轮轴的高低位置以增大主动轮的轮压 ③调整轨道的标高差使其达到技术要求标准 ④改变电动机启动方式或更换为绕线式电动机
	2. 小车"三条腿"运行	①车轮直径偏差过大 ②车轮安装精度不符合技术要求标准 ③小车轨道安装不符合技术要求 ④小车架变形 ⑤小车轮轴不在同一水平面上,出现"瘫腿"现象	①按图纸要求加工车轮 ②按车轮安装技术标准调整车轮安装精度 ③调整小车轨道,使其符合技术要求标准 ④火焰矫正小车架,使其达到设计要求 ⑤调整小车车轮轴的水平位置,使其达到同一水平面内
大车运行机构	大车轮啃轨咬道	①两主动轮直径不等,超出允差,两侧车轮线速度不等,导致车体扭斜而咬轨 ②传动系统中两侧传动间隙相差过大,造成大车启动不同步 ③车轮安装精度差,车轮水平方向偏斜超差过大,引导车体走斜,车轮垂直度偏差过大,导致车轮踏面直径出现相对差而使车体走斜发生啃道现象 ④金属结构变形,引起大车桥架对角线超差,使桥架出现菱形,导致运行大车啃道;	①重新车制车轮,使两直径相等或更换两主动轮 ②检查传动轴键连接状况、齿轮联轴器啮合状况、各部螺栓连接状况,消除过大间隙,使两端传动协调一致 ③调整车轮安装精度,使其水平偏斜度小于 $L/1000$,垂直度偏差小于 $h/1000$,L 和 h 分别为测量弦长;

零部件名称	故障现象及情况	原因分析	排除方法及措施
大车运行机构	大车轮啃轨咬道	⑤大车轨道安装精度差,标高、跨度均不符合安装技术要求 ⑥轨道面有油污或冰雪 ⑦分别驱动时两端电动机额定转速不等 ⑧两端串入的电阻器有断裂者,致使两侧在运行时速度不等导致车体扭斜而啃道	④可用火焰矫正法,恢复桥架几何精度,达到设计标准 ⑤调整大车轨道,使其达到技术要求标准 ⑥清除油污或冰雪 ⑦更换电动机,确保两电动机同步
电动机	1. 电动机在运转时均匀过热	①电动机接电持续率低于机构工作类型的要求,因经常超载运行而过热 ②在电源电压较低情况下工作 ③机械传动系统中有卡塞环节	①减少起重机工作次数,降低载荷或更换与工作类型相等的电动机 ②当电压低于额定电压的80%时,禁止工作 ③消除卡塞处即可
	2. 转子温度升高,定子有大电流冲击,电动机在额定负荷时不能达到全速,运转"吃力"	①绕组端头、中性点或并联绕组间接触不良 ②转子绕组与滑环间接触不良 ③电刷器械中有接触不良处 ④转子电路中有接触不良处	①检查焊接处、接地处,消除外部缺陷 ②检查转子绕组与滑环连接处,确保其接触良好 ③检查并调整电刷器械 ④检查所有连接导线的紧固螺栓是否松动,对各加速接触器主触头或凸轮控制器转子触头接触不良处进行修调,使其接触良好 ⑤检查电阻器、阻丝通断状况,消除断路处或更换损坏的电阻器

续表

零部件名称	故障现象及情况	原因分析	排除方法及措施
电动机	3. 电动机在运转时振动	①电动机轴与减速器输入轴不同心 ②轴承损坏或严重磨损 ③转子轴有弯曲变形	①调整二者同心度 ②更换已损坏的轴承 ③检修调直转子轴或更换之
	4. 电动机在运转中声音不正常	①定子相位错移 ②定子铁芯未压紧	①检查接线系统,消除故障点 ②检查定子铁芯、压重或更换定子铁芯
控制器	1. 控制器在工作中产生卡住现象	①触头焊住 ②机构定位发生故障	①更换触头 ②更换控制器
	2. 触头烧焦	①动、静触头接触不良 ②控制器容量小或控制器过载 ③相间有短路处,强大的电流将触头烧焦	①修整触头,调整触头压力,确保其接触良好 ②更换容量大一级的控制器 ③用万用表检查相间短路处并消除之
交流接触器和继电器	1. 线圈发高热	①线圈过载 ②闭合时,动、静铁芯极面间有间隙	①减小动触头弹簧压力 ②消除产生间隙的原因(如弯曲、卡塞、极面脏污等)
	2. 接触器工作时声响太大	①线圈过载 ②动、静铁芯极面脏污 ③动、静磁铁极面相对位置错移,磁路受阻 ④动磁铁转动部分卡住	①减小动触头弹簧压力 ②清洗极面去掉油污 ③调整动、静磁铁位置,确保磁路畅通 ④对磁铁铰接轴、孔加润滑油,消除附加阻力
	3. 动作迟缓	动、静磁铁极面间隙过大	缩短动、静磁铁极面间的距离

续表

零部件名称	故障现象及情况	原因分析	排除方法及措施
电气线路部分	1. 推合保护柜刀开关,按下启动按钮 SB,控制回路熔断器熔丝熔断	控制回路中的该相接地或发生相间短路	用兆欧表检查该相接地部位并予以消除,用万用表检查相间短路处并排除之
	2. 推合保护柜刀开关,按下启动按钮 SB,接触器不吸合,即所谓不上闸	从图 6-8 中可以看出,出现下列情况之一时,均不能启动: ①电源无电压 ②熔断器 FU1 或 FU2 熔丝断路 ③控制器手柄有不在零位者 ④紧急开关 SE 及各连锁触头 SQ1,…,SQ4 有未闭合者 ⑤各过电流继电器的常闭触头 FA0,…,FA4 有未闭合者 ⑥主接触器线圈 KM 烧断或其接线断路	检查电路各环节相应接通即可启动
	3. 起重机启动后,按钮脱开后,接触器就释放,即俗称的"掉闸"	通常是由于接触器 KM 的常开连锁副触头 KM1 和 KM2 接触不良,未能把②号电路取代①号电路接入电路所致	调整触头压力,确保其接触良好,确保②号电路启动后接入控制回路中即可解决
	4. 当某机构控制器手柄扳转后,接触器即释放	①通常是由于保护该电动机的过电流继电器整定值调过小所致 ②机构电动机有相间或对地短路处,强大短路电流使其过电流继电器动作打开常闭触点而使控制回路断电 ③该机构传动系统某环节卡住而使该电动机过载	①按下式调整该电动机过电流继电器 $I_{整定}=(2.25\sim2.5)I_{额}$ ②检查短路处并消除之 ③检修机械传动系统,消除卡塞故障

零部件名称	故障现象及情况	原因分析	排除方法及措施
电气线路部分	5. 终点限位开关动作后，主接触器不释放	①终点限位开关电路中发生短路而使限位失效 ②限位开关接线错乱，控制方向错误	①检查该部分电路及限位常闭触点，消除短路故障 ②按原理图正确接线
金属结构	1. 主梁腹板或盖板发生疲劳裂纹	长期过载使用所致	裂纹不大于 0.1 mm 时，可用砂轮将其磨平；裂纹较大时，可在裂缝的两端钻不小于 $\phi 8$ mm 的小孔，然后沿裂缝两侧开 60°坡口，再以优质焊条补焊。重要受力部位应用加强板补焊
	2. 主梁接焊缝或桁架节点焊缝有开焊处	①原焊接质量差，有气孔、漏焊等焊接缺陷 ②长期超载使用 ③焊接工艺不当，产生过大的焊接残余应力	①用优质焊条补焊 ②严禁超载使用 ③采用合理焊接工艺
	3. 主梁腹板有波浪变形	①焊接工艺不当，产生焊接内应力所致 ②超负荷使用，使腹板失稳所致	①采用火焰矫正方法，消除变形并用锤击，平整波浪且消除内应力 ②严禁超载使用
	4. 主梁旁弯变形	制造时焊接工艺不当，焊接内应力与工作应力叠加所致或运输存放不当所致	用火焰矫正方法在主梁的凸起侧，火烤加热，并适当配合使用顶具或拉具，以增加矫正效果

续表

零部件名称	故障现象及情况	原因分析	排除方法及措施
金属结构	5. 主梁下挠	长期超载运行,热辐射作用,材质疲劳或运输不当等均会导致主梁下挠	采用火焰矫正法,在顶起主梁条件下,于主梁下方烘烤加热,冷却后使主梁拱起,并为巩固矫正效果,增大惯性矩和抗弯能力,于下盖板下面焊以"凵"形底梁以加固,或采用张拉预应力拉杆法用以巩固矫正效果

思考题:

1. 桥(门)式起重机主梁为什么要有一定的上拱度?

2. 起升机构由哪些零部件构成?起升机构工作原理是什么?

3. 如何掌握起升机构的操作方法?

4. 起升机构制动器突然失灵了如何处理?

5. 何为稳钩?

6. 物体翻身常见的操作方法有哪些?

7. 岸边集装箱起重机安全操作有哪些要求?

8. 起重机作业要做到哪"十不吊"?

第七章 塔式起重机安全技术

第一节 塔式起重机安全技术概述

塔式起重机(以下简称塔吊)是一种塔身直立,起重机臂铰接在塔帽下部,能够作 360°回转的起重机,通常用于房屋建筑和设备安装的场所,具有适用范围广、起升高度高、回转半径大、工作效率高、操作简便、运转可靠等特点。因此在建筑施工中已经得到了广泛的应用,特别对于高层建筑施工来说,更是一种不可缺少的重要施工机械。

由于塔式起重机机身较高,其稳定性就差,并且拆装转移相对频繁以及技术要求较高,也给施工安全带来一定困难,如操作不当或违章装拆就容易发生塔吊倾覆的机毁人亡事故,造成严重的经济损失。因此机械操作、安装、拆卸人员和机械管理人员必须全面地掌握塔吊的技术性能,从思想上引起高度重视,从业务上掌握正确的安装、拆卸、操作的技能,保证塔吊的正常运行;确保安全生产。

一、塔式起重机的分类

塔式起重机的类型比较多,一般可按以下方式分类。

（一）按工作方式分类

1. 固定式塔吊:塔身不移动,工作范围靠塔臂的转动和小车变幅完成。随着建筑物的高度升高而升高,适用于高层建筑、构筑物、高炉安装工程。

2. 运行式塔吊:塔身固定于行走的底盘上,在专设的轨道上运行,稳定性好,能带载行走,最大特点靠近建筑物,工作效率高,是建设工程中被广泛采用的机型。

（二）按旋转方式分类

1. 上旋式:塔身不旋转,在塔顶上安装可旋转的起重臂,对侧有平衡臂,因塔身不转动,所以塔臂旋转时塔身不受限制,而且塔身与架体连接结构简单。它的缺点是:塔身重心高不利于稳定,安装拆卸较复杂,另外当建筑物高度超过平衡臂时,塔吊的旋转角度受到了限制,给工作造成了一定困难。

2. 下旋式:塔身与起重臂共同旋转。这种塔吊的起重臂与塔身固定,平衡重和旋转支承装置布置在塔身下部。其优点是:塔吊重心低,稳定性较好。塔身变化小。司机室位置高,视线好,安装拆卸也较方便。其缺点是:起重力矩较小,起重高度受到限制,多属于小型塔吊范畴;旋转平台尾部突出,为了塔吊回转方便,必须使尾部与建筑物保持一定的安全距离,同时其幅度的有效利用也较差。

（三）按变幅方式分类

1. 压杆式起重臂（也称动臂变幅）:起重机变换工作半径,是靠改变起重臂的倾角来实现。其优点是:可以充分发挥起重高度,起重臂的结构简单。缺点是:吊物不能靠近塔身,作业幅度受到限制,同时变幅时要求空载动作。

2. 水平小车起重臂:起重机的起重臂固定在水平位置上,倾角不变,变幅是通过起重臂上的起重小车运行来实现的。其优点是载重小车可靠近塔身,作业幅度范围大,变幅迅速,而且可以带负荷变幅;其缺点是起重臂受力复杂,结构制造要求高。起重高度必须低于起重臂固定工作高度,不能调整仰角。

（四）按起重能力分类

1. 轻型塔吊:起重力矩≤40 t·m(kN·m),适用于五层以下住宅楼施工。

2. 中型塔吊:起重力矩＝60～120 t·m,适用于高层建筑和工业厂房的综合吊装施工。

3. 重型塔吊:起重力矩＞120 t·m,适用于多层工业厂房以及高炉设备安装等。

（五）按装置特性分类

塔式起重机有内爬式、附着式和轨行式。内爬式装置在建筑物内部利用建筑结构,如现有的电梯井等作为支撑装置,塔式起重机可随着建筑物逐步完成而上升。

二、塔吊的基本参数

起重机的基本参数是为生产、使用、选择起重机技术性能的依据。在基本参数中又有起主导作用的参数。作为塔吊目前提出的基本参数有六项:即起重力矩、起重量、工作幅度、起升高度、工作速度和轨距,其中起重力矩确定为主要参数。

（一）起重力矩

起重力矩是衡量塔吊起重能力的主要参数。选用塔吊时,不仅考虑起重量,而且还应考虑工作幅度。

即:起重力矩(M)＝起重量(Q)×工作幅度(R),单位为kN·m。

塔吊的公称起重力矩是以起重臂最大幅度与相应的额定起重量的乘积表示的。所以当起重臂安装成不同长度(L)时,其最大起重力矩也随之发生变化。对某些塔吊(VKTQ 60/80),其标定的起重力矩还与塔身的高度有关,安装成不同高度的塔身,其起重力矩也将不同。总之在起重力矩不变时,工作幅度增大,则起重量应减小;工作幅度减小时起重量增大,但起重量最大不能超过额定最大起重量,否则容易造成事故。

（二）起重量

起重量是以起重吊钩上所悬挂的索具与重物的重量之和计算。单位为吨（t）。

塔吊的起重量通常以额定起重量和最大起重量表示，额定起重量是指塔吊在各种工况下安全作业允许起吊的重量。

最大额定起重量是指起重臂在最小幅度时所允许起吊的最大重量。这也是塔吊的主要参数之一。

（三）工作幅度

工作幅度也称回转半径，是起重吊钩中心到塔吊回转中心线之间的水平距离，以 R 表示，单位为米。

工作幅度本身包含两个参数：最大工作幅度和最小工作幅度，对于动臂式变幅，最大工作幅度就是当起重臂处于塔吊所允许的最小仰角时的幅度；最小工作幅度是当起重臂处于允许最大仰角时的幅度。对于小车变幅，最大工作幅度是小车处于起重臂头部端点处时的幅度；最小工作幅度是小车处于起重臂根部端点处时的幅度。

（四）起升高度

起升高度是在最大工作幅度时，吊钩中心线至轨面（或地面）的垂直距离，该值的确定是以建筑物尺寸和施工工艺的要求而确定的。起升高度以 H 表示，单位为 m。

（五）轨距

轨距是指两根轨道中心线之间的水平距离。单位为米（m）。该值的确定是由塔吊的整体稳定和经济效果而定。

（六）最大起升速度

塔式起重机空载、吊钩上升至起升高度过程中运动状态下的最大平均上升速度。单位为 mm/min。

三、压杆式起重臂塔式起重机

以 TQ 60/80 塔式起重机为例加以介绍。

(一)构造

1. 门架

它是整个起重机的基础,所有机物和压重均装于其上。门架由两个侧架(一为活动端,一为固定端)和一个长方形平台组成,活动侧架的两端用上下两副铰链与三角形刚体构架相连接,三角形构架下面各装有被动运行台车架。在固定侧架两端下部各装有主动台车架,四个台车架上装有两个运行车轮,两侧架的支柱上各装有夹轨钳,起重机停止工作时将夹轨钳锁牢(见图 7-1)。

2. 塔身

塔身按照受力状态可分为中心受压和偏心受压两种。

塔身由若干标准节组成,使用时可按高塔、中塔、低塔分别组成不同高度。中塔全记 40 m,塔身为 6 节,每节 5 m,门架上压铁 30 t。高塔 50 m(增加两个标准节)。低塔 30 m(减少两个标准节)。

3. 起重臂

起重臂的长度可根据工作需要接成 15、20、25 m,也可增接到30 m。每节可以互换,臂架的首末两节变窄以利和塔架连接。端部配置有导向滑轮及起升高度限制器。

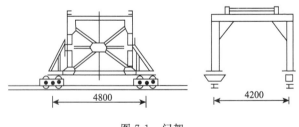

图 7-1　门架

4. 配重臂

也称平衡臂,臂长 8 m,尾端为配重斗,内装配重铁 5 t,臂上装有变幅卷扬机。

5. 塔顶

下端是方框形,上端是正方形锥体,锥体腰部装有可调节的八个拖轮,支承着塔帽下部的内齿圈,并随塔帽旋转而转动,滚动轴心为偏心轴,可以调节外接圆的直径,框架内装有旋转机构。

6. 塔帽

是支撑塔式起重机吊重的主干,它前接起重臂,后连配重臂,塔帽是一个锥形框架,顶端有压力轴承,下端有内齿圈,塔帽上装有三个滑轮,起重钢丝绳和变幅钢丝绳分别通过滑轮,一个引向起重臂,一个引向变幅卷扬机。

7. 套架

自升式塔式起重机一般都有一个套架,套架的作用是在自升过程中支架起结构以上部分的重量,通过套架将负载传递给塔身来实现自升(顶升时作传递力)。

(二)工作机构

塔式起重机的工作机构主要由起升机构、变幅机构、旋转机构和运行机构组成,不同类型的塔式起重机,工作机构的结构不同,TQ 60/80 塔式起重机的工作机构如下。

1. 运行机构

运行机构由主动台车,减速器,被动台车三部分组成。两主动台车对称安装在门架固定端一边,由 7.5 kW 电动机驱动。被动台车仅有车轮而无传动机构。运行机构没有制动器,避免刹车时引起塔吊的剧烈震动和倾斜。

塔式起重机一般都是在直线轨道上工作,但遇到建筑平面形状比较复杂时,则要求塔吊具有较好的移动性能,不用重复拆卸和安装,就能直接由一个工作段移到另一个工作段,在绕过建筑物转角时,则要求塔吊能够转弯。

对于塔吊一般都采用双轮缘行车轮,轮缘间距比钢轨断面宽度只大 10~20 mm,这主要是用来补偿起重机轨道安装误差及较小的歪斜,预防车轮卡住。塔吊沿曲线轨道运行时,应避免轮缘嵌入钢轨部分与曲线轨道直接卡住,其办法可将台车与起重机底盘做成水平的和垂直的双铰接,来解决由于内轨和外轨曲率不同,造成的车轮横向位移。

门架是由一个活动钢架和一个固定钢架组成,把四个运行台车分别装在两个钢架的下部。由于台车采用双铰链与钢架连接,故可以做水平和垂直方向转动,台车能绕竖轴转动一个角度自行转弯。为克服内轨与外轨的曲率不同,把活动钢架放在曲率半径小的内轨侧,把固定钢架放在曲率半径大的外轨侧,因为活动钢架的两翼转动,钢架平面可由直线变成凹形,内轨的两台车可不在一个直线上,借以克服了由于内外轨曲率不同引起的车轮卡轨问题,可在一定曲率半径的弯道上通过。

2. 起升机构

起升机构由吊钩钢丝绳、滑轮组、卷筒、减速器、电动机、制动器等组成。QT 3—8T 起重卷扬机构由 22 kW 电动机驱动,为达到迅速停车时制动和第一、二档的调速,装有电力液压推杆制动器,其制动力矩为 800 N·m,起升机构不工作时制动机构处于制动状态。

起重卷扬机是起重机的主要工作机构,工作荷载均通过机构实现上升、下降。QT 3—8T 起重卷扬机底座是悬挂式的,两个支点固定在横梁上,并以此支点为旋转轴,上下浮动,而另一端由防倾装置的弹簧拉杆来支承。

3. 旋转机构

塔吊旋转部分与固定部分的相对转动,是借助由电动机来驱动旋转支承装置所组成的单独机构来实现的。QT 3—8 塔吊是属于上旋式塔吊,塔帽顶端由内塔架的竖轴来支持,垂直载荷通过竖轴传递给塔身,塔帽下部连接带内滚道的大齿圈和小齿轮,滚道由安装在内塔架(塔顶)变截面处的八个水平支承滚轮所支承,以承受由荷载及平衡重产生的水平力,滚道与水平支承滚轮的间隙可借助装在支承滚轮内的偏心轴来进行调整。由于选用了双头蜗杆,避免蜗轮传动的自锁性,使之成为可逆传动,当风大时可将起重臂吹向背风向,避免停车的冲击。另一端装有一锁紧制动机构,主要用于大风天气工作时,将起重臂锁在一定位置,保证工件准确就位,此装置不是制动装置,旋转停止后才能使用,否则会造成过大的扭矩。

4. 变幅机构

压杆式塔吊随臂杆仰角的变化,起重机的起升高度、作业半径和起重量也随之变化。在水平小车起重臂的塔吊中,起重机由载重小车沿起重臂移动来改变作业半径和起重量,而起重臂的仰角不变,始终保持水平方向。

QT 2—6 塔吊是采用手摇卷扬机进行变幅的,它安装在平衡臂端的塔帽结构上,手摇卷扬机操作不便,费时,费力。

QT 3—8 塔吊的变幅机构,是由装在起重臂头部与塔帽顶之间的滑轮组和安装在平衡臂前半部的变幅卷扬机组成,滑轮组的绳索引出端经塔顶的导向滑轮固定在卷筒上,变幅卷扬机由电机驱动。在减速箱里装有蜗轮——摩擦盘锁紧装置的特殊机构,它保证起重臂在自重和吊重的作用下不会自行溜车,确保使用安全。

(三)路基与轨道

塔吊的路基与轨道铺设的如何,直接影响塔吊使用的稳定性。

1. 地耐力:QT 3—8 塔吊要求地耐力为 $12\sim16$ t/m²。

2. 排水:轨道路基必须有良好的排水措施。

3. 路基:在压实的土壤上可先铺一层 $50\sim100$ mm 厚黄砂,掺少量水压实,然后再铺碴石。为使砂石不流失,可在沿外侧用砖砌防护墙。

4. 枕木:枕木规格为 180 mm×260 mm×5200 mm,枕木间距为 600 mm,如使用一长两短枕木间隔铺设时,每 10 m 在两轨间加一根槽钢拉条,以保证轨距。

5. 钢轨:一律用 43 kg/m 规格的钢轨。

6. 轨距:轨距中心 4200 mm,允许偏差±3 mm。两轨顶横向同一截面标高允许误差不大于 4 mm。轨道纵向坡度要求不大于 1/1000。

7. 接头:轨道接头高低差不大于 2 mm,接头位置必须交叉错开 ≥1500 mm,钢轨接头处枕木间距不大于 500 mm。

8. 接地:轨道必须有完善的接地装置,按轨道长度每 30 m 做一组,其重复接地阻值不大于 10 Ω。两轨应做环形电气连接,轨道接头处应用导线跨接,以保证接地良好。

(四)技术性能

起重机技术性能一般包括:起重能力、工作机构、工作速度以及外形尺寸、重量、电气设备、钢丝绳规格等。

1. 起重能力

起重能力是用起重机的特性曲线表示的,特性曲线的绘制是根据起重幅度、起重量来决定的,即起重量的曲线是根据最大的起重幅度、最小的起重量和最小起重幅度、最大起重量来确定。

例如绘制 TQ 60/80 起重机的特性曲线(见图 7-2)。塔式起重机是按塔身高度不同分为高、中、低三种,高塔起重力矩 60 t·m,中塔 70 t·m,低塔 80 t·m。

绘制时可用力矩的关系式,即起重力距=起重量×作业半径。以纵坐标表示起重量(Q),横坐标表示作业半径(R),因为起重力矩确定后可以设定 Q 求

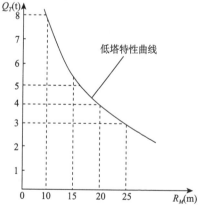

图 7-2 起重机特性曲线

R,也可以设定R求Q,然后把点连起来,就是一条曲线。

$$起重力矩＝R_m×Q$$

$$80 \text{ t·m}＝25×3.2＝20×4＝15×5.30＝10×8$$

这样在一般情况下,要知道起重机在某一幅度的起重量,就可以从起重机的特性曲线中查出。

2.TQ 60/80 起重机技术性能

TQ 60/80 起重机起重能力见表 7-1。

表 7-1　起重能力

起重臂长度(m)		幅度(°)	起重量(t)	起重高度(m)
低塔 80 t·m	△30	30	2	28
		14.60	4.10	48
	25	25	3.20	27
		12.30	6.50	44
	20	20	4	26
		10	8	40
	15	15	5.30	25
		7.70	10.40	35

其中 30 m 臂长为加长臂,加长臂起重力矩为 60 t·m。

实际上 QT 60/80 塔式起重机工作幅度的变化是通过起重臂杆上升下降,变化仰角来实现的,所以司机看到的是在司机室内的角度指示灯,其角度为 $10°12'$;$10°12'\sim20°42'$;$20°42'\sim34°42'$;$39°\sim48°12'$;$52°42'\sim62°42'$;$60°42'$。其中 $10°12'$ 为起重臂幅度的下限位,$62°42'$为上限位。

从表中可以查出 QT 60/80 低塔在不同长度的起重臂和不同仰角情况下的相应起重量(目前有的塔式起重机装了电子式力矩限制器,也可以直接以数字显示工作幅度)。

(1)不同仰角的起重量

塔级	起重臂长度(m)	不同幅度的起重量(t)				
		10°12′～20°42′	28°12′～34°42′	39°～48°42′	52°42′～62°42′	60°42′
低塔 80 t·m	25	3.2	3.5	4	5	6.6
	20	4	4.4	5	6.30	8
	15	5.4	5.8	6.6	8.2	10.30

(2)工作速度

起重速度(m/min)	双绳 $V_1=21.5$ $V_2=16.40$
运行速度(m/min)	17.5
旋转速度(r/min)	0.60
变幅速度(m/min)	单绳 8.5

(3)外形尺寸

轨距(m)	4.20
塔顶标高(m)	30～50
最大高度(m)	68
起重臂长(m)	5～30

(4)重量

自重(t)	35～41
压重(t)	30～46
平衡重(t)	5
总重量(t)	70～92

(5)电气设备

部位	型号	JC(%)	转速(r/min)	功率(kW)	数量
起重机构	JZR51—8	25	725	55	1
变幅机构	JZR31—8		702	7.50	1
行走机构	JZR31—8	25	702	7.50	2
旋转机构	JZR12—6	25	925	3.50	2

(6)钢丝绳

部位	直径(mm)	规格	长度(m)
起重机构	ϕ17.50	6×37+1	～250
变幅机构	ϕ17.5	6×37+1	～75

四、自升塔式起重机

(一)简介

随着高层建筑的日益增多,为节约用地和适应高层建筑施工的需要,选用自升塔式起重机作吊装机械是比较经济合理的。

1. 自升塔式起重机是随建筑物的升高而升高,能够满足高层施工要求。

2. 可以不用设轨道,它属于小车运行式变幅塔吊,臂杆长度大,覆盖面大,适用于施工现场窄小的高层建筑施工。

3. 司机室在塔顶上部,司机视野好,便于看清现场作业条件,利于安全生产。

4. 可有多种用途。

(1)附着式。附着在建筑物一侧,由建筑结构承担起重机带来的水平载荷,起重机主要承受垂直载荷,由于增加了附着,塔身自由高度大大减少。从而增加了塔身的稳定性。

(2)运行式。在建筑物内部(电梯井或楼梯间)全部载荷传递给建筑物,借助一条托架和提升系统进行爬升。其塔身只有 20 m 左右,每隔 2~3 层爬升一次。

(二)构造

以 QTZ—200 型自升塔式起重机为例。它是采用小车变幅,爬升套架,塔身接高的三用自升塔式起重机,这种塔吊通过更换或者增加一些辅助装置,可分别用于轨道式、附着式和固定式三种塔吊。它采用了液压顶升系统,塔身可随建筑物升高而升高,司机室在顶部,其外部形状如图 7-3 所示。

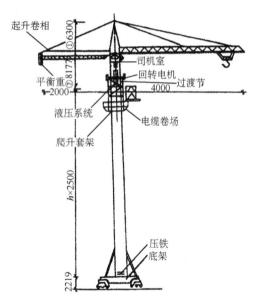

图 7-3　QTZ—200 自升塔式起重机

金属结构包括底架、塔身、顶升套架、顶座及过渡节、转台、起重臂、平衡臂、塔帽附着装置等部件。

1. 塔身　是由第一、第二、四个增强节和 22 个标准节构成。每节高 2.5 m。轨道式塔式起重机其臂根铰点最大高度为 55 m,增加附着后可达 88 m。每台塔吊配三套附着装置,QTZ—200 型塔吊其附着底架不大于 50 m。附着框架要固定牢靠,不准有任何滑动。

2. 起重臂　其断面为三角形或四边形,是受弯构件。载重小车沿起重臂移动实现变幅,起重臂的下弦杆安装小车轨道。起重臂由六节组成,全长 40.68 m。

3. 平衡臂　全长 20 m,平衡重由 4 个平衡重块和 8 个悬挂体组成,可根据塔吊的不同工作情况,移动平衡重的位置。

4. 顶升套架　是用无缝钢管焊成的移动框架,其一侧开有门洞,并有引进轨道和摆渡小车,供引进塔身标准节用。套架内装有液压千斤顶、顶升横梁、电缆卷筒等。

5. 过渡节　在顶升套架上面是过渡节及回转机构,塔身升高时,主要是顶升过渡节以上部分(包括回转机构、司机室、塔帽、起重臂、平衡臂),由过渡节座架承受上部的载荷。通过定位锁固定在塔身上。然后引进标准节接高塔身。

(三)塔身接高的顶升程序及注意事项

1. 顶升程序

(1)将起重臂回转到引入塔身标准节方向,吊起一节标准节放在摆渡小车上,调整好顶座套架与塔身间隙。

(2)缩回顶升套架定位销,把过渡节承座以上全部结构包括顶升套架,顶升到规定高度。

(3)推出定位销,使套架缓慢降落到定位销位置上。提起顶升活塞杆,形成引进空间。

(4)引进摆渡小车到套架中央空间,将引进标准节与上部结构连接,退出摆渡小车。

(5)把引进的标准节平稳落在下部塔身上,再提起顶升套架,拔出定位销,最后再落下过渡节与标准节相连,紧固各部螺栓(见图 7-4)。

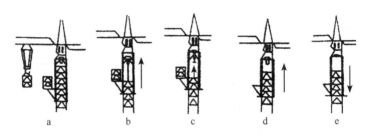

图 7-4　塔身顶升程序图

2. 顶升注意事项

(1)由于顶升过程是处于过渡安装,连接螺栓有拆有装,塔身抗倾覆力矩减弱,极易发生失稳,所以在风力超过三级以上,不允许进行顶升作业。

(2)顶升过程中不得进行回转动作。因为起重臂的回转会造成因塔身弯矩的变化而带来的失稳。

(3)顶升过程中要有专人统一指挥,按程序进行,每一程序完成后经检验无误,再进行下一道工序。电源、液压系统等均要有专人操作。

(4)多台塔身同时作业时,相邻两台塔高度差不小于 5 m。

(5)顶升前,应把平衡重和起重小车及吊重按说明书要求位置移向塔中心。

(6)检查定位销,调整导轮间隙以 2～5 mm 为宜。

(7)顶升横梁应严格放在指定位置上。

(8)在齿轮泵最大压力下,不准连续工作 3 分钟。

(9)顶升完毕,要检查电源是否切断,左右操纵杆要恢复到中间位置,套架导轮与塔身脱离接触,各段螺栓要紧固牢。

(10)塔身需要连续接高时,在完成一次接高过程后,应把塔身各杆件的螺栓全部紧固后,再重复进行下一次顶升工作。

(11)根据第一道锚固装置距地面一般为 25 m,以后每隔 16～

20 m锚固一道的规定,塔身顶升到一定高度就要进行锚固。在安装锚固装置时,要用经纬仪检测塔身的垂直度,允许有1‰～2‰的高度偏斜,必要时要调整锚固拉杆。要经常检查锚固装置的牢固程度,防止任何情况下的滑动。

(四)工作性质

1. 运行机构。由底架、4 个支腿、4 个台车组成。装有 4 个夹轨钳。

2. 起升机构。起升卷扬机由两台 45 kW 电机驱动,可形成 4 档速度。

3. 变幅机构。起重小车除 8 个运行车轮以外,还有 4 个导向轮。起重臂根和头部装有缓冲块和限位开关,以限定小车行程。

4. 回转机构。由 2 台 5 kW 电机驱动。塔帽回转设有手动液压制动器装置,在风力较大时,转向定位后,用手动制动帮助就位。

5. 平衡重的牵引是由 3 kW 电动机驱动,可根据需要调整位置,平衡臂两端设有缓冲块和限位开关。

6. 顶升液压系统有平衡阀,保持油路安全操作。

(五)基础

QTZ—200 型塔式起重机有轨道式和固定式两种,其地耐力要求 200 kN·m²。

1. 轨道式基础:轨距 6.5 m,采用 43 kg/m 和 50 kg/m 钢轨,每隔 6.5 m 设一道拉杆,两端设止挡及行程极限限位,作接地保护,其电阻不大于 4 Ω。

2. 固定式基础:挖坑槽深为 600 mm,两步 3∶7 灰土,厚 40 cm,按说明书配筋,浇 200 号混凝土,表面平整,有防水和接地保护措施。

(六)起重性能

起重性能见表 7-2。

表 7-2　起重性能

超重臂长度 项　目	L_1		L_2		L_3		L_4	
	40.68		35.28		28.08		20.88	
最大起重力矩(kN·m)	1400		1400		1600		2000	
最大幅度(m)	40	11～3.50	35	20～3.50	28	17～3.50	20	12～3.50
最大起重量(t)	3.5	6.50	4	8	5.7	10	10	20
起重小车数	1	1	1	1	1	1	1	2
滑轮组钢丝绳倍率	2	4	2	4	4	4	4	8
平衡重(t)	8		8		4		4	

五、塔式起重机的安全装置

塔式起重机常用的安全保护装置一般有以下几种。

动作保护装置:起重载荷限制器、起重力矩限制器、极限力矩联轴器、风向风速仪、行程限位装置、防风夹轨器、缓冲器及车轮架上的防护挡板等。

电气保护装置:零位保护,过电流继电器,紧急开关,熔断保护及电源指示装置等。

建设部还规定"塔式起重机必须安装运行、吊臂变幅、吊钩高度、超载等限位装置,卷筒保险和吊钩保险装置等"。简称"四限位"、"两保险"。

（一）动作保护装置

1. 行程限位装置

轨道式起重机(或起重臂上水平小车)运行机构,应安装极限位置限制器。一般可在主动台车的内侧安装行程开关,行程开关的扳把由极限位置挡板拨动,在轨道行程尽端安装极限位置挡板,安装位置应充分考虑起重机的制动行程。起重机运行到极限位置时,挡板拨动行程开关扳把,即切断运行控制电路电源,当重新合闸时,起重机只能向相反方向运行。

2. 幅度限位与指示装置

安装在塔帽通轴外端的架子上(见图7-5)。由一活动的半圆形盘,拨杆及两个限位开关组成。拨杆随起重臂而转动,带动圆盘转动,电刷与转动的半圆形盘上的各触点根据转动的角度位置分别接通,将起重臂的不同倾角通过灯光信号,传递到司机室的指示盘上。当起重臂变幅到上下两个极限位置时,则分别撞开两个限位器,切断电源,起

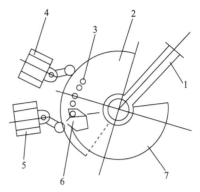

图 7-5　幅度限位装置

1—拨杆;2—刷托;3—电刷;4—下限位开关;
5—上限位开关;6—撞块;7—半圆形活动转盘

到保护作用。另外,司机可根据指示盘上灯光信号,确知起重臂的实际倾角,以便对起重机的工作幅度及起重量进行控制。

3. 吊钩高度限位装置

装在起重臂的前端,由一杠杆架推动,当吊钩上升到上极限时,托起杠杆架,压下限位开关,切断控制回路主卷扬机停车,此时重新合闸,只能使起重机吊钩向下降方向开动。

4. 超载保护

(1)超载防倾装置:装在司机室的下边,与浮动卷扬机架的连杆相接,当吊起重物时,钢丝绳的张力拉着卷扬机上升,托起连杆,压缩防倾装置的弹簧,顶起球形触头,当达到预先调整的限位高度时,推动杠杆撞板,使限位开关的触点打开,从而切断控制电路。

(2)起重力矩限制器:起重力矩限制器主要作用是防止塔吊超载的安全装置,避免塔吊由于严重超载而引起起搭吊的倾覆或折臂等恶性事故。力矩限制器的种类较多,多数采用机械电子连锁式的结构。

目前在 TQ 60/80 型塔吊的力矩限制器由重力取样装置、幅度取样装置和数字式多功能报警器组合而成。

重力取样装置：由滑轮连杆、油缸及运转压力表等组成。该装置安装于塔顶中部。当起吊超重时，数字式多功能报警器即发出报警信号。

幅度取样装置：由齿轮和余弦电位器等组成。全部装置安装在起重臂根部通轴左端。其作用是将吊点距塔身轴线的幅度经余弦电位器输出的电信号输入到数字式多功能报警器内，显示出吊物所在的幅度。

5. 防脱钩装置

在吊钩的开口处装有弹簧盖将开口封闭，弹簧盖的开启方向只能向下不能向上。使用时，将吊物索具向下压开弹簧盖挂进吊钩，由于弹簧盖自动弹回，封闭了吊钩的开口，从而可以防止吊索从开口处脱出。

6. 卷筒保险

主要是为了防止卷扬机卷筒工作中，因故障使钢丝绳不能按要求在卷筒上规则排列，致使钢丝绳越出卷筒而造成钢丝绳被齿轮切断而发生事故。卷筒保险装置的做法，可以在卷筒的最外部焊钢筋形成护网或焊卷筒半周的钢板进行防护，避免钢丝绳在卷筒上排列过高时，发生咬绳断绳事故。

（二）电气保护装置

塔式起重机的电气保护装置有：

1. 零位保护：利用按钮开关控制起重机，工作前各控制器必须放置在零位，防止出现失误动作。

2. 过电流继电器：各机构电动机的过载和短路保护。

3. 紧急开关：紧急断电保护。

4. 熔断器保护：实现控制回路和照明回路的接地或短路保护。

六、塔式起重机的稳定性

(一)什么是稳定性

对于塔式起重机来说,稳定性就是指其抵抗翻车的能力。一般塔式起重机的高度与其支承轮廓尺寸的比值都很大,就像一个细长的杆,其重心比较高,所以要保证塔式起重机使用当中的稳定性,是一个十分重要的问题。

(二)塔吊的稳定系数

塔式起重机的稳定性,通常用稳定系数来表示。所谓稳定系数就是指塔式起重机所有抵抗翻车的作用力(包括车身自重、平衡重)对塔式起重机倾翻轮缘的力矩,与所有倾翻外力(包括风力、重物、工作惯性力)对塔式起重机倾翻轮缘力矩的比。

$$稳定系数\ K = 稳定力矩\ M_稳 / 倾覆力矩\ M_倾$$

式中 $M_稳$ ——考虑现场倾斜角度在内的塔吊重量所产生的稳定力矩。

$M_倾$ ——载重时所产生的倾覆力矩(包括风力、吊物重量、惯性力)。

目前,我国采用的稳定系数,考虑风力动载时为:$K \geqslant 1.15$,无风静载时为:$K \geqslant 1.4$。

(三)影响稳定的因素

1. 风力

虽然在设计时考虑了风力的作用,但由于六级以上大风对稳定性不利,因此操作规程规定遇有六级以上大风不准操作。

2. 轨道坡度

操作规程中对轨道坡度的严格要求也是从稳定性出发的,因为坡度大了,车身自重及平衡重的重心便会移向重物一方从而减小稳定力矩。另外因塔身倾斜吊钩远离塔吊中心从而加大了倾翻力矩,这样就使稳定系数变小了,增加了塔式起重机翻车的危险性,所以要求司机应经常检查轨道。

3. 斜吊重物

塔式起重机的正确操作应该是垂直起吊,如果斜吊重物等于加大了起重力矩,即增大了倾覆力矩,斜度愈大,力臂愈大,倾翻力矩愈大,稳定系数就愈小,因此操作规程规定不许斜吊重物。

4. 超载

塔式起重机操作中严禁超载,一方面是考虑起重机本身结构安全,另一方面是考虑稳定性的需要,因为重量愈大,产生的倾翻力矩也愈大,很容易使起重机翻车。从大量的倒塔事故分析,造成倒塔的原因中,超载使用是最主要的原因。

5. 平衡重

塔式起重机的平衡重是通过计算选定的,不能随意增减。减少平衡重等于减少稳定力矩,对稳定性不利,增加平衡重也会因增加金属结构和运行机构的负担,不利于塔吊的正常工作。过大时,空载时有向后倾翻的危险。

七、塔式起重机的安全与拆卸安全注意事项

(一)对装拆人员的要求

1. 参加塔吊装拆人员,必须经过专业培训考核,持有效的操作证上岗。

2. 装拆人员严格按照塔吊的装拆方案和操作规程中的有关规定、程序进行装拆。

3. 装拆作业人员严格遵守施工现场安全生产的有关制度,正确使用劳动保护用品。

(二)对塔吊装拆的管理要求

1. 装拆塔吊的施工企业,必须具备装拆作业的资质,并按装拆

塔吊资质的等级进行装拆相对应的塔吊。

2. 施工企业必须建立塔吊的装拆专业班组并且配有起重工(装拆工)、起重指挥、塔吊操纵司机和维修钳工等组成。

3. 进行塔吊装拆,施工企业必须编制专项的装拆安全施工组织设计和装拆工艺要求。并经过企业技术主管领导的审批。

4. 塔吊装拆前,必须向全体作业人员进行装拆方案和安全操作技术的书面和口头交底,并履行签字手续。

(三)装拆作业中的安全要求

1. 装拆塔吊的作业,必须在班组长的统一指挥下进行,并配有现场的安全监护人员,监控塔吊装拆的全过程。

2. 塔吊的装拆区域应设立警界区域,派有专人进行值班。

3. 作业前,对制动器、连接件、临时支撑要进行调整和检查。对起重作业需要的吊具索具要保持完好,符合安全技术要求。

4. 作业中遇有大雨、雾和风力超过四级时应停止作业。

5. 行走式塔吊就位后,应将夹轨钳夹紧。

6. 塔吊在安装中对所有的螺栓都要拧紧,并达到紧固力矩要求。对钢丝绳要进行严格检查有否断丝磨损现象,如有损坏,立即更换。

7. 对整体起板安装的塔吊,特别是起板前要认真、仔细对全机各处进行检查,路轨路基和各金属结构的受力状况,要害部位的焊缝情况等应进行重点检查,发现隐患及时整改或修复后,方能起板。

8. 对安装、拆卸中的滑轮组的钢丝绳要理整齐,其轧头要正确使用(轧头规格使用时比钢丝绳要小一号)轧头数量按钢丝绳规格配置。

第二节　塔式起重机安全操作规程

一、一般要求

1. 司机必须专门培训,经相关部门考核发证方可独立操作。

2. 司机应每年体检,酒后或身体有不适应症者不能操作。

3. 实行专人专机制度,严格执行交接班制度,非司机不准操作。

司机应熟知机械原理、保养规则、安全操作规程、指挥信号并严格遵照执行。

4. 新安装和经修复的塔式起重机,必须按规定进行试运转,经有关部门确认合格后方可使用。

二、操作前要求

1. 交接班时要认真做好交接手续,检查机械履历书、交班记录及有关部门规定的记录等填写和记载得是否齐全。当发现或怀疑起重机有异常情况时,交班司机和接班司机必须当面交接,严禁交班和接班司机不接头或经他人转告交班。

2. 松开夹轨钳,按规定的方法将夹轨钳固定好,确保在行走过程中,夹轨钳不卡轨。

3. 轨道及路基符合安全要求:

(1)清除行走轨道上的障碍物。

(2)用目测对轨道进行观察检查,止挡装置应齐全,并安装牢固可靠;轨道的坡度、两轨的高差、平行度以及钢轨接头处都应符合使用说明书中的规定;鱼尾板应无裂纹,连接螺栓不应松动。如发现有可疑情况,应利用仪器按照有关规定检查。

(3)凡发现、腐烂的枕木及断裂、疏松的混凝土轨枕必须立即更换。

(4)路基如有沉降、溜坡、裂缝情况,应将起重机开到安全部位停止使用。

(5)每月及暴雨后,用仪器按说明书中的有关规定,检查路基和轨道,并及时修整。

4. 起重机各主要螺栓应连接紧固,主要焊缝不应有裂纹和开焊。

5．按有关规定检查电气部分：

(1)按有关要求检查起重机的接地和接零保护设施。

(2)在接通电源前，各控制器应处于零位。

(3)操作系统应灵活准确。电气元件工作正常，导线接头无接触不良及导线裸露等现象。

(4)工作电源电压应为 380 ± 20 V。

6．检查机械传动减速机的润滑油量和油质。

7．检查制动器：

(1)检查各工作机构的制动器应动作灵活，制动可靠，各元器件的固定应牢固。

(2)检查液压油箱和制动器储油装置中的油量应符合规定，并且油路无泄漏。

8．吊钩及各部滑轮、导绳轮等应转动灵活，无卡塞现象，各部钢丝绳应完好，固定端应牢固可靠。

9．按使用说明书检查高度限位器的距离。

10．检查起重机的安全操作距离必须符合规定。

11．对于有乘人电梯的起重机，在作业前应做下列检查：

(1)各控制器、限位装置及安全装置应灵活可靠。

(2)起重机钢丝绳、起升及吊装捆绑钢丝绳按 GB/T 5972—2009 相应条款进行作业前检查；传动件及主要受力构件应符合有关规定。

(3)导轨与塔身的连接应牢固，所有导轨应平直，各接口处不得错位，运行中不得有卡塞现象。梯笼不得与其他部分有刮碰现象。导索必须按有关规定张紧到所要求的程度，且牢固可靠。

12．起重机遭到风速超过 25 m/s 的暴风（相当于九级风）袭击，或经过中等地震后，必须进行全面检查，经主管技术部门认可，方可投入使用。

13．司机在作业前必须经下列各项检查，确认完好，方可开始作业：

(1)空载运转一个作业循环；

（2）试吊重物；

（3）核定和检查大车行走、起升高度、幅度等限位装置及起重力矩、起重量限制器等安全保护装置。

14. 对于附着式起重机，应对附着装置进行检查。

（1）塔身附着框架的检查：

①附着框架在塔身节上的安装必须安全可靠。

②附着框架与塔身节的固定应牢固。

③各连接件上的螺栓、螺帽不得缺少或松动。

（2）附着杆的检查：

①与附着框架的连接必须可靠。

②附着杆有调整装置的应按要求调整后锁紧。

③附着杆本身的连接不得松动。

（3）附着杆与建筑物的连接情况：

①与附着杆相连接的建筑物不应有裂纹或损坏。

②在工作中附着杆与建筑物的锚固连接必须牢固。

③各连接件应齐全、可靠。

三、操作中要求

1. 必须严格掌握起重机规定的起重量，详细了解被吊物，不得超载作业。

2. 司机与信号指挥人员要密切配合，信号清楚后方可开始操作，各机构动作前先按电铃，发现信号不清要停止操作。

3. 严禁任何人员乘坐或利用起重机升降。

4. 操纵控制器要从零位开始逐级操作，严禁越档操作。

5. 不论哪一部分在运转中变换时，首先将控制器扳回零位，待该传动停止后再开始逆向运转，禁止打反车操作。

6. 起重物上升时，钩头距臂杆端部不得小于1 m。

7. 塔式起重机一般应设两名司机，一名在司机室操作，另一名司机在地面监护。

8. 起重机运行时,禁止开到端部 2 m 以内的地方。

9. 塔式起重机起重臂每次变幅后,必须根据工作半径和重物重量,及时对超载限位装置的吨位进行调整。

10. 起重机升降重物时,起重臂不得进行变幅操作,必须空载进行。变幅时也不能与其他三种动作(运行、旋转、起升)中任何一种动作同时进行。

11. 塔式起重机作业时,禁止斜拉重物或提升埋在地下的物件。

12. 被吊物的边缘距高压线最外边水平距离不得小于 2 m。

13. 两台塔式起重机在同条轨道上作业时,两机起重钩绳之间水平距离不得小于 5 m。塔身不得在曲率较小的弯道上作业和吊物行走。

14. 工作中不允许任何人上下扶梯,严禁在工作中进行维护工作。

15. 工作中,休息或下班时,不得将起重机处于空中悬挂状态。

16. 作业中遇六级以上大风、大雨等恶劣天气,应停止起吊作业,将臂杆降到安全位置,卡紧夹轨钳。

17. 夜班作业,必须备有充足照明,指挥与司机应使用明显的旗语信号。

四、作业后要求

1. 工作完毕起重机应开到轨道中间停放,卡紧轨钳,吊钩升到距离臂端 2～3 m 处,起重臂平行轨道方向。

2. 所有控制器在操作完毕后扳到零位,切断电源总开关。

3. 将司机室门窗关上,锁好后方可离开。

4. 电气失火时,禁止用水扑救,应用 1211 干粉灭火器或其他不导电物扑救。

5. 遇暴风天气时,塔式起重机要作加固措施,司机室上部主杆的四个耳环用钢丝绳拉紧并固定在地面的地锚上。

五、保养

1. 上高空进行检查、加油、保养时,必须挂好安全带。

2. 按润滑表及说明书规定,按时对各注油点加油。

3. 按规定对各减速器加注或更换润滑油。

4. 按季节对电动机及电气绝缘情况进行检查。

5. 随时检查轨距水平度,路基情况及清理排水沟。

6. 经常检查钢丝绳磨损及润滑,保持钢丝绳在卷筒上整齐排列。

7. 注意门架,基座螺栓和各连接螺栓以及钢丝绳卡子的紧固情况。

8. 要经常保持起重机的整洁和卫生,应及时检修漏油和擦洗起重机外部的污垢。

第三节　塔式起重机常见故障与排除

一、塔式起重机液压系统常见故障及处理方法

故障现象		故障原因	处理方法
1. 压力表读数低,系统压力不足,不能顶升	液压泵转向相反	电动机接错相位	调整电动机相位
	换向阀失灵	阀芯定位不正确	更换或维修定位弹簧
	溢流阀失灵	1. 溢流阀调整压力过低	1. 调整溢流阀
		2. 溢流阀调压弹簧损坏	2. 更换调压弹簧
		3. 阀芯粘着	3. 清洗阀芯
	系统泄漏	1. 油管或接口破裂	1. 更换油管或接头
		2. 液压缸内拉伤	2. 研磨缸体内壁
		3. 密封圈损坏	3. 更换密封圈
	液压泵转数过低	1. 供电电压不足	1. 调整供电电压
		2. 电动机转数过低	2. 检修电动机
	液压泵供油量不足	1. 液压油黏度过高	1. 更换液压油
		2. 滤油器堵塞	2. 清洗滤油器
		3. 液压泵磨损达大,容积率下降	3. 检修更换液压泵

续表

故障现象		故障原因	处理方法
2. 顶升（下降）不平稳，出现行走速度失控	节流阀失灵	1. 节流阀流量过大 2. 节流阀流量过小 3. 阀芯弹簧失效	1. 调整节流阀流量 2. 调整节流阀流量 3. 更换弹簧
	平衡阀失灵	1. 阀体不严 2. 回油背压过低	1. 研磨或更换 2. 增大背压
	系统内有空气	1. 吸油管漏气 2. 油面过低 3. 油的黏度过大 4. 油温过低	1. 更换吸油管 2. 增加油量 3. 更换液压油 4. 空载运行，增加油温
	单向阀失灵	1. 大流量单向阀不严 2. 单向阀弹簧损坏	1. 研磨或更换单向阀 2. 更换弹簧
	油路连接错误	高低压油路接错，大流量阀误开启	正确连接油管
3. 系统噪声	液压泵故障	1. 齿轮泵齿形精度低 2. 叶片泵困油	1. 两齿对研，达到精度要求 2. 检修配油盘
	机械振动	1. 电动机与液压泵安装误差大 2. 电动机或液压泵轴承损坏 3. 油管振动	1. 重新安装，控制同心度 2. 更换轴承 3. 紧固或增加管卡
	液压泵吸真空	1. 手动截止阀未打开 2. 吸油管漏气 3. 油面过低 4. 油的黏度过大 5. 滤油器堵塞	1. 打开手动截止阀 2. 更换吸油管 3. 增加油量 4. 更换液压油 5. 清洗滤油器

二、塔式起重机机构部分常见故障及处理方法

部位	故障现象	故障原因	处理方法
吊钩	1. 尾部出现疲劳裂纹 2. 危险断面磨损明显	超过使用寿命;经常超载;材质有缺陷;	1. 更换吊钩 2. 检查磨损情况,磨损超过原高的10%应报废
滑轮	1. 滑轮磨损 2. 滑轮轴向松动	1. 安装不符合要求;材质有缺陷; 2. 轴向紧固件紧固不牢	1. 绳槽磨损达原壁厚的20%或径向磨损超过相应钢丝绳径的25%应报废 2. 调整紧固件
卷筒	1. 筒壁出现裂纹 2. 筒壁磨损	超过使用寿命;经常超载;材质有缺陷	1. 更换卷筒 2. 检查磨损情况,磨损达原壁厚的10%应报废
减速器	1. 减速器发热,噪音大 2. 减速器振动大,漏油	1. 啮合不良,润滑不好 2. 安装质量差,油封失效	1. 调整啮合质量,加润滑油 2. 重新安装,保证同心度,更换油封
轴承	1. 过度发热 2. 噪声大	1. 润滑不良,安装过紧 2. 轴承中有污物,轴承元件损坏	1. 检查润滑油量,调整松紧程度 2. 清洗或更换轴承
制动器	1. 制动不灵 2. 过度发热	1. 制动器间隙过大;制动轮有油污;液压推杆行程不足 2. 制动器间隙过小	1. 调整间隙;清除油污;调整推杆行程 2. 调整间隙
钢丝绳	1. 磨损过快 2. 在滑轮中跳槽	1. 滑轮转动不灵敏;钢丝绳直径与滑轮不符 2. 滑轮偏斜或位移	1. 更换轴承或滑轮;钢丝绳磨损达到报废标准应报废 2. 调整位置;固定轴Item位置
安全装置	安全装置不灵敏或失效	安全装置零部件失效或接线错误	检修线路;更换部件,重新调整

三、塔式起重机电气系统常见故障及处理方法

故障现象	故障原因	处理方法
电动机达不到额定转速,输出功率不足	1. 供电电压过低 2. 转子绕组或回路接触不良 3. 制动器未完全打开	1. 调整供电电压 2. 检查绕组、导线、控制器及电阻器 3. 调整制动器
电动机温升过高	1. 电动机超负荷运行 2. 某相绕组与外壳短接 3. 通风不良	1. 调整工作状态,禁止超负荷运行 2. 用万能表检查并排除 3. 改善通风条件
部分机构无动作	集电环接触不良	检查维修集电环
主接触器不吸合	1. 电压过低 2. 控制手柄未在零位 3. 接触器线圈断路	1. 调整电压 2. 将控制手柄置于零位 3. 更换接触器线圈
电动机电刷火花过大	1. 电刷及滑环有污垢 2. 电刷压力不定 3. 滑环表面磨痕过大	1. 清除污垢 2. 调整电刷压力 3. 用机加工方法消除磨损
电磁铁过热有噪声	1. 衔铁表面有污物 2. 衔铁间隙不正常	1. 清除污物 2. 调整衔铁间隙

思考题:

1. 塔式起重机有哪些安全装置?

2. 什么是塔式起重机的稳定性?

3. 起重作业前后,起重作业人员应做好哪些工作?

4. 塔式起重机的操作要求及注意事项有哪些?

第八章 门座起重机安全技术

第一节　门座起重机安全技术概述

门座起重机主要用于港口码头货船舰艇的货物装卸任务、船厂的船体组装和水电站的建筑工程中。根据其应用场合的不同,可有港口门座起重机、造船门座起重机和水电站门座起重机之分。它们是这些工作场合的重要起重设备之一,对于提高生产效率、减轻人类的体力劳动,实现生产建设过程的机械化,具有极为重要的意义,如没有门座起重机这种起重设备的存在,这些场合的工作不堪设想,即无法进行。

一、门座起重机的基本构造

门座起重机按功能而论,它同桥式起重机一样也是由金属结构部分、机械传动部分和电气传动部分所组成。

金属结构部分则由臂架系统、人字架、平衡配重、转盘结构、门架、机器房及司机室等主要部分组成。

机械传动部分则由起升机构、变幅机构、旋转机构和运行机构四大机构组成。

电气部分则由电气设备和电气线路所组成,其中电气线路由照明信号回路、控制回路和主回路三大部分组成。

按自然形态而论,门座起重机由上旋转部分和下运行部分等两大部分组成(见图 8-1)。

上旋转部分包括臂架系统、人字架、平衡配重、旋转平台、机器房和司机室等。在机器房内装有起升机构、变幅机构和旋转机构。下运行部分包括门架结构及起重机的运行机构。

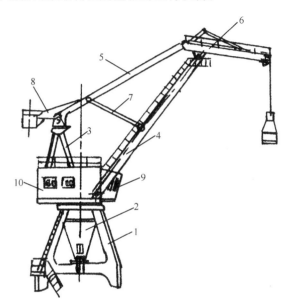

图 8-1　门座起重机构造简图

1—门架;2—转柱;3—人字架;4—起重臂架;

5—变幅大拉杆;6—象鼻梁;7—变幅小拉杆;

8—变幅平衡梁;9—司机室;10—机器房

二、门座起重机金属结构及其安全技术

(一)金属结构构成状况

门座起重机金属结构主要由臂架系统、转盘结构系统及门架结构所组成。

1. 臂架系统:包括臂架、拉杆及象鼻梁构架所组成。

2. 转盘结构:由转盘及转柱结构等组成。

3. 门架结构:门座起重机的门架结构形式可分为桁架式和板梁式,由于其承载全部起重部分的重量及货载和风载,同时承受着各机构运转时产生的惯性力及因此而产生的各种力矩,故要求其具有足够的刚性及强度。

(1)八杆门架　八杆门架(见图 8-2a)是由顶部圆环、中部八根支杆及下部门座等三部分组成。支杆结构由型钢或钢板焊制而成,门座则是由钢板拼焊成箱形结构断面的钢结构。八杆门架重量轻、结构简单、制造方便。

(2)交叉门架　交叉门架(见图 8-2b)是由箱形截面的两片钢架垂直方向交叉组成。顶部是箱形断面的圆环,上面装有圆形轨道及齿轮。中部有一层或两层十字架式水平梁以支撑门架的四条立腿。上层十字梁可用来装置转柱下支承座。

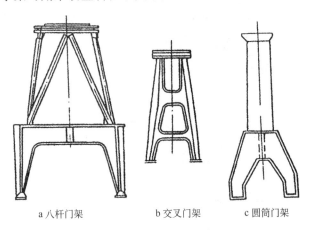

a 八杆门架　　　　b 交叉门架　　　　c 圆筒门架

图 8-2　门架结构型式简图

(3)圆筒门架　圆筒门架结构形式(见图 8-2c)是近年来被广泛采用的结构形式,整个门架结构的中间部分用大直径钢筒代替前两种的支杆或箱形结构支腿的上半部,顶门上装有大直径滚动轴承和大齿轮。圆筒内装有电梯和爬梯等。这种结构形式的门架有风阻小、自重轻、制造和安装均方便的优点。

(二)门座起重机金属结构的安全技术

1. 门座起重机金属结构必须要求严格制造工艺规程,高度的焊接质量,不得有漏焊、气孔等焊接缺陷。

2. 由于其结构高而大,并在外面露天工作,风吹雨淋,工作环境较差,对结构腐蚀损坏较大,有些微小裂纹又难以发现,故要求维修检查人员应定期登机检查,以防止微裂隐患发展以消除险兆事故的发生。

3. 每2～3年应全面涂漆保护一次,以防金属构件损坏。

4. 金属构件的报废标准与桥式起重机基本相同,不再重述。

三、起升机构及其安全技术

门座起重机的起升机构与桥式起重机起升机构基本相同。其安全技术要求除具有同桥式起重机同样的要求(不再重述)以外,由于门座起重机本身特点,又有如下几点予以补充。

1. 为了提高生产效率,适应门座起重机起升高度和下放深度其升降行程较大(通常为数十米,甚至百余米)的特点,要求吊钩必须装有足够重量的夹套,以便克服起升机构传动系统的阻力,加快空载或轻载时吊钩的下降速度,使其达到空载的吊钩可自由降落,但又要防止中、重载时吊物的自由坠落而造成的危害,又必须安装可控制动器等安全装置,以控制其下降速度过快。

2. 对于抓斗起重机所采用的双卷筒结构型式,左向螺槽的支持绳卷筒应用左旋钢丝绳,右向旋槽的闭合卷筒应采用右旋钢丝绳,安装时及换绳时不得装反。

3. 为防止抓斗在空中旋转,在臂架上必须安装抓斗稳定器。

4. 在卷筒和人字架顶端滑轮间,通常应装有起重量限制器,防止超载。

5. 在卷筒的两端各装有行程开关用以限制起升高度和下放深度。

6. 由于其起升速度比桥式起重机的起升速度快得多,对其容许吊重下降时制动行程要求有所放宽,一般容许有 $0.3\sim0.5$ m 的制动行程,制动器调得太紧,过小的制动行程,会产生过大的惯性力,会对起重机构件造成极大危害,应当予以足够重视。

7. 吊运液态金属、易燃、易爆或有毒物品的起重机,必须装置两套制动器,每套制动器的制动安全系数不得小于 1.25。

8. 起升机构是由彼此有联系的两套驱动装置组成时,若每套装一个制动器时,其制动安全系数应为 1.25;若每套安装两个制动器时,则其制动安全系数为 1.1。

9. 制动时间一般为 $1\sim2$ s,速度高及重载时取大值。

四、变幅机构及其安全技术

门座起重机的幅度是指取物装置(吊钩或抓斗)的中心线到起重机旋转中心线间的水平距离。通过起重机臂架的起伏实现起重机幅度的变化,即由最大幅度 R_{max} 变至最小幅度 R_{min},反之亦然。遂实现吊运货物的径向水平移动,与桥式起重机的小车运行机构作用相同。驱动臂架起伏实现变幅的机构称为变幅机构。因此变幅机构的性能如何,直接影响门座起重机的生产效率。

变幅机构有两种:带载可进行变幅的称为工作性变幅机构,反之称为非工作性机构。门座起重机为提高生产效率,多采用工作性变幅机构。

变幅机构的安全技术要求如下。

1. 臂架起伏实现变幅会出现两个问题:即臂架重心和吊物重心高度发生变化,不仅给在臂架仰起时增加巨大阻力,驱动机构需更大的功率乃至使机构庞大笨重,而且也使机构工作不稳定,特别是臂架俯落时,会对整机造成冲击,使变幅工作存在极大隐患,直接危及起重机工作的安全性,为此,变幅过程中,必须设法确保臂架系统重心和吊物作水平运动,以确保变幅工作的安全稳定性。

(1)臂架平衡法

①臂架平衡系统(见图 8-3a)的作用是使臂架系统重心在变幅过程中不出现升降现象,即用在臂架铰轴的另一端加长臂架尾端的重力矩来平衡臂架重力矩,用确保 $G_B \cdot r_B = G_d \cdot r_D$ 的方法来确保整个臂架系统重心基本保持做水平运动。

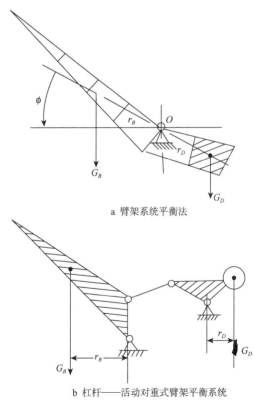

a 臂架系统平衡法

b 杠杆——活动对重式臂架平衡系统

图 8-3　臂架系统平衡示意图

②杠杆平衡法（见图 8-3b）横杆平衡法是利用臂架自重力矩 $G_B \cdot r_B$ 和杠杆对重力矩 $G_D \cdot r_D$ 相平衡的原理，以达到在变幅过程中，臂架系统重心不升降的目的。

（2）确保吊物在变幅过程中做水平运动之方法（见图 8-4）

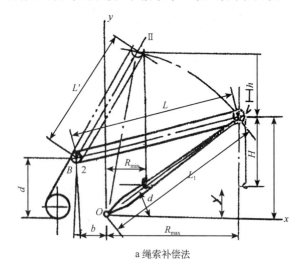

a 绳索补偿法

b 组合臂架补偿法

图 8-4　吊物水平运动法示意图

①绳索补偿法　图 8-4a 是利用滑轮组的绳索补偿法，即在起升绳缠绕系统中，增设一个补偿滑轮组，当臂架由Ⅰ仰升至Ⅱ位置时，

由于补偿滑轮绳长度缩短,使起升绳及时放出,补偿臂架顶端提升的高度 h,以达到吊物做径向水平运动。

②图 8-4b 为组合臂架补偿法示意图,它是由臂架、象鼻梁、拉杆与机架构成一平面四连杆机构。拉杆与象鼻梁一端铰接,另一底端是固定铰接于旋转部分的构架上。载重绳绕过象鼻梁顶端的滑轮,通过臂架端或象鼻梁尾端滑轮卷绕在起升机构的卷筒上。在臂架由 A 仰升至 A' 位置时,象鼻梁前端滑轮做近似水平运动,遂实现吊物做水平运动的目的。这种方法的起升机构钢绳长度短,其磨损小,避免吊物因被长绳起吊而产生摆动。因此比较安全,应用比较广泛。

2. 变幅机构必须设置限位装置,以限制臂架起伏的终端界线,使幅度在最大 R_{max} 与最小 R_{min} 之间变化。不得超越变幅范围,以防起重机倾翻,确保起重机工作稳定与安全。

3. 门座起重机应安装幅度指示器,使司机随时能知道臂架所处工位情况、幅度状态,不能依赖于终端限位装置的保护,以做到安全操作而不致于失误。

4. 变幅机构必须安装制动器,且制动安全系数应大于 1.25,但制动又不能太猛,以免造成对整机的冲击,一般制动时间应以 4～5 s 为宜。

四、旋转机构及其安全技术

门座起重机的旋转机构是完成吊物以回转中心枢轴为中心做圆弧水平移动的机械部分,与起升机构、变幅机构相配合可将吊物运移到其所限定圆筒形空间范围内的任一位置。从而完成所在场地的装卸任务。

(一)旋转机构的构成

旋转机构是由支持起重机旋转部分的旋转支承装置和驱使旋转部分旋转的驱动装置两大部分组成。

　　旋转支承装置通常有三种结构形式,即转柱式旋转支承装置、定柱式旋转支承装置和转盘式旋转支承装置(分别见图 8-5a,b,c)。

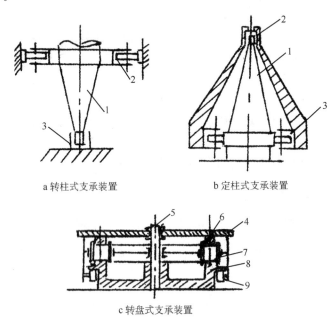

a 转柱式支承装置　　　　　　　　b 定柱式支承装置

c 转盘式支承装置

图 8-5　旋转支承装置示意图

1—转柱;2—上支承;3—下支承;4—转盘;5—中心枢轴;
6—转动轨道;7—支承滚子;8—固定轨道;9—反滚轮

　　旋转机构的驱动机构通常由电动机、制动器、减速器、齿轮系及电气控制部分等组成。驱动机构与司机室一起安装在起重机转盘上。电动机通过减速器输出轴上的小齿轮与装在门架上方固定的大齿圈相啮合,驱动小齿轮即可使其以中心枢轴为轴心沿大齿圈做圆周运动,从而带动起重机上旋转部分做回转运动(见图 8-6)。

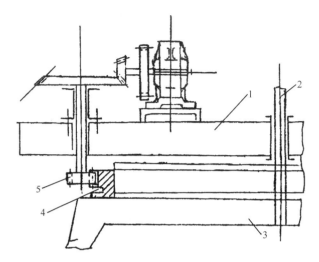

图 8-6　旋转机构驱动示意图

1—上旋转部分;2—中心枢轴;3—门架;4—大齿圈;5—小齿轮

（二）旋转机构安全技术

1. 为保证起重机回转时平稳、安全,通常不允许旋转速度过快,一般以 1～2 r/min 为宜。

2. 旋转机构必须安装制动器,但为避免因制动过猛而产生的较大惯性力并引起吊物游摆所造成的危害,制动应力求平稳。

3. 由于起重机在旋转过程中,整身、臂架和吊物所受风阻力作用,且风阻力矩随时发生变化的特点,通常要求门座起重机应安装可操纵的常开式制动器为宜。

4. 旋转机构必须安装限制其旋转力矩极限值的安全保护装置。图 8-7 为广泛采用的极限力矩联轴器的示意图。即旋转机构的负荷被极限力矩联轴器所能传递的最大力矩所限制。而极限力矩联轴器所传递力矩的调定值可通过调整螺母 1 的紧固程度,使弹簧 2 产生的张力值受在锥体间产生的摩擦力矩所限定。当起重机在旋转过程中,遇到强阻力时,如臂架被船体或码头建筑物所阻挡时,此时的阻力矩远远超过极限力矩联轴器的调定值,虽然电动机仍在运转,但因联轴器锥体间发生打滑现象,即蜗轮轮缘 4 仍在旋转,而锥体 3 及轴 8 却不动,小齿轮停止做圆周运动,亦即起重机上旋转部分停止回转,遂可保护起重机臂架、船体及建筑物不被损坏,起到安全保护作用。

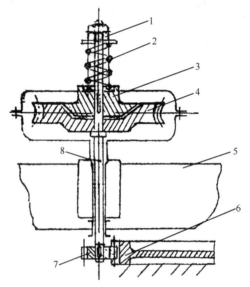

图 8-7　极限力矩联轴器示意图

1—调整螺母;2—弹簧;3—摩擦锥;4—蜗轮缘;

5—转盘;6—固定大齿圈;7—小齿轮;8—减速器输出轴

五、运行机构及其安全技术

门座起重机运行机构是由运行支承装置、运行驱动装置和安全装置等三部分组成。

支承装置包括均衡梁、车轮和车轮轴、轴承等;驱动装置包括电动机、制动器、联轴器和减速器等;运行机构的安全装置包括夹轨器、缓冲器、限位器、扫轨板、锚定装置等。

其安全技术要求有如下几点：

1. 门座起重机通常不允许带载运行。

2. 由于门座起重机机身高、自重又重，为保持其行走稳定且安全，一般运行速度不得超过 40 m/min。

3. 行走机构必须安装制动器，制动器不宜调得过紧，以防产生较大的惯性力使高大的起重机摇晃和振动，为确保安全，其制动应平稳，制动时间应长一些，以 6～8 s 为宜。

4. 应经常检查制动器状况，使其传动正常，不得卡塞、螺栓松动或线圈受潮；对于液压电磁铁，液力推动器等，应检查油液是否充足、干净及是否有泄漏现象。

5. 经常检查均衡梁的各铰接轴并定期加油润滑，确保其转动灵活，以使其真正起到均衡、减小轮压的目的，是起重机行走安全重要条件之一。

6. 为避免大风吹袭，起重机必须安装夹轨器，停止时上紧夹轨器或塞紧"铁鞋"；在其固定停放位置，应设置锚定柱桩及铁索链，以便在停车下班前，将起重机拴牢。

7. 轨道终端应设置止挡体，防止起重机掉道，起重机应安装缓冲器、行程限位器及其安全触尺等。

8. 起重机走轮前端应安装扫轨板，其与轨面间隙以 10 mm 为宜。

六、门座起重机的稳定性

门座起重机的稳定性，是指起重机在自重和外载荷作用下抵抗倾翻的能力。稳定性不足会使整机翻倒而造成重大人身和设备事故。由于门座起重机机身高、重量大的特点，发生倾斜时会危及装载货物的船舶和舰艇的安全，因此门座起重机的稳定性是关系到周围作业人员生命安全和国家财产安全的重大问题，作为司机和安全管理人员必须予以高度的重视。

门座起重机的稳定性通常从两个方面进行考核和验算,即工作状态的稳定性(也称载重稳定性)和非工作状态稳定性(也称自重稳定性)。工作状态稳定性又分为静态稳定性和动态稳定性两种。这两种稳定性核算合格,即可保证起重机在工作时和停机的安全稳定而不发生倾翻事故,因此,作为司机和安全管理人员应该必备这方面的知识和核算能力。

所谓门座起重机的稳定性是用稳定安全系数 K 来表示,它是用起重机的稳定力矩(也称维持力矩或复原力矩)对倾翻力矩(也称倾覆力矩)的比值大小来表示。其表达式为:

$$稳定安全系数 \ K = \frac{稳定力矩}{倾翻力矩}$$

稳定系数 K 越大越安全,对于不同状态下其稳定安全系数要求亦有所不同,各种力矩计算内容也有所差异,详见于后。

第二节 门座起重机安全操作规程

一、作业前规则

1. 登机前应先松开锚定装置,去掉防风楔或"铁鞋",松开夹轨器。

2. 查看机身周围环境,清除轨道上杂物,清扫扶梯及平台,去掉油污,保持良好的工作环境。

3. 做好交接班工作,查看交接班手册,了解前一班所记录的内容及机器运行状况,存在问题并予以处理和解决。

4. 检查各机构、部位的技术状态是否完好,各种安全装置是否齐全。

5. 进行空车试运转,检查各机构运行是否正常,有无异响,各种安全装置动作是否灵敏、安全可靠。

6. 检查各机构制动器工作状况,是否符合安全规定的要求,制动器不合格不得操作。

7. 司机必须穿绝缘鞋等劳动保护用品登机。

8. 司机登梯上机必须精神集中,手扶护栏、所带工具物品应装入袋内背着登机,如机件或物品较重时,应用绳索系吊提放,严禁手提肩扛上、下机梯,以防跌落。

9. 起重机钢丝绳、起升及吊装捆绑钢丝绳按 GB/T 5972—2009 相应条款进行作业前检查。

10. 交接班前要做到"四交、八查"。

"四交":

(1)交生产操作环境;

(2)交机械设备运行状况及各种安全装置;

(3)交安全质量措施和注意事项;

(4)交随车工具是否齐全、工具是否良好。

"八查":

(1)查棚架、门窗、玻璃有无损坏;

(2)查吊臂、滑轮、吊钩、角度指示器,限位器;

(3)查仪表、灯光、警报装置是否良好;

(4)查各电动机工作运行运转是否正常;

(5)查传动机构、联轴箱、齿轮油是否符合标准;

(6)查起重操纵系统是否灵活可靠,钢丝绳是否牢靠;

(7)查各制动器的制动性能是否良好;

(8)查液压系统是否漏油,金属结构是否有裂纹。

二、操作中的规则

对司机操作的基本要求,应该做到操作稳、准、快、合理和安全,其中安全是核心,为此要求司机必须遵守下列规则:

1. 在下列情况下,司机应先鸣铃发出警告信号:

(1)起重机在启动后,即将开车运行时;

(2)靠近同一轨道其他门座起重机时;

(3)在起吊和下降货物时;

(4)货物在吊运旋转和运转过程中,接近下面作业人员,危及他人的安全时;

(5)起重机在运行过程中,设备发生事故时。

2. 不准用限位器作为断电停车手段。

3. 严禁吊运的货物从人头上方通过或停留。

4. 司机在操作中应注意观察周围状况,使机身及货物应远离周围物品及设备不得小于 2 m,远离输电线不得小于 4 m。

5. 吊运的货物体积很大时,应于货物上拴系牵引绳索,便于施力控制货物在吊运中摇摆。

6. 六级或六级以上的大风时不得开机工作,特殊情况必须操作时,应经主管领导批示,但风力不应大于七级,且作业时间不应超过3 小时,操作时应采取相应安全措施,以确保起重机安全运转。

7. 司机操作应听从专职指挥员发出指令运行,拒绝他人的指挥信号,但任何人发出的停机信号,必须立即服从,停止操作。

8. 起重机司机操作时应做到"十不吊"。

9. 在水中和泥沙中的货物或与其他物件搅拌在一起的货物,不得直接起吊,应做适当处理后方可起吊。

10. 起重机在运行时严禁加油、清扫和检修。

11. 两台门座协同吊动同一货物时,事先应制定吊运工艺,协调指挥信号,采取相应安全措施,各机构均以慢速运转,确保工作安全可靠。

12. 遇有停电时,应将手柄立即扳回零位,不得擅离工作岗位。

三、作业完毕后规则

1. 将起重机开到停车位置,臂架仰起使幅度达到最小位置,吊钩提升至顶端,吊钩上不准悬吊货物或吊具。

2. 将各机构控制手柄扳回零位,切断电源,夜间应打开探照灯。

3. 离车前应做好起重机检查工作,清扫司机室,做好卫生工作,填写交接班记录手册,关好司机室门窗,锁好司机室门和电梯门。

4. 下车后上紧夹轨器,楔好"铁鞋",挂好锁定桩的铁链。

第三节 门座起重机常见故障与排除

门座起重机常见故障及其排除方法详见表8-1。

表 8-1 门座起重机常见故障及其排除方法

零部件名称	故障现象及情况	原因分析	排除方法
制动器		见表 6-2	
吊钩组		见表 6-2	
减速器		见表 6-2	
电动机		见表 6-2	
控制器		见表 6-2	
交流接触器与继电器		见表 6-2	
电气线路故障		见表 6-2	

零部件名称	故障现象及情况	原因分析	排除方法
旋转机构	1. 扳动旋转机构主令控制器手柄,机构无动作	①零位触头接触不良或损坏 ②电压继电器线圈短路或引线断路 ③过电流继电器常闭触头闭合 ④接线螺栓松动,接触不良	检修各相关部件,更换损坏件,拧紧螺栓
	2. 旋转速度慢,达不到额定转速	控制屏中某一级加速接触器吸合不好,导致下一级及其后接触器不能吸合,故电动机转子中接入相应电阻不能切除,电动机达不到额定转速所致	逐级检查各加速接触器各相应常开触头,使其在工作时接触良好,各级电路畅通
	3. 操作旋转机构时,机身抖动转不动	旋转电动机转子回路串接的第一或第二段电阻有断路处,造成电动机转子缺相运行	查找电动机转子回路
	4. 旋转机构有时只能向一方向旋转	①主令控制器该方向的连锁触头未闭合 ②总电源接触器连锁触头损坏,接触不良 ③接线头松动	检修各触头,拧紧接线螺栓
变幅机构	1. 变幅机构驱动油泵电动机正常,但扳动变幅控制器手柄无任何动作	①电压继电器线圈烧毁或常闭触头接触不良 ②行程限位开关常闭触头损坏,接触不良	①检修触头,更换已损坏线圈 ②检修限位开关
	2. 变幅机构只能向一个方向运转	①该方向行程限位开关常闭触头损坏,接触不良所致 ②控制器反方向连锁触头接触不良	①检修限位开关常闭触头,使其接触良好 ②检修该方向连锁触头,使其接触良好

续表

零部件名称	故障现象及情况	原因分析	排除方法
运行机构	1. 不能启动运行	①放缆限位开关损坏或接触不良 ②停止按钮常闭触头接触不良 ③过电流继电器常闭触头接触不良 ④中心滑环与电刷接触不良	①检修电缆限位开关 ②检修触头 ③检修过电流继电器常闭触头 ④电刷压力不够,调换电刷弹簧
	2. 拉断电缆	放缆限位开关失灵	调整放缆限位开关
	3. 门机运行时,车轮啃轨	①车轮安装精度不合格 ②平衡梁铰链润滑不良、卡死等	①重新调整车轮安装精度,使其符合技术要求 ②定期润滑,使其转动灵活、有效均衡轮压
金属结构	1. 金属结构焊缝开裂	①焊接质量差、有漏焊、气孔等焊接缺陷 ②未能严格遵守焊接工艺施工产生过大的内应力,长时间承载而使其开裂	①加强检查,及时补焊,并加固,防止其继续发展 ②制造时必须严格遵守工艺规程
	2. 构件断裂,如拉杆、象鼻架下弦杆、人字架杆件,甚至臂架扭曲和折断	①焊接质量差 ②材质差 ③焊接工艺不当,局部应力集中严重 ④重载时猛烈启动或制动,过大的惯性力使主要金属结构产生剧烈振动 ⑤长期超负荷起吊使构件发生金属疲劳裂纹并逐步扩展最终导致断裂	①补焊并加固 ②分散应力集中 ③必须严格遵守安全操作规程,启、制动不宜过猛,减小惯性力对构件的危害 ④严禁超负荷运转与起吊

续表

零部件名称	故障现象及情况	原因分析	排除方法
金属结构	金属构件发生明显变形	①制造质量差、刚性不够 ②经常超负荷运转	①应对刚性差构件予以加固,以增大其抵抗变形的能力 ②严禁超负荷起吊和超负荷使用

思考题:

1. 门座式起重机变幅机构和回转机构有什么特点?

2. 在港口、码头作业的门座式起重机安全管理基本要求有哪些?

3. 门座式起重机作业前应做哪些准备工作?

4. 门座式起重机作业过程应注意哪些事项?

5. 门座式起重机作业完毕后,司机应做哪些工作?

第九章 流动式起重机安全技术

第一节　流动式起重机的分类

流动式起重机是臂架类型起重机械中无轨运行的起重机械。它具有自身动力驱动的运行装置,转移作业场地时不需要拆卸和安装。它具有操作方便、机动灵活、转移迅速等优点。广泛地应用于建筑施工、工矿企业、市政建设、港口车站、石油化工、水利建设等部门的装卸和安装工程。

一、流动式起重机的分类

流动式起重机按其运行方式、性能特点及适用范围,可分为四种类型:汽车起重机、轮胎起重机、履带起重机和专用流动式起重机。其中以汽车起重机使用得最为广泛。

1. 汽车起重机

汽车起重机是以经过改装的通用汽车底盘部分或用于安装起重机的专用底盘为运行部分,车轿多数采用弹性悬挂。汽车起重机的行驶状态和起重作业状态分别使用不同的驾驶室。它具有行驶速度快、机动性强的特点,适用于长距离迅速转换作业场地。汽车起重机不能吊载行驶,且车身长,转弯半径大,因此通过性能较差。

2. 轮胎起重机

轮胎起重机使用特制的运行底盘,车轿为刚性悬挂,可以吊载行驶,上、下车采用同一个驾驶室。由于轮胎起重机的轮距与轴距相近,这样,既能保证各向倾翻稳定性一致,又增加了机动性。它还具有通过性好,可以在360°的范围内进行全周作业。它适用于建筑工地、车站、码头等相对稳定的作业场合。

20世纪80年代末期,出现了一种兼有汽车起重机和轮胎起重机两者优点的高速越野轮胎起重机(也叫全路面起重机),它既有汽车起重机的运行速度,也有轮胎起重机的通过性能。因此,其使用性能适用于更为广泛的场合。

3. 履带起重机

履带起重机是以履带及其支承驱动装置为运行部分的流动式起重机。由于履带的接地面积大,又能在松软的路面上行走。它具有地面附着力大,爬坡能力强,转弯半径小,甚至可在原地转弯,作业时不需要支腿支承,可以吊载行驶等特点。

4. 专用流动式起重机

专用流动式起重机是指那些作业对象或作业场地不变的流动起重设备。如码头用于吊装集装箱的门式轮胎集装箱起重机,装于汽车底盘上的高空作业车等。

二、流动式起重机的结构特点

流动式起重机是通过改变臂架仰角来改变载荷幅度的旋转类起重机。它与一般的桥、门式的桥架类起重机不同,流动式起重机的执行起重作业的结构由起重臂、回转平台、车架和支腿等四个部分组成。

1. 起重臂

起重臂是起重机最主要的承载构件。由于变幅方式和起重机类型不同,流动式起重机的起重臂分为桁架臂和伸缩臂两大类。

(1)桁架臂。桁架臂由只受轴向力的弦杆和腹杆组成。由于采用挠性的钢丝绳变幅机构,变幅拉力作用于起重臂的前端,使臂架主要受轴向压力,自重引起的弯矩很小,因此桁架臂自重较轻。一套桁架臂可由多节臂架组成,作业时可根据作业需要组合。通常,转移作业场地时,起重机上随机的臂架不宜过长,须将长的吊臂拆成数节,另作运输。因此,到达作业场地后,准备时间较长。这类起重臂用于不经常转移作业的起重机,如轮胎起重机和履带起重机。

(2)伸缩臂。伸缩臂由多节箱型焊接板结构套组成。通过装在臂架内部的伸缩液压缸或液压缸牵引的钢丝绳来使伸缩臂伸缩,达到改变起重臂的长度。这种伸缩臂既可以满足起重机转场行驶时臂架长度较短,保证了它具有良好的机动性,又尽量地缩短了起重机进入起重作业状态的准备时间。因此,汽车起重机、全路面起重机、现代轮胎起重机和某些履带起重机均采用了这种形式的臂架。伸缩臂要求有很大的抗弯强度,因而自重较大。

2. 回转平台

回转平台通称转台。在起重机工作时,回转平台是起重臂的后铰点,它也为变幅机构或变幅液压缸提供足够的约束。同时,将起升载荷的作用通过回转支承装置传递到起重机底架上。因此,要求转台有足够的强度和刚度。另外,对于运行速度较高的流动式起重机,转台还要能承受整个回转部分自重及起重机运行时的动载作用。

3. 车架

车架是整个起重机的基础结构。其作用是将起重机工作时作用在回转支承装置上的载荷传递到起重机的支承装置(支腿、轮胎、履带)上。因此,车架应具有足够的强度和刚度。轮胎起重机、履带起重机和采用专用底盘的汽车起重机的车架也是运行部分的骨架。通用底盘的汽车起重机的车架(也称副车架)是专为承受起重作业时载荷作用而设置的通过紧固件固定在汽车底盘上。车架还是安装支腿的安装基础。

4. 支腿

支腿结构是安装在车架上可折叠或收放的支承结构。它的作用是在不增加起重机外形尺寸的条件下,为起重机进行起重作业时提供较大的支承跨度,从而在不降低流动式起重机的机动性的前提下,提高了起重机的稳定性。

支腿按其结构特点可分为以下几种:

(1)H 型支腿。这种支腿由固定在加架的箱形固定支腿和套装在固定支腿内的一节或多节活动支腿及垂直支腿构成。通过安装在支腿内的水平液压油缸来驱动活动支腿的收放。使用时,支腿盘接地后无水平运动。左、右支腿相互错开布置时,可实现较大的伸出缩回比,因此被广泛地应用在中吨位和大吨位的流动式起重机上。

(2)X 型支腿。这种支腿的水平伸缩部分与 H 型支腿相似。不同之处在于其控制支腿垂直运动的垂直液压油缸是铰接在固定支腿上。它是依靠固定支腿的转动来实现支腿的升降。其优点是稳定性有所改善,但结构不利于底盘的通过性能。同时,支腿下放时,支腿盘接地后随着支腿的继续向下运行,支腿有一定的水平移动,在使用时应注意盘的最终支承位置。

(3)蛙式支腿。这是一种折叠式的支腿结构。由固定部分、活动部分、液压油缸和支腿盘组成。其特点是结构简单、液压油缸数量少、重量轻、布置方便、操作简单,但支腿可实现的跨距较小,支腿盘下放过程中有水平移动。同时,这种形式的支腿对地面的适用性较差,尤其是在高低不平的地面上。这种支腿多用于中、小吨位的流动式起重机上。

(4)辐射式支腿。这种支腿以车架回转中心为中点,从车架上呈辐射状向外伸出四个支腿。其特点是这种结构使下车部分的受力合理,支腿的设置大大增加了下车的刚度,改善了起重机的支承性能。这种支腿不易布置,通常用于大吨位或起重量特别大的起重设备上。

三、流动式起重机的基本参数

除第一章已介绍的起重量、起升高度、工作幅度、起重力矩、工作速度、起重臂倾角外,流动式起重机还有以下几个参数。

1. 支腿跨距

支腿跨距是指起重机作业时的外伸尺寸。

2. 通过性参数

通过性参数是指起重机能够通过道路能力的参数。有接近角 α、离去角 β、最小转弯半径 r、最小离地间隙 h、最大爬坡角等。

3. 外形尺寸

外形尺寸是指整机的长度、宽度、高度的尺寸。它受到道路、桥梁、涵洞的限制。

4. 轴荷

轴荷是指起重机单轴的最大负荷。我国定为 $12\sim13$ t。

5. 自重

自重是指起重机在非工作状态下整机本身的总重量。它是衡量起重机经济性能的一项综合性指标。

第二节　流动式起重机的工作机构

一、流动式起重机的动力装置

流动式起重机通常以内燃机作为原动机。但在一些作业场地相对固定,范围较小的情况下,也有采用外接电源作为动力源,各机构用电动机驱动。对于采用内燃机为原动力的流动式起重机,以原动力机向机构传递动力的方式有:机械传动、电动传动和液压传动。

1. 机械传动是通过各种机械零部件(如齿轮、传动轴、离合器和制动器等),将原动机的机械能通过控制装置传递到各工作机构。由于这种方式的结构自重较大,布置困难,承受超载的能力差。也由于原动机不能逆转,传动装置中还必须为每个工作机构设置逆转装置,使机构复杂化,当前已很少采用这种传动方式。

2. 电力传动是将内燃机带动的发电机发出的电能或外接电源的电能,通过控制装置,分配到各机构的驱动电动机上,带动各机构工作。这种传动方式机构布置简单,调速性能好,操纵方便,各机构的过载能力强,维护简单。但因电动机的重量大,成本较高。这种传动方式多用于作业范围相对固定的轮胎起重机和履带起重机上。

3. 液压传动是现代流动式起重机广泛采用的传动方式。它通过液压泵将内燃机的机械性能转变为液压油的液压能,在各种液压控制元件的控制下,将液压能传递给机构的液压执行元件(液压马达、液压缸等),还原成机械能。它主要优点是:①元件尺寸小、重量轻、结构紧凑;②调速范围大,可实现无级调速;③反应速度快,动特性好;④运转平稳,液压油的弹性可实现缓冲;⑤操纵方便,易于实现自动控制;⑥液压元件已日趋标准化、系列化,因而质量稳定,成本下降。液压传动的缺点是传动效率低,存在着液压油外漏的可能性。同时,环境温度对其传动效果影响较大,系统出现故障不易处理。

二、流动式起重机起重作业时的工作机构

流动式起重机的主要机构有起升机构、回转机构、变幅机构、伸缩机构、支腿机构和运行机构。

1. 起升机构

起升机构是起重机最主要的最基本的工作机构。它是由驱动装置、减速机、制动器、卷筒、钢丝绳、滑轮组和吊钩组成。起升机构的作用是在起升高度范围内,以一定的速度将起吊的载荷提升、悬停或下降。

图 9-1 是液压传动起升机构简图。油马达驱动两级圆柱齿轮减速器的输出油,并与卷筒轴连成一体,通过离合器与卷筒实现接合与分离。当离合器接合并给油马达供油时,在制动器的制动释放后,将由卷筒轴经离合器带动卷筒转动,带动钢丝绳的卷曲和张开,从而达到改变吊钩的空间的垂直位置。当改变压力油的流动方向时,油马

达反转。卷筒旋转方向随之改变,从而实现吊钩升降的换向。当停止供油时,油马达停止转动,实现吊物悬停。离合器除了传递动力外,还可以实现吊钩重力下降,以提高作业效率。这是当将离合器的操纵手柄推向分离位置时,离合器实现了分离,此时卷筒在卷筒轴上处于浮轴空套状态,此时只要缓慢地释放制动器的制动,吊钩在其自重力的作用下可实现自由下落。正常进行吊钩重力下降时,应随时控制好制动力的大小,使吊钩有适当下降速度。小型起重机的起升高度低,动力升降能满足作业速度要求,起升机构不设离合器,由卷筒轴直接驱动卷筒转动。

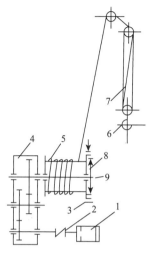

图 9-1　液压传动起升机构简图
1—油马达;2—联轴器;3—制动器;
4—减速器;5—卷筒;6—吊钩;
7—钢丝绳;8—离合器;9—卷筒轴

(1)驱动装置　驱动装置可以是电动机或液压马达。电力传动的起升机构按使用的电源不同,又可分为直流电动机和交流电动机。电动机所用的电源由起重机上的柴油机为动力直流发电机(也称自备电源)提供或由外接电源提供。自备电源的电压由于柴油机转速变化而变化,电动机的转速也随之变化,从而实现起升机构的无级调速。外接电源一般为交流电源。

液压传动的起升机构的驱动装置有高速油马达和低速油马达两种。它是通过改变高压油的流量来实现起升机构的无级调速的。高速油马达重量轻,体积小,容积效率高,因此应用广泛。

(2)减速器　起升机构采用的减速器有圆柱齿轮减速器、蜗轮减速器、行星齿轮减速器等。电力驱动和机械直接驱动的起升机构常用蜗轮减速器;液压驱动的起升机构常用圆柱齿轮减速器和行星齿轮减速器。

(3)卷筒　流动式起重机由于其起升高度较大,卷筒多采用多层缠绕,以保证有足够的钢丝绳容量。

流动式起重机起升机构的卷筒有单卷筒单轴式,双卷筒单轴式(串联式),双卷筒双轴式(并联式),双卷筒独立驱动式等。单卷筒单轴式是最基本的形式,只有一个吊钩动作,结构简单,适用于小型起重机。

(4)离合器　离合器是流动式起重机中某些机型起升机构的组成部分。它安装在卷筒轴上,其作用是:当使卷筒与卷筒轴接合时,可将来自减速器的动力传递给卷筒;当卷筒与卷筒轴分离,吊钩可实现在重力作用下自由下落;另外,离合器的主、从动部分可以相对滑动,遇到过大冲击时可以防止机件损坏。

流动式起重机起升机构一般采用内涨式离合器。其构造如图9-2所示。它一般由离合器蹄片、摩擦片、作用油缸、回位弹簧、轮毂、离合器底板、卷筒轴及卷筒组成。

当作用油缸通入压力油时,蹄片张开,离合器接合,当停止供给压力油时,在回位弹簧的作用下,油缸内的油流回油箱,同时蹄片与轮毂分开,离合器分离。

对离合器有以下安全要求:

①离合器应有足够的摩擦力矩用以传递动力。

②蹄片铆钉不得外露,不得有油污。

③离合器油缸的作用压力应有指示装置;压力应符合规定,一般不低于 4～6 MPa;油缸不得漏油。

④结合平稳紧密,分离迅速彻底,并应有良好的散热能力。

⑤离合器操纵手柄应有定位装置,且锁止可靠。

(5)制动装置　流动式起重机起升机构通常采用的制动装置有带式制动器、块式制动器和盘式制动器,且均为常闭式制动器。

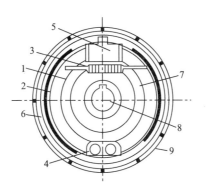

图 9-2　内涨式离合器构造图

1—离合器；2—摩擦片；3—回位弹簧；4—支销；5—离合器作用油缸；

6—轮毂；7—离合器底板；8—卷筒轴；9—卷筒

图 9-3 是带式液压制动器的示意图。图 9-4 是块式液压制动器的示意图。它们的制动驱动装置是油缸，而制动采用制动弹簧。油缸的压力油是与起升机构工作的同时直接从起升油路中获得的。

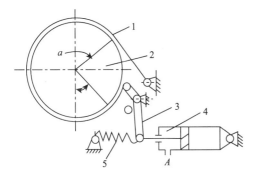

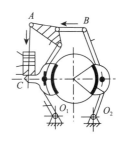

图 9-3　带式制动方式　　　　图 9-4　块式制动方式

1—动带；2—制动轮毂；3—摇臂；

4—松闸油缸；5—上闸弹簧

机械传动和电力传动的起升机构的制动装置一般设置在减速器

的高速轴上。

液压传动起升机构的制动装置设置的位置是:无离合器的设置在减速器的高速轴上;有离合器的设置在卷筒上;减速器为行星减速器时,盘形制动器则设置在减速箱内。

(6)起升机构的安全要求有:

①起升机构应装有常闭式制动器;

②设有离合器的起升机构应是可操纵的;

③起吊的重物在下降时应有限速保护措施;

④应有起升高度限位装置;

⑤起升机构中的钢丝绳、吊钩、卷筒、滑轮、减速器、制动器等应分别满足 GB 6067—85《起重机械安全规程》中的安全技术要求。

2.回转机构

回转机构的作用是:支承起重机的起升载荷的垂直作用力和倾翻力矩对起重机的作用力,以及支承回转部件的自重,并在驱动装置的作用下绕回转中心作整周旋转。流动式起重机的回转机构由回转支承装置和回转驱动机构两部分组成。

(1)回转支承装置 流动式起重机的回转支承装置与滚动轴承的结构形式基本相同。其主要特点是结构紧凑,装配维修方便,防尘和润滑条件良好,轴向间隙小,回转阻力小,寿命较长,但要求车架和转台结构处于良好的接触状态。回转支承装置的配合尺寸较精密,使用时应注意避免外部杂质和腐蚀性流体浸入装置内部,并应按要求定期添加润滑剂,以保证装置的正常使用。

(2)回转驱动机构 回转驱动机构中的减速装置通常采用立式行星齿轮或摆线针轮减速器。其特点是速比大,传动效率高,传动平稳。回转机构的制动器多采用安装在高速轴上,并与驱动装置联动的多片式或瓦块式制动器。为了防止产生大的冲击载荷,制动器应调整得较松,有的甚至允许起重机在较大侧载时,可利用减速器的可逆性产生滑转。

（3）回转机构有以下的安全要求：

①回转机构应有制动装置和回转定位装置；

②回转支承装置应保证润滑良好；

③回转支承装置的紧定螺栓不得松动，且不得使用普通螺栓替代专用螺栓。

3. 变幅机构

流动式起重机通常通过改变起重臂的仰角来改变作业幅度，变幅机构就是改变起重臂仰角的机构。其作用是扩大和调整起重机的工作范围。

变幅机构的形式取决于流动式起重机起重臂的类型。

对于起重臂的长度不变的桁架臂式流动式起重机，采用的是钢丝绳变幅机构。这是一种挠性变幅机构，它是通过驱动机构的钢丝绳卷筒旋转来改变变幅拉索的长度，从而改变了起重臂的仰角，达到变幅的目的。由于变幅钢丝绳的单向承载特点，因此要设置防止臂架因起重机突然卸载等原因产生的起重臂后翻装置。

对于起重臂的长度可改变的伸缩式流动式起重机，均采用油缸变幅机构。这是一种刚性变幅机构，变幅油缸的前铰点设置在基本臂上，后铰点设置在转台上，从而使变幅机构与伸缩臂的伸缩机构相互独立。当压力油进入油缸带动变幅油缸中的活塞伸缩时，也带来了臂架的起落，达到变幅目的。按油缸数量可分为单缸及双缸变幅，按油缸与臂架相互作用位置不同可分为前支式、后支式、后拉式三种变幅机构。

对于变幅机构有以下安全要求：

（1）变幅机构应安装幅度指示装置和臂架下降限速锁紧装置。

（2）挠性变幅机构必须安装常闭式制动装置、装设幅度限位装置和防止吊臂后倾装置。

4. 伸缩机构

流动式起重机的起重臂装在转台上，用来支承钢丝绳、滑轮组、吊钩与被吊起的重物。起重臂的强度决定了起重机允许起吊的最大起重量,臂架的长度还决定了起重机的工作高度和幅度,起重臂是起重机上重要的金属结构构件。

伸缩机构是采用伸缩式起重臂的流动式起重机所特有的机构。其作用是改变起重臂的长度,并承受起升质量和伸缩臂的质量所引起的轴向载荷。

伸缩机构由伸缩油缸、油缸支承机构、平衡阀、滑块及其他传动机构组成。伸缩臂、油缸等安装在基本臂内,油缸通入或排除压力油时,伸缩臂可以在基本臂内伸出或缩回。按臂架伸缩方式不同,伸缩机构可分为:顺序伸缩机构、同步伸缩机构、独立伸缩机构和程序伸缩机构。

顺序伸缩机构的伸缩过程是各节伸缩机臂按照一定的伸缩顺序完成伸臂动作。

同步伸缩机构的伸缩过程是各节伸缩机臂同时以相同的行程比率进行伸缩。

独立伸缩机构的伸缩过程是各节伸缩机臂均能独立进行伸缩。

程序伸缩机构的伸缩过程是各节伸缩机臂可按照预选程序完成伸缩动作。

为了保证臂架的强度和刚度,单节臂架在水平平面和垂直平面内的直线度均不得大于 4mm。桁架形的各弦杆和腹杆的直线度应不大于公称长度的 2/1000。

5. 支腿机构

带有支腿的流动式起重机,支腿机构是其下车主要工作机构之一。一般采用液压传动装置来驱动支腿机构。支腿机构的作用是使起重机与支承面形成刚性支承,以提高起重机的工作能力和稳定性。

支腿机构一般由支腿构件、支腿油缸、液压锁、稳定器等组成。

支腿的形式本章第一节已作介绍。

稳定器的作用是保证起重机外伸支腿作业时使车轮脱离地面,

以提高作业的稳定性。后桥使用弹性悬挂的起重机必须设置稳定器,常见的形式有挂钩式和钢丝绳悬挂式,它是利用挂钩或钢丝绳将后桥提起,使轮胎离开地面。

支腿机构应满足下列安全要求:

(1)应能满足支腿动作的要求。

(2)液压支腿机构为了保证使用的安全可靠,无论在起重机作业或非作业状态时,均应有良好的闭锁性能。

(3)为了能够调整起重机的水平,四个支腿应既能同时动作,又能单独动作。

(4)支腿构件不得有裂纹、开焊和影响安全的缺陷。伸缩支腿的单侧间隙不大于 3 mm,垂直平面内的间隙不大于 5 mm。支腿滑道应有良好的润滑。

(5)不得任意改变支腿的跨距。

6.运行机构

流动式起重机运行机构的形式决定着起重机的形式。对于汽车起重机,其运行底盘是通用或专用的汽车底盘,它基本上不参与起重作业,这部分的内容已超出本教材的范围。对于轮胎起重机和履带起重机的运行部分虽然参与起重作业,这里只作简单介绍。

轮胎起重机和履带起重机的运行机构有机械传动和液压传动两种形式。机械传动的机构比较复杂,液压传动的运行机构具有结构紧凑、运行平稳、操纵方便等优点。另外,由于采用液压传动,能量的传递也大为简化。

三、流动式起重机的安全防护装置

根据 GB 6067—85《起重机械安全规程》的要求,流动式起重机应安装按表 9-1 所列的安全防护装置。

表 9-1   流动式起重机的安全防护装置

序号	安全防护装置名称	汽车起重机和轮胎起重机	履带起重机
1	力矩限制器	起重量<16 t 的宜装,起重量≥16 t 的应装	应装
2	上升极限位置限制器	应装	应装
3	幅度指示器	应装	应装
4	水平仪	起重量≥16 t 的应装	超重量≥100 t 的应装
5	防止吊臂后倾装置	应装	应装
6	支腿回缩锁定装置	应装	
7	回转定位装置	应装	应装
8	倒退报警装置	应装	应装
9	暴露的活动零部件的防护罩	应装	应装
10	电气设备的防雨罩	应装	应装
11	起重量显示器	起重量<16 t 的应装	

第三节　流动式起重机的常见故障及排除

一、应急措施

1. 起升机构失灵,吊物不能放下。

当条件允许时,可以慢落吊臂使被吊物体落地。在不能使用上述方法时,可缓慢松开制动器,使卷筒慢慢放下吊物。必要时还应松开起升马达的进油和回油接头。

2. 变幅机构失灵,吊臂落不下来。

一旦出现这种状态时应首先放下吊物,然后将变幅油缸的上腔接头拧松,再将下腔的管接头略微拧松,使油液从松动处缓慢排出,吊臂靠自重可自行缓慢落下。

3. 伸缩机构失灵,吊臂不能缩回。

处理办法与变幅机构失灵处理办法相同,但在拧松管接头前应将吊臂仰起到吊臂的最大仰角位置。

4. 支腿不能回收。

松开液压锁的紧固螺钉,拧松支腿油缸的上、下腔管接头,抬起支腿即可。

二、常见故障及排除方法

表 9-2～表 9-10 是流动式起重机各机构或系统常见故障及排除方法。

表 9-2 起重臂系统常见故障及排除方法

故障现象	故障原因	排除方法
起重臂伸缩速度缓慢,无力	1. 液压动力系统故障 2. 手动控制中溢流阀的故障 3. 伸缩臂控制阀中溢流的故障 4. 分流器故障	1. 逐项检查、调整 2. 解体、清洗、调节或更换有损坏的元件和组件
吊臂自动回缩	1. 伸缩油缸故障 2. 平衡阀故障	检查、调整、更换元件
起重臂伸缩振动(如发动机转数达到一定,起重臂不再振动时,则认为该吊臂是正常的)	1. 起重机的结构不合理 2. 起重臂的伸缩油缸不正常	1. 起重臂箱体的滑动表面与滑块之间润滑不充分时应涂抹润滑脂;滑块的表面变形过大或损坏时应更换有缺陷的滑块;起重臂滑动表面损坏时应更换有缺陷的吊臂节或研磨损伤表面 2. 检查处理
各节起重臂伸出长度无法补偿	1. 液动阀(阀主体或电磁阀)、伸缩臂控制阀,特别是电磁阀故障 2. 电路故障	1. 清洗滤油器、更换电磁铁、解体或更换阀总成 2. 检查处理线路故障

故障现象	故障原因	排除方法
伸缩时,起重臂垂直方向弯曲变形或侧向变形过大	1. 滑块磨损过多 2. 滑块磨损已超出调整垫的调整量 3. 起重臂某节局部弯曲或变形	1. 更换滑块 2. 增加调整垫 3. 更换不合格的臂节
桁架起重臂的几何尺寸和形状误差超过允许值	1. 组装起重机的接长架顺序错误 2. 各节臂架间的连接螺栓未拧紧 3. 臂架变形	1. 调换 2. 检查拧紧 3. 检查各节臂架,有永久变形的应修复,如不能修复,应报废
臂架连接不牢	1. 臂架螺栓孔加工不符合要求 2. 臂架变形	修复

表 9-3　起升机构常见故障及排除方法

故障现象	故障原因	排除方法
起升机构不动作或动作缓慢	1. 手动控制阀故障 2. 液压马达故障 3. 平衡阀过载,溢流阀故障 4. 起升制动带的故障	1. 检查处理 2. 检查处理 3. 调整、更换弹簧或总成 4. 调整制动带或更换弹簧
起升机构工作运动间断	单向阀故障	清洗、更换
起升制动能力减弱	起升制动带调得不合适或弹簧故障	调整制动带或更换弹簧
落钩时载荷失去控制或反应缓慢	平衡阀故障	拆开清洗
起升机构工作时,起升制动带打不开	1. 液压油外漏 2. 因锈蚀、卡住等原因使活塞的动作发生故障	1. 更换密封件 2. 更换油缸总成

表 9-4　变幅机构常见故障及排除方法

故障现象	故障原因	排除方法
变幅油缸自动缩回	1. 油缸本身故障 2. 平衡阀故障	1. 检查处理 2. 拆开清洗,更换组件、O 形密封圈或阀芯阀座
变幅油缸推力不够	1. 手动控制阀内的溢流阀或油口溢流阀故障 2. 油缸本身故障 3. 液压动力系统故障	1. 解体、清洗、更换组件 2. 检查处理 3. 检查处理
变幅油缸工作不正常	平衡阀或手动控制阀内的油口溢流阀故障	解体、清洗、更换组件
变幅油缸振动	1. 弹簧或平衡阀阀芯损坏 2. 节流孔堵塞	1. 更换损坏的弹簧或平衡阀阀芯 2. 拆开清洗各阻塞的节流孔
保压能力下降	单向阀故障	解体清洗、更换阀组件

表 9-5　回转机构常见故障及排除方法

故障现象	故障原因	排除方法
回转能力不够充分	1. 平衡阀或手动控制阀内的油口溢流阀故障 2. 回转驱动装置故障 3. 流量控制阀故障 4. 液压动力系统故障	1. 解体检查或更换组件 2. 解体检查处理 3. 阀体和阀杆的滑动表面粘在一起,应拆卸清洗阀,如果滑动表面粘着严重,应更换阀;阀件导控孔发生阻塞时应拆开清洗 4. 检查处理

故障现象	故障原因	排除方法
油冷却器功能减弱	1. 平衡阀或手动控制阀内的油口溢流阀故障 2. 流量控制阀故障 3. 液压动力系统故障	1. 解体、清洗、更换组件 2. 更换损坏了的弹簧 3. 检查处理
回转运动时有可见振动或噪声(回转时油压显著升高)	1. 回转支承内圈的齿轮或驱动齿轮发生异常磨损 2. 滚珠和垫片损坏或严重磨损 3. 在内圈齿轮和驱动齿轮间或在轨道内缺少润滑脂	1. 更换回转支承或驱动齿轮 2. 更换回转支承 3. 添加润滑脂

表 9-6　操纵系统常见故障及排除方法

故障现象	故障原因	排除方法
液压控制操纵装置的起重机的加速器功能失效	1. 主动油缸损坏 2. 控制油缸损坏 3. 连板的活动不灵活	1. 应修复或更换 2. 应修复或更换 3. 应添加润滑脂
用液压支腿的起重机,当推动支腿操纵杆时,泵的转速变化不平稳	1. 机械阀主体动作失灵 2. 汽缸故障	1. 应更换机械阀总成 2. 缸筒和活塞之间发生卡滞,应更换汽缸总成;活塞杆和缸盖之间卡滞,应更换活塞杆和缸盖;弹簧损坏,应更换
液压支腿完全外伸,安全系统出故障	1. 汽缸故障,当活动支腿全部伸出时,限位块还未脱开或脱不开 2. 汽缸用电磁阀失灵或电源电线破断 3. 限位开关有毛病或没有调整好	1. 缸筒和活塞之间发生卡滞,应更换汽缸总成;活塞杆和缸盖之间卡滞,应更换活塞杆和缸盖;弹簧损坏,应更换 2. 修复 3. 更换或校正限位开关

续表

故障现象	故障原因	排除方法
液压轮胎起重机转向沉重	1. 油泵齿轮端口间隙过大 2. 油箱液压油不足 3. 液流安全阀柱塞卡滞 4. 液压方向机失灵	1. 应更换 2. 加油 3. 清洗 4. 检查修理
转向时左、右轻重不等,直线行驶跑偏	控制滑阀位置不正	调整更换
离合器控制操纵装置的起重机的起升、变幅、行走、回转操纵杆松动、振动操纵杆弹回中间位	1. 离合器稳定装置故障 2. 制动器稳定装置故障	1. 调整起升、变幅、行走的离合器的稳定装置 2. 调整回转液压制动器的稳定装置

表 9-7 安全装置系统常见故障及排除方法

故障现象	故障原因	排除方法
吊钩已达到过卷或 100% 的力矩时起重机未能自动停机	1. 电磁阀发生故障 2. 配电系统故障 3. 力矩限制器失灵	检查修理
起重机臂的变幅、伸缩和起升机构不能实现低速	单向阀故障	检查修理 当由于弹簧损坏而使密封失灵时应更换弹簧

表 9-8 液压系统常见故障及排除方法

故障现象	故障原因	排除方法
起重机没有动作或动作缓慢	1. 液压泵损坏 2. 手动控制阀损坏 3. 回转接头损坏 4. 溢流阀失灵	检查修理
油温上升过快	1. 液压泵损坏或发生故障 2. 液压油污染或油量不足	1. 更换或修理 2. 应更换或补充液压油

续表

故障现象	故障原因	排除方法
液压泵不转动	1. 取力装置或操纵系统发生故障 2. 底盘离合器故障	1. 应检查、修理或更换故障元件 2. 应修理离合器
所有执行元件或某一执行元件动作缓慢无力	1. 液压泵损坏 2. 回转接头故障 3. 手动控制阀的溢流阀发生故障	检查修理
回油路压力高	滤油器（油箱或油路中的）堵塞	应更换滤芯
液压油外泄	1. 密封圈或密封环损坏 2. 螺栓或螺母未拧紧 3. 套筒或焊缝部分有裂纹 4. 管路连接处有毛病 5. 管损坏	1. 应更换 2. 按规定的扭矩拧紧螺栓 3. 修理或更换 4. 拧紧接头或更换管路 5. 更换
回转接头通电不良	1. 电刷和滑环之间接触不良 2. 焊接处断开	1. 应更换 2. 修理焊接处
离合器啮合不良	1. 离合器损坏 2. 弹簧损坏	1. 应更换 2. 应更换
离合器有异常噪声	轴承损坏	更换损坏的轴承
力矩限制器没有动作	限制器开关未调整好或限位开关本身有毛病	重新调整或更换限位开关
油路系统噪声	1. 管道内存有空气 2. 油温太低 3. 管道及元件没有紧固好 4. 平衡阀失灵 5. 滤油器堵塞 6. 油箱油液不足	1. 多动作几次以排除液压元件及管道内部的气体 2. 低速运转油泵将油加热或换油 3. 紧固，特别注意油泵吸油管不能漏气 4. 调整或更换 5. 清洗和更换滤芯 6. 加油液

表 9-9　支腿机构常见故障及排除方法

故障现象	故障原因	排除方法
升降油缸和伸缩油缸动作缓慢和力量不够	1. 手动控制阀中的溢流阀或单向阀动作不良 2. 液压泵故障	1. 解体检查、处理 2. 检查、处理
起重机行走时升降油缸或伸缩油缸自己伸出	1. 手动控制阀内部的控制单向阀失灵 2. 油缸本身故障	1.①O 形密封圈损坏,应更换;②活塞和阀体之间因卡住而被划伤,应解体;如有划伤应更换控制单向阀组件 2. 检查处理
起重机工作时升降油缸自己缩回	1. 油缸本身故障 2. 装在有故障的油缸上的液控单向阀失灵	1. 检查处理 2.①弹簧损坏,应更换;②单向阀和阀体之间的密封表面有砂尘或划伤;解体后清洗,有划伤时应更换组件
前支腿油缸动作缓慢和力量不够	溢流阀故障	1. 弹簧损坏,应更换 2. 调节螺钉松动,使调定的压力降低。应拧紧螺钉,重新调压 3. 阀动作不正常应更换阀芯总成

表 9-10　履带起重机的行走机构常见故障及排除方法

故障现象	故障原因	排除方法
履带太松(太长)	链节锁孔磨损后间隙增大造成	应调整张紧装置,如调整油缸到达极限还不能调整合适时应卸下一节链板

253

故障现象	故障原因	排除方法
履带链板裂纹或损坏	由于工作场地有坚硬的物体,使某一节链板受局部压力所造成	应及时检查,修复或更换受损的链节

第四节　流动式起重机的安全操作

一、流动式起重机的稳定性与起重量特性

1.起重机的稳定性

起重机的抗倾覆(倾翻)能力称为起重机的稳定性。起重机一旦发生倾覆,经济损失严重、危险巨大。起重机的停车位置及状态与稳定性有关,起重机作业时的幅度变化、载荷变化、起吊方位、支腿使用等都影响起重作业的稳定性。

(1)起重机不作业时的停靠及作业时的架设对地面的选择是很重要的。停车位置不当可能会造成地面局部下陷,以至形成局部结构的损坏,甚至整机倾覆,即局部或整机失稳。

起重作业场地对起重机作业时的稳定性也有很大的影响。当场地倾斜或松软时会使起重机架设不平,会降低起重机的稳定性,应使用垫板加强支承。

(2)幅度变化与稳定性的关系是:当起吊的载荷一定,幅度增大时,起重机的倾翻力矩将随着增大。起重机在臂架俯落和臂伸长时,会使幅度增大,因此,盲目增大工作幅度,可能使起重机形成失稳状态。

(3)载荷变化与稳定性的关系是:当工作幅度一定,载荷变大时,起重机的倾翻力矩也会变大。当被吊物体快速下降或在快放过程中急停,或回转速度过快时,会产生"超重"和冲击,从而引起起重机损坏臂架的局部失稳,甚至整机倾翻的整机失稳。

(4)起吊方位与稳定性的关系是:在一般情况下,起重机后方的稳定性好于侧面的稳定性。当在后方起吊重物回转向侧面时,要注意起重机失稳。

(5)支腿的使用与稳定性的关系是:支腿的跨距影响着起重机的稳定性,跨距大时稳定性好;跨距小时稳定性差。因此,起重机作业时应将支腿完全伸出。

2. 流动式起重机的起重量特性

流动式起重机的起重量特性通常以起重量特性曲线图和起重量性能表显示出来。在流动式起重机的操纵室内,起重量特性曲线图(见图 9-5)和起重量性能表(见表 9-11)用金属标牌标出。

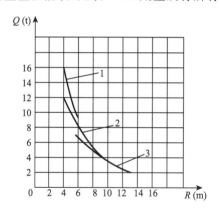

图 9-5　特性曲线图

(1)起重量特性曲线图

起重量特性曲线图是根据整机稳定性、结构强度和机构强度综合平衡后绘制的。图中每一条特定的曲线是相对于起重臂一定的工作长度时能起吊的最大起重量,或在某一起重量条件下,起重臂允许的最大工作长度。在进行起重作业时应尽量使用标准臂长作业。这样可以准确地确定起重机在该臂长时允许起吊的物体的重量。当不得不使用非标准臂长作业时,应选用最接近而又稍短于标准臂长所对应的特性曲线进行作业,以保证作业安全。

(2)起重量性能表

起重量特性曲线所对应的工作幅度、臂长和起重量以表格形式绘出,称为起重量性能表。与其起重量特性曲线相比,起重量性能表比较直观、使用方便,但它把起重机的无级性能变为有级特性,准确地判断起重机作业时的起重特性有一定的难度。

起重量性能表中粗实线是强度值与稳定性的分界线。粗实线上面的数值是臂架结构等的强度限定的起重量;粗实线下面的数值是整机稳定性限定的起重量。在进行作业时,应注意选用参数的位置;当作业状态处于粗实线上面时,首先要注意起重机结构的强度;反之,当作业状态处于粗实线下面时,首先要注意起重机整机的稳定性。由于起重量特性表是用阶梯形的有级数值来表示的,在使用特性表时要注意以下问题:

表 9-11　起重量性能表　　　　　　单位:t

幅度(m)	主吊臂工作长度(m)		
	8	13.5	19
4.0	16.00	12.00	
4.5	14.00	10.80	
5.0	12.00	10.00	
5.5	10.50	9.00	6.8
6.0	8.70	8.20	6.30
7.0		6.50	5.70
8.0		5.20	5.00
9.0		4.20	4.20
10.0		3.50	3.50
12.0			2.60
14.0			2.00

注:表中粗实线以上的起重量是基于结构强度的,粗实线以下的起重量是基于稳定系数的。

1. 当已知起吊重物的重量,在选用工作幅度时应向小的方向移动。如:起吊重物为 6 t,当臂架工作长度选用 13.5 m,此时工作幅度应选 7.0 m,不能选 8.0 m,若选用了 8.0 m 时,有可能在稳定性方面出现问题;当臂架工作长度选用 19.0 m,此时工作幅度应选 6.0 m,不能选 7.0 m,若选用了 7.0 m 时,有可能在稳定性方面出现问题。

2. 当工作幅度和臂架的工作长度已确定时,允许起吊的重量也应向小的方向移动。如:工作幅度为 8.0 m,使用臂架工作长度为 13.5 m,此时起重机允许起吊的最大重量为 5.2 t,当起重量超过 5.2 t 时,起重机有可能在稳定性方面出现问题;使用臂架工作长度为 19.0 m,此时起重机允许起吊的最大重量为 5.0 t,当起重量超过 5.0 t 时,起重机有可能在强度方面出现问题。

二、流动式起重机的危险因素与预防

流动式起重机不同于其他起重机械的特点是起重机本身具有的流动性。由于流动式起重机作业环境随时变化,作业范围大,转换速度快,设备自身结构复杂,金属结构安全系数控制严格,操纵难度大等。因此,危险因素也较多;起重机在停机时及作业中有发生倾覆(倾翻)的危险;起重机在作业环境中的危险;起重机在安装、修理、调整、使用不正确发生的危险等。

1. 造成倾覆的因素及使用注意事项

(1)作业场地的地面必须平整、不得下陷,整机应保持水平。要求:

①不要接近崖边或软弱的路肩,当必须接受时应有人员在前方引导指挥。

②对不够坚实地面应予以加强,以便履带起重机的停放或作业。用支腿的起重机,支腿下方地面不平时应使用形状规矩的方垫木垫平,木块的大小根据起重机的大小而定。

③起重机不作业时,一定要停在水平而紧实的地面上。

(2)在有风条件的工况环境下工作的起重机应注意的事项:

①风速一般在上空较大,起重臂或被吊物体起升得较高时要注意风力的影响。对于迎风面积较大的吊物,起吊后要注意从后面吹来的风,此时起重机倾翻的危险性很大。

②在大风中作业中要注意风向、起吊物体的形状、环境条件等,相应调整操作方法。在无法把握时,应把起重机的物件降落到地面,升起吊钩和起重绳。

③在大风环境中,起重机的停放应使上车与履带、或轮胎的纵向成同一方向,且机械背面向风。同时,要扣上制动器和锁,包括起重制动器、回转停车制动器、主副卷筒锁、变幅卷筒锁等,并停止发动机。

④在达到极限风速环境中的起重机必须停止工作。汽车起重机和轮胎起重机应停放在避风处或室内,履带起重机应把起重臂降至地面,扣上回转锁和回转制动器。在紧急情况下,应把起重臂降至地面,同时采取与在大风环境中停车相同的措施。

(3)起吊物体作业时应注意的事项:

①应严格按起重机的起重量特性曲线图和起重量性能表实施作业。起吊重物不能超过规定的工作幅度和相应的额定起重量,严禁超载作业。

②不允许用起重机吊拔拉力不明的埋置物体,不准抽吊交错挤压的物品,冬季不能吊拔冻住的物体。

③斜拉和斜吊都容易造成倾翻。

④不要随意增加平衡块的重量或减少变幅钢丝绳的支数。

⑤避免上车突然启动或制动,当起吊物品的重量大、尺寸大、起升高度大时更应注意。

(4)起重机在起升和行走时应注意的事项:

①汽车起重机不允许吊着载荷行走。履带起重机和轮胎起重机

一定要在允许的起重量范围内吊重行走,运行通过的路面要平整坚实,行走速度要缓慢均匀,按道路情况要及时换档,不要急刹车和急转向,以避免吊重物摆动。同时,吊臂应置于行驶方向的前方。

②起重臂长度较大的履带起重机的水平起重臂,一定要置于履带的纵方向,并在前进方向上。行走时,起重臂角度过大会产生摇摆,有后倾危险。行走时,起重臂仰角应限于 $30°\sim70°$。

(5)起重机作业前要检查力矩限制器、水平仪等安全装置。

2. 起重机在作业环境中的危险因素

(1)工作场地昏暗,无法看清场地、被吊物体状态和指挥信号时,应停止工作。

(2)起重机不允许在暗沟、地下管道和防空洞等地面上作业。

(3)起重机作业时,臂架、吊具、辅具、钢丝绳及吊物等与输电线的最小距离不应小于表 9-12 的规定。

表 9-12　与输电线的最小距离

线路电压 V(kV)	<1	1~35	≥60
最小距离(m)	1.5	3	$0.01(V-50)+3$

(4)起重机作业区附近不应有人做其他工作。发现有人走近应利用警号或喇叭示警。

(5)起重作业场所内的建筑物、障碍物应符合起重机的行走、回转、变幅等的安全距离,必要时应在测量后再安排作业程序。

3. 起重机在安装、修理、调整、使用不正确也存在着许多危险因素

(1)起重臂因局部失稳产生了永久变形,即使变形很小,也是十分危险的。可以修复时应由专业厂进行,修复后须经试验合格后方可使用。如不能修复时应报废。

(2)安全防护装置中应注意事项:

①起升高度限位器的导线布置及追加布线,应特别注意其使用

的可靠性,报警装置的重锤位置应按使用说明书限制的尺寸安装。

②自动停止解除开关必须处于接通状态。否则,整机将处于无保护状态。

③钢丝绳变幅的幅度限制器调整时应做到:起重臂位于仰角80°时能使开关接通;当微动开关和断电器之间的导线断开或脱落时,幅度限制器将起作用,变幅机构将不能动作,即起重臂不能变幅。

(3)分解桁架起重机的起重臂时应注意事项:

①即使把变幅滑轮组和下部已连接起来,若没有支架,或没有张紧变幅绳,在分解时,起重机仍然有下落的危险。

②在没有连接好变幅滑轮组和拉绳的情况下进行分解工作,将引起重大事故,尤其是在拔销的时候,操作人员绝对不能进入起重臂的下面。

⑧在变幅滑轮组和拉绳仍然相连接的情况下卸出起重臂连接销,起重臂有落下的危险。变幅滑轮组一定要安装在下部架上,下部架下垫以支架,然后才能拆卸起重臂连接销。

④拆卸起重臂架的连接销时,一定要使变幅绳有适当的张力。如太松弛,在卸出连接销时,起重臂也有落下的危险。

(4)起重机在操作时应注意事项:

①升降、变幅、行走与回转诸动作的复合操作是很危险的,应避免复合操作。

②桁架起重机绝对不能在低于双足支架位置进行工作;在变幅钢丝绳连接着起重机底架时,绝对不能让起重架的头部离开地面。

③一般情况下不允许两台或两台以上的起重机同时起吊一个重物。特殊情况下需要使用时必须做到:钢丝绳应保持垂直;各台起重机的升降、运行应保持同步;各台起重机所承受的载荷均不得超过各自的额定起重能力。如达不到上述要求,应降低额定起重能力至80%;也可由总工程师根据实际情况降低额定起重能力使用。吊运时,总工程师应在场指导。

三、流动式起重机的作业条件

1. 符合《建筑机械使用安全技术规范》JGJ 33—2001。

2. 起重机司机必须持有安全技术操作许可证。严禁无证人员操作起重机。起重机必须经安全监察部门安全检验合格,换发准用证,并在其有效期内方可实施起重作业。

3. 起重机各限位装置、限制装置等安全防护装置齐全有效,制动装置离合器操纵装置等齐全有效;钢丝绳安全状态符合安全要求。

4. 不得在高压线附近进行作业。当必须作业时,应遵守相关的安全操作规程,同时应有专人担任监护。

5. 作业场地应有良好的照明。

6. 允许作业的风力一般规定在五级以下。

7. 在化工区域作业,应使起重机的工作范围与化工设备保持必要的安全距离。

8. 在易燃易爆区工作时,应按规定办理相关手续,对起重机的动力装置、电气设备等采取可靠的防火、防爆措施。

9. 在人员杂乱的现场作业时,应设置安全护栏或有专人担任安全警戒。

10. 司机身体不适或精神不佳时不得操纵起重机。严禁起重施工人员酒后作业。

四、支腿操作

1. 支腿伸出前:

(1)应了解地面的承压能力,合理选择垫板的材料,接地面积及接地位置,以防止作业时支腿沉陷。

(2)应挂上停车制动器。

(3)拔出支腿固定销。

2. 支腿伸出时注意伸出的顺序,一般先伸出后支腿,再伸出前支腿,收支腿时顺序相反。

3. H 型支腿架不宜过高,通常以轮胎脱离地面少许为宜。

4. 架设支腿时应注意观察,应使回转支承基座面处于水平位置。

5. 当上车有发动机设置的起重机,在下车支腿支承完毕后,应将下车发动机熄火,且将驱动器置于空档位置。

6. 支腿架设完成后,正式实施起重作业前应再次检查垂直支腿的接地情况,应使各支腿着地踏实,不得出现三支腿现象。

7. 实施起重作业中不得调整支腿,当必须调整时,应将被吊物体落地,停止起重作业,在调整好支腿后,重新进行起重作业。

五、起重作业

1. 司机登机后应检查下列内容

(1)检查作业条件是否符合要求。

(2)查看影响起重作业的障碍因素,特别是特殊环境中实施的起重作业。

(3)检查配重状态。

(4)确定起重机各工作装置的状态,查看吊钩、起重机钢丝绳、起升及吊装捆绑钢丝绳按 GB/T 5972—2009 相应条款进行作业前检查及滑轮组的倍率与被吊物体是否匹配。并检查制动器的制动鼓的磨损情况。

(5)检查起重机技术状况,特别应检查安全防护装置的工作状态。装有电子力矩限制器或安全负荷指示器的应对其功能进行检查。

(6)只有确认各操作杆在中立位置(或离合器已被解除)以后,才能进行启动。

(7)气温在−10℃以下时,要充分进行预热,液压起重机应保持液压油在 15℃以上时方可开始工作。发动机在预热运转中要检查油路、水路、电路和仪表,出现异常时要及时排除。

(8)对于设有蓄能器的应检查其压力是否符合规定的要求。设置有离合器的起重机,应利用离合器操纵手柄检查离合器的功能是否能正常工作。同时,推入离合器以后一定要锁定离合器。

(9)松开吊钩、仰起臂架、低速运转各工作机构。

(10)平稳操纵起升、变幅、伸缩、回转各工作机构及制动踏板。同时,观察各部分仪表、指示灯是否显示正常。各部分功能正常时方可正常作业。

2. 变幅操作

(1)变幅时应注意不得超出安全仰角区。

(2)向下变幅时的停止动作必须平稳。

(3)带载变幅时,要保持被吊物体与起重臂的距离,要防止被吊物体碰撞支腿、机体与变幅油缸。

(4)起重臂由水平位置变幅起升时能减少起重力矩,是安全的;起重臂带载向水平位置倾倒变幅将增大起重力矩,存在倾翻的危险。

(5)臂架正常使用的工作角度范围一般为 30°～80°。除特殊情况外,尽量不要使用 30°以下的角度。

(6)在起升重物时,变幅钢丝绳会变形伸长,工作半径也会跟着增加,特别是起重臂较长时,幅度的变化就更大。作业时应充分考虑这一变化。

(7)桁架式起重机的臂架在大仰角起吊较重物件时,如果将重物急速下落,有可能使起重臂反向摆动,甚至倒向后方,因此,在注意起重臂的角度的同时,还要使被吊物体缓慢下落。

3. 臂架伸缩操作

(1)臂架伸出时应注意防止超出力矩限制范围。

(2)在保证工作需要的基础上,尽量选用较短的臂长实施起重作业。

(3)一般情况下,尽量不要带载伸缩臂架,因为带载伸缩臂架会加剧臂架间滑块的磨损,大大缩短滑块的使用寿命,必须带载伸缩时,要遵守起重量与工作幅度的规定,以避免超载或倾翻。

(4)在臂架伸缩时应同时操纵起升机构,注意保持吊钩的安全距离,严防起升钢丝绳发生过卷。

(5)对于同步伸缩的起重机,当前一节臂架的行程长于后一节臂架时应视为不安全状态,应予以修正和检修。

(6)对于程序伸缩的起重机,必须按规定编好程序后才能开始伸缩。

4. 起升操作

(1)要严格做到"十不吊"。即:①指挥信号不明或违章指挥不吊;②超载不吊;③工件捆绑不牢不吊;④吊物上面有人不吊;⑤安全装置不灵不吊;⑥工件埋在地下不吊;⑦光线阴暗视线不清不吊;⑧棱角物件无防护措施不吊;⑨斜拉工件不吊;⑩六级以上强风不吊。

(2)检查滑轮倍率是否合适,配重状态与制动器的功能,倍率改变后的滑轮组须保持吊钩旋转轴与地面垂直。

(3)被起吊的物件的重量不得超过起重机所处工况的允许起吊的起重量;起吊较重物件时,先将其吊离地面 $100\sim200$ mm,然后查看制动、起吊索具、支腿状态及整机稳定性等,发现可疑现象应放下被吊物,认真进行检查,判断为无危险后再进行起升作业,起升操作应平稳,不要使机械受到冲击。

(4)在起升过程中,如果感到起重机有倾覆征兆或存在其他危险时,应立即将被吊物降落于地面上。

(5)即使起重机上装有高度限位,起升操作时也要注意防止钢丝绳过卷。

(6)起吊物件较轻、高度较高时,可用油门调速及双泵合流等措施提高功效。

(7)吊装的物件即将就位时应采取发动机低速运转,单泵供油,节流调速等措施进行微动操作。

(8)空钩时可以采用重力下降以提高工效。在扳动离合器杆之前,应先用脚踩住踏板,防止吊钩突然快速自由下落。

(9)带载重力下降时,带载重量不应超过工况额定起重量的20%,并应控制好下降速度;当停止重物的下降时,应平稳地增加制动力,使重物逐渐减速停止;紧急制动可能使起重臂和变幅油缸,以及卷扬机构受损,甚至造成倾翻事故。

(10)当被吊的物件落下低于地表面时,要注意卷筒上的钢丝绳应有不小于3圈的安全圈,以防止发生反卷事故。

(11)起升机构不能只用液压马达制动器维持重物在空间,因时间较长时液压马达内部会漏油,使起升物件下落。因此,必须靠支持制动器来支持被起吊的重物。如需较长时间保持起升重物时,应锁定起升卷筒。

(12)当起升钢丝绳不正确地缠绕在卷筒或滑轮上时,切不可用手去挪动,可用金属棒进行调整。

(13)操作者应清楚知道起重机所处工况允许起吊的起重量,也应了解被起吊物件的重量;当起吊物件中重量不明时,但认为有可能接近起重机所处工况的临界起重量时应进行试吊,即先将重物稍微升起,检查起重机的稳定性,确认安全后,才可将物件吊起。

(14)自由落钩时,一定要解除离合器,利用制动器,一面制动,一面进行落钩。

(15)在作业中如发生发动机突然停止,没有设置液压油供给蓄能器的起重机,液压会下降,离合器会脱开,操作制动器会有沉重的感觉。应当立即锁定制动器及起升卷筒锁,解除离合器。

(16)司机暂时停止操作或离开司机室时,要把起吊的重物下落到地面上,并锁定起升制动卷筒锁,解除离合器。

5.回转操作

(1)在回转作业前,应注意观察车架及转台尾部的回转半径内是否有人或障碍物;臂架的运行空间内是否有架空线路或其他障碍物。

（2）回转作业时,应首先鸣喇叭示警,然后解除回转机构的制动或锁定,平稳地操纵回转操作杆。

（3）回转速度应缓慢,不得粗暴地使用油门加速,突然加速会发生载荷振动,扩大了工作半径是非常危险的。

（4）当被吊物体回转到指定位置前,应首先缓慢收回操作杆,使被吊重物缓慢停止回转,避免突然制动而使被吊重物产生摆动。严禁在重物有摆动状态下进行回转操作。

（5）被吊重物未完全离开地面前不得进行回转操作。

（6）在同一个工作循环中,回转操作应在伸缩臂操作和变幅操作之前进行。

（7）在起吊较重物体进行回转操作之前,应再次逐个检查支腿的工况。这一点很重要,因经常发生臂架回转时,个别支腿发软或地面支承不良而酿成事故。

（8）在起吊较重物体回转时,可在被吊物体两侧系上牵引拉绳,用以防止吊物摆动。

（9）在岸边码头作业时,起重机不得快速回转,防止因惯性力发生落水事故。

（10）发动机突然停止时,要提起回转制动杆,锁定回转锁。

（11）起重机不用时一定要锁定回转锁,提起回转制动,扣上制动器。

思考题:

　　1.流动式起重机有哪些基本参数?

　　2.什么是流动式起重机稳定性?哪些因素影响其稳定性?

　　3.幅度的变化对起重稳定有何影响?

　　4.载荷变化与稳定存在什么关系?

　　5.起吊方位的选择对起重作业稳定有何影响?

6. 起重机作业时架设的要求有哪些？对起重机作业稳定性有何影响？

7. 操作者在起重作业中,哪些行为影响起重机的稳定性？

8. 什么是起重量特性曲线？应怎样选用起重量特性曲线？

9. 流动式起重机的起重作业条件是什么？

10. 登机后应落实哪些检查项目？

11. 变幅操作注意事项是什么？

12. 吊臂伸缩操作应注意什么？

13. 起升操作应遵守哪些规定？注意事项有哪些？

14. 回转操作要点是什么？

15. 在高压输电线下作业时,起重机任何部位与输电线最小安全距离是多少？

16. 在什么情况下不得进行吊运作业？

第十章　起重机日常维护和保养

第一节　桥式(含电动葫芦起重装置)、门式起重机日常维护、保养

一、桥式、门式起重机日常维护

连续工作的桥式、门式起重机,每班前有 15～20 min 的交接班检查维护时间。

1. 每日班前班后,须清理设备上积存的灰尘。即做好司机室、控制机构、动力、传动机构及主体结构的清洁工作。

2. 检视电路(集电托与滑线)和控制设备是否灵敏有效。

3. 检视起重机构制动器的松紧情况和上限开关是否良好。

4. 检视钢丝绳在卷筒上的缠绕情况,有无串槽或重叠。

5. 检视起重机运行中是否平稳,各传动部位不应有异响。电动机、制动系统、接触器不应有不正常杂音。

6. 检视电动机和轴承的运行情况,温升是否正常,电动机温升不应超过 60℃,不应有过热现象。

7. 附有抓铲机构应进行各活动节的润滑工作。

8. 检查各减速箱润滑油,发现变质、缺少时应该添换。

9. 各安全装置必须有效,要求行走限位开关动作后,在轨道上按运行速度行程内必须制动有效。

二、桥式、门式起重机日常保养及技术要求（见表 10-1）

表 10-1　桥式、门式起重机日常保养及技术要求

序号	作业项目	技术要求
1	各部机构，各减速箱，添加润滑油各齿轮联轴器，角形轴承箱添换润滑脂及润滑油	齿轮联轴器用 50# 机油，轴承箱用润滑脂
2	紧固各机构连接螺丝	检查并紧固减速器、轴承支座、角形轴承箱等部件的螺丝
3	调整各部制动机构的制动带间隙，调整各机构限位开关、机械元件之间间隙	其间隙按不同规格制动器标准进行调整开关及安全尺，使之动作准确有效，各联轴器连接轴间隙为 $4\sim5$ mm
4	检查使用半年以上的钢丝绳磨损及断丝情况	按标准进行
5	检修电动机碳刷	清除铜滑环及碳刷上的尘土污垢，并检查碳刷压力（$200\sim250$ g/cm²），接触面不小于 50%，磨损至 1/3 需更换
6	检查控制器、保护柜电阻器	更换磨损过甚的动静触片，手轮的动作应灵活可靠，不得有卡住或过松现象
7	检查吊钩组及平衡轮装置	检查吊钩磨损及有无变形，紧固滑轮轴螺母及止动片，检查平衡轮磨损情况，并对上述两部位进行润滑

第二节 塔式起重机日常维护和保养

一、塔式起重机日常维护

1. 工作前维护作业项目

(1)合闸后检查机械金属结构和钢轨上是否有电(用试电笔),电压是否正常,要求不得超过或不足额定电压±5％。

(2)清除轨道上的障碍物。

(3)检查各减速箱的油量,并注意是否变质。

(4)检查各连接处的螺丝是否松动。

(5)检查轨道是否平直,枕木、石子是否捣实,特别是在新工地第一次运转前更要注意。

(6)检查各安全装置的灵敏性。

(7)各润滑部位的油杯、油嘴是否按规定加油。

(8)电缆线有裂损或擦伤,发现后应用绝缘胶布包好扎好。

(9)检查制动系统是否灵敏可靠。

2. 工作后维护作业项目

(1)清除机身下部和各传动机构的灰尘和污垢。

(2)作好当班的详细运转记录和保养记录。

(3)排除发现的故障并记入履历书中。

(4)搞好操作室的清洁卫生,并关好门窗。

(5)配电箱拉闸,锁好,电缆线盘绕整齐。

3. 工作中的检查维护

机械在运转过程中,机上人员应随时注意细听传动机构有无异常响声,电动机、制动器、接触器等电器元件有无不正常响声;电动机各处轴承有无发热现象等,在这些方面如发现异常应及时停机加以排除。上述这些部位检查应在工作间歇时进行,绝对禁止在运转时对各传动部位进行检查保养,以免发生工伤事故。

二、塔式起重机保养作业项目及技术要求(见表 10-2)

表 10-2　塔式起重机保养作业项目及技术要求

序号	作业项目	技术要求
(一)路基部分		
1	检验轨距和坡度	轨距 3.8 m±3 mm,纵向坡度 1/1000 以内,横向两轨高差±4 mm
2	检查道钉和鱼尾板螺杆	检查是否松动短少,并应及时拧紧和添配
3	校正枕木间距	
4	检查接地、接零装置	是否可靠
(二)钢结构部分		
1	检查铆钉、焊缝	检查有无松动、裂纹,如有应修好
2	检查各节螺栓	有无松动和缺少,并拧紧和添补
3	检查各部金属结构杆件	有无弯曲、扭曲等现象,如有应修好
4	清洁全部钢结构的油污和灰尘	
(三)机械设备部分		
1	更换各机构减速机的润滑油	
2	紧固卷扬机底座,减速箱外壳以及其他各部分的连接螺栓	
3	调整各机构制动器	调整各制动器与制动瓦之间的间隙
4	调整各限位开关	调整各限位开关机构元件间隙
5	调整旋转机构	调整旋转机构各支承滚轮的间隙
6	紧固吊钩,塔尖滑轮挡圈的顶丝	紧固吊钩、塔尖滑轮挡圈的顶丝,检查各部开口销,如短少应添补
7	检查钢丝绳及断丝情况	按钢丝绳报废标准严格执行
8	清除各机构的油污与灰尘	

第三节 流动式起重机日常维护和保养

一、履带式起重机日常维护、保养

（一）日常维护

每班技术维护作业项目，在两班交接时，交接班的驾驶员，应在机械运转时检查下列情况：

1. 检查发动机（或启动机）的燃料是否充足。

2. 检查水箱的水是否充足。

3. 检查发动机（或启动机）的底壳的机油是否充足。

4. 检查操纵箱的油是否充足。

5. 检查发动机的工作情况，是否有漏油、漏水、漏气和不正常的敲击声音，低速和高速均需运转良好。

6. 检查钢丝绳的状况，特别是连接的紧固情况。

7. 检查蓄电池、发电器、马达、喇叭、照明灯是否良好。

8. 检查各仪表是否正常（按照各种机械出厂说明书中规定检查）。

9. 各部加注润滑油料，按各种机械润滑图表中规定的润滑周期、润滑部位和使用的油料进行。

10. 检查各机构的工作情况如各离合器、制动器上回转下行走机构、起重臂、滑轮、吊钩等。并进行操作试验，如发现故障，应及时排除。

11. 清洁机械外部。

（二）履带式起重机日常保养项目及要求（见表 10-3）

表 10-3 履带式起重机日常保养项目及要求

序号	作业项目	技术要求
1	清洗汽油滤清器，空气滤清器和机油滤清器	清洗滤清器，安装时要注意接头的密封性

续表

序号	作业项目	技术要求
2	排除燃油箱内的沉淀物和水	打开燃油箱下面的放油塞,放出 10 kg 左右的燃油,经过沉淀过滤后再加入
3	检查高压泵的机油	
4	检查和调整风扇皮带的松紧度	必要时加以调整
5	排除漏油、漏水和漏气现象	表面或管接头不应有漏油、漏水、漏气
6	检查起重臂(动臂)升降卷筒制动器的性能	臂杆起落、伸缩灵敏可靠,如有故障应立即排除。制动带不得有油污或打滑现象
7	检查蓄电池的电压和电液浓度	气温在 15℃ 如蓄电池充足电,电液比重为 1.285;3/4 充电为 1.255;1/2 充电为 1.25;无电时为 1.166。电解液一般高出隔板 10~15 mm
8	检查各齿轮箱和减速箱的油面	缺油应加添,如油变质,应更换新油
9	进行各部润滑	按机械润滑图表规定执行

二、轮胎式起重机日常维护和保养

（一）日常维护

与履带式起重机相同,可参照。

（二）轮胎式起重机日常保养项目及要求（见表 10-4）

表 10-4　轮胎式起重机日常保养项目及要求

序号	作业项目	技术要求
1	清洗燃油箱滤清器	从过滤器内排除沉淀物和水,清洗过滤器芯子,安装时装满柴油不得漏气
2	清洗空气滤清器	清洗滤清器,更换机油,安装时不得通气
3	放出燃油箱内的沉淀物和水	打开燃油箱下的放油塞,放出 10 kg 燃油,经过沉淀后再加入
4	排除漏油、漏水和漏气现象	一般不属于机体内部、表面或管接头不应有漏油、漏水、漏气

序号	作业项目	技术要求
5	检查臂杆起落、伸缩工作情况	臂杆起落、伸缩应灵敏可靠,不得有漏油和其他故障,否则应立即检查原因,修理排除
6	检查传动机构的紧固情况	传动轴、十字节、减速齿轮箱、制动器(脚刹车和刹车)应紧固

三、全液压汽车式起重机日常维护和保养

(一)日常维护

1. 检视车头驾驶室、门窗玻璃及升降器、门锁及反光镜是否完整有效。

2. 清洗车辆(保持整洁),检查前后牌照是否齐全,固定是否良好。

3. 检查方向机构、固定螺栓、摇臂轴螺帽、横直拉杆球节螺帽是否松动,横直拉杆的球是否正常。

4. 摇动左右前轮,检视轮鼓轴承及转向主销的松动情况。

5. 检视发动机的油底壳、高速箱、燃油箱差速器的油量及有无损漏情况。

6. 检视各部油、气管路及接头有无损漏,有无凹陷现象。

7. 检视轮胎气压是否正常,轮胎螺丝及半轴螺丝有无松动或损缺。

8. 检视电瓶液平面(高于极板 10~15 mm)并清洁电瓶和紧固柱头。

9. 检视发动机机油平面和质量,水箱内水位,风扇皮带松紧度。

10. 检视各灯光、喇叭、雨刷器及仪表的工作是否灵敏可靠。

11. 按规定清洗或更换"三滤"。

（二）日常保养项目及要求（见表 10-5）

表 10-5　日常保养项目及要求

序号	保养部位	技术要求
1	外部螺钉	检查外部螺丝,是否有松动,必要时应紧固
2	各润滑部位	各润滑部位应加注润滑油,保证运动部位正常润滑
3	钢丝绳	检查钢丝绳的磨损情况,必要时应更换
4	油泵、马达、控制线、油路	检查油泵、马达、控制阀油路封闭情况,如有漏油应及时解决
5	液压油滤清器	清洗液压油滤清器,必要时应更换滤清器芯子
6	蓄能器	检查蓄能器压力,气囊压力应保持在一定范围之内。如低于规定范围应及时补充氮气,如气囊破裂应予更换,保证蓄能器的正常压力
7	调整各种仪表	调整各种仪表的灵敏度,尤其对 MS-3 安全控制装置应仔细调整,确保起重机的安全工作

思考题：

1. 桥（门）式起重机日常维护和保养项目及要求有哪些？

2. 塔式起重机日常维护和保养项目及要求有哪些？

3. 流动式起重机日常维护和保养项目及要求有哪些？

第十一章　电气安全与登高作业及防火知识

第一节　起重机电气安全

起重设备除流动式起重机采用柴油机动力外,其他类型起重机均采用电作为动力能源。由于电具有看不见、听不到、闻不着、摸不得等特点,而在实际操作过程中,起重机司机不同于电工,对电的知识掌握得不够系统和全面,容易造成电气伤害事故。

一、电流对人体的伤害

电流伤害事故,是电流的能量直接作用于人体而造成人体组织的损伤。电流对人体的伤害与其他形式的能量对人体伤害的重要区别之一是没有任何预兆,也就是说事故的突发性大,往往在触电发生之前的一瞬间人没有丝毫觉察,这样的事故危险性较大。

（一）触电伤害的类型

触电是指人体触及带电体,带电体与人体之间闪击放电或电弧波及人体时,电流通过人体经大地或与其他导体构成回路,对人体造成的伤害。电对人体的伤害可分为电击和电伤。

1. 电击

电击是电流通过人体内部,破坏人体内部组织,影响呼吸、心脏及中枢神经系统的正常功能,危及人的生命。电击致伤的部位主要在人体内部,它可分为直接接触电击与间接接触电击。电击是最危险的触电伤害,大部分触电死亡事故都是由于电击所致。

电击的主要特征:在人体外表没有明显的伤害,有时甚至找不到电击出入人体的痕迹;触电电流较小;加在人体的电压不大;电流流经人体的时间较长。

根据电击时电流通过人体的途径和人体触及带电体的方式,可将触电分为:单相触电、两相触电、跨步电压触电三种类型。

2. 电伤

电伤是电流的热效应、化学效应或机械效应对人体造成的伤害。电伤会在人体皮肤表面留下明显的伤痕。

电弧烧伤是由弧光放电引起的。当拉开裸露的刀开关时,电弧可能烧伤人的手部和面部;错误操作造成线路短路可导致电弧烧伤;在线路短路、开启式熔断器熔断时,炽热的金属微粒飞溅,也会造成烧伤等。

因此,在起重机操作过程中,电气对人身的伤害,主要是触电和短路所引起的电弧烧伤等。

（二）电流对人体的伤害

电流对人体的伤害是电气事故中最为主要的事故之一。电流通过人体会产生针刺感、压迫感、打击感,使人出现痉挛、昏迷,甚至造成死亡。

电流通过人体内部对人体的伤害程度取决于以下五个因素:

1. 电流的大小

通过人体的电流大小不同,给人的伤害程度也不同,流过人体的电流越大,人体的生理反应越明显,感受越强烈,致命的危险性也就越大。

不同电流对人体的影响如表 11-1 所示。

2. 通电时间的长短

电流通过人体的持续时间越长,越容易引起心室颤动,电击的危险性就越大,救护的可能性则越小。

由于电流的长时间作用,人体体温升高出汗,皮肤的绝缘被破坏,人体电阻显著下降,此时流经人体的电流量增加,触电危险性也随之增加。在电流短时间作用下,触电危险的大小取决于心脏在瞬间处于何种状态,人的心脏每一个搏动周期,有 0.1~0.2 s 的间歇,这时有电流通过,极易引起心室颤动。而人体通过电流时间越长,与心脏间歇时间重合的几率就越大,心室颤动的可能性即电击的危险性也越大。

表 11-1　不同电流对人体的影响

电流(mA)	工频电流		直流电流
	通电时间	人体反应	人体反应
0~0.5	连续通电	无感觉	无感觉
0.5~5	连续通电	有麻刺感、疼痛、无痉挛	无感觉
5~10	数分钟内	痉挛、剧痛,但可摆脱电器	有针刺感压迫感及灼热感
10~30	数分钟内	迅速麻痹、呼吸困难、血压升高,不能摆脱电源	压痛、刺痛、灼热强烈,有抽搐
30~50	数秒~数分	心跳不规则、昏迷、强烈痉挛、心脏开始颤动	感觉强烈、有剧痛痉挛
50~数百	低于心脏搏动周期	受强烈冲击,但没有发生心室颤动	剧痛、强烈痉挛、呼吸困难或麻痹
	超过心脏搏动周期	昏迷、心室颤动、呼吸麻痹、心脏麻痹或停跳	

3. 电流通过人体的途径

电流通过人体的任一途径都可能使人死亡。电流通过心脏会引起心室颤动。电流较大时还会使心脏停止跳动,使血液循环中断而死亡;电流通过中枢神经会引起中枢神经系统强烈失调,而导致死亡;电流通过头部会使人昏迷,若电流过大,则对脑部产生严重的损害而死亡;电流通过脊髓,会导致半截肢体瘫痪。

4.电流的种类

直流电流、高频电流、冲击电流对人体均有伤害作用,而其伤害程度一般较工频电流轻。目前使用的交流频率是 50 Hz,称为工频电流。50～60 Hz 的电流对人体的危险性最大。

5.人体的健康状况

人体除本身电阻大小外,还与性别、健康状况和年龄等因素有关。不同的人对电流的敏感程度和通过同样大小的电流,其危险程度完全不同。女性比男性对电流的敏感更强,女性的感知电流和摆脱电流均比男性低三分之一,小孩摆脱电流的能力更低,遭受电击时比成人危险性大。人体患有心脏病等病症时,比健壮的人遭受电击的伤害程度更为严重。

感知电流——引起人的感觉的最小电流。人对电流最初有轻微麻感。

摆脱电流——人触电以后能自主地摆脱电流的最大电流。

二、安全电压

安全电压是指人体较长时间接触而不致发生触电危险的电压。安全电压既可用于防止直接电击,也可用于防止间接电击的安全措施。安全电压的数值与人体可以承受的安全电流及人体电阻大小有关。

各国对于安全电压的规定不尽相同。最高的为 65 V,最低的只有 2.5 V,但是以 50 V 和 25 V 为安全电压者居多。国际电工委员会规定安全电压限定值为 50 V,25 V 以下电压可不考虑防止电击的安全措施。

我国国家标准 GB 3805—85 中规定:安全电压是防止触电事故而采用的特定电源供电的电压系列。这个电压系列上限值,在任何情况下,两导体间或任一导体与地面之间均不得超过交流(50~500 Hz)有效值 50 V。

安全电压的额定值为 42、36、24、12、6 V(工频有效值)。

当电气设备采用了超过 42 V 的安全电压时,必须采用防止直接接触带电体的保护措施。安全电压的使用要根据工作环境的危险情况来确定。例如:对于工作环境较危险,设备比较简陋,无特殊安全防护及安全保护措施时,应采用 36 V;起重机的手提照明灯电源应采用 12 V 等。

三、保护接地与保护接零

保护接地和保护接零都是防止电气设备意外带电,造成触电事故的安全技术措施。

电气设备有导电连接但正常时与带电部分绝缘的导体,由于绝缘破坏或其他原因而带电的,即为意外带电体,特别是起重机司机在操作或维修过程中接触到这些部位,就会发生触电事故。为了防止人体某个部位接触电气设备意外带电的金属外壳所引起的触电事故,要根据不同情况,采取保护接地或保护接零等安全技术措施。

1. 保护接地

保护接地就是将电气设备正常情况下不带电的金属外壳或构架等,用接地装置与大地作可靠的电气连接。

保护接地适用于电源中性点不接地的低压电网。它的作用是在电气设备的绝缘损坏而使金属外壳带电时,由于接地装置的接地电阻很小(一般要求小于 4 Ω),金属外壳对地电压因此而大大降低,当人体与漏电外壳接触时,则外壳与大地、人与大地间形成两个并联支路,这时电气设备的接地电阻越小,则通过人体的电流也越小,从而可以减轻人体的触电伤害。

2. 保护接零

保护接零是将电气设备正常情况下不带电的金属外壳或构架

等,用导线与电源中性线直接连接。

保护接零适用于电源中性点直接接地的三相四线或三相五线制的低压接地电网。它的作用是当电气设备采用保护接地后,一旦设备发生短路故障或电气绝缘损坏时,电气设备外壳带电,由于中性线的电阻很小,此短路电流大于额定电流数倍甚至数十倍,迫使电路中的保护电器动作或使熔断器在极短的时间内熔断,从而切除故障设备的电源,保护了设备和人身安全。

四、起重机电气安全技术要求

1. 电气设备的安全技术要求

(1)起重机的电气设备在安装、维护、调整和使用过程中,应按原设计图纸进行,以保证电气设备和各种安全装置动作灵敏可靠。

(2)起重机电气设备一般由电动机、制动电磁铁、控制电器和保护电器等设备组成。其安全技术要求如下:

①电动机

起重机各部位运转的电动机应有较高的机械强度和过载能力,以带动大车、小车、主钩和副钩正常工作,并能适应频繁启动、反转、制动等要求。电动机安装前必须检验绝缘性能,定子绝缘电阻应达 $2 M\Omega$,转子绝缘电阻应达 $0.8 M\Omega$。在使用期间,定子绝缘电阻应达 $0.5 M\Omega$,转子绝缘电阻应达 $0.15 M\Omega$。

②制动电磁铁

制动电磁铁与起重机电动机配合工作,在磁铁吸合和释放时,能达到工作和制动停车之用。电磁铁安装使用前必须检验绝缘电阻,其阻值与电动机定子线圈电阻值相同。如低于规定要求,须干燥并检验合格后方可使用。

③控制电器

起重机的控制电器主要包括控制器、电阻器等电气设备,主要起操作和控制电动机的作用。

控制器各触头因经常开闭产生的强烈火花而烧灼,致使转动不灵或接触不良,应经常检查,发现上述情况及时修复。

电阻器在使用中温升不宜超过300℃,电阻器表面应保持清洁,易于散热。各电阻片需保持平直并有一定间距,如发现相互接触必须及时调整校正。

④起重机的信号和照明装置是辅助的安全电器设备。

2. 起重机保护电器的安全要求

保护电器是根据起重机在运行中的负载大小、并通过控制器和总接触器的作用,达到保护电器设备的目的。一般包括:

(1)限位保护

包括卷扬限制器(上极限位置和下极限位置限制器)和大、小车行程开关,要经常检查各固定螺栓、螺母是否松动,应保证其在规定位置自动切断电源。开关内各金属触头须保持完好,各活动部位要经常润滑,防止磨损。

(2)超负荷限制器及力矩限制器

当重物的重量超过额定起重量或重物作用在具有一定幅度的吊臂上,使吊重力矩超过额定起重力矩时,超负荷限制器或力矩限制器能自动切断起升电源,并发出报警信号。要经常检查其接线是否牢固,不得有松动,并保持各触头接触良好,确保动作灵敏。

(3)电气连锁保护装置

起重机的电气连锁开关设在司机室门和上方舱口及大车两端梁栏杆门上,当门打开时,开关触头也打开,起重机断电停车,并能防止人员上、下起重机桥架时发生人身伤害事故。要经常检查开关接触是否完好,确保动作灵敏。

(4)紧急断电保护(紧急开关)

起重机紧急断电保护,是利用装设在司机室内便于操作位置的紧急开关来实现的。其作用主要是在事故或紧急情况下用来切断连锁保护电路,因此不允许用紧急开关代替任何正常操纵和断电开关。

(5)过电流保护、零压保护和零位保护

过电流保护中包括短路和过载保护,主要采用熔断器和电磁式过电流继电器动作等保护形式。

零压保护中包括欠压保护。起重机遇有停电和电压过低时,依靠总接触器线圈失去电压或电压过低时掉闸,从而达到自动停车目的。

零位保护是指起重机各控制手柄不在零位时,各电动机不能开始工作的保护电器。

3. 电器线路安全要求

(1)设计、安装和更换起重机电线电缆,应根据起重机的环境工作温度、接电保护率等因素,合理选择载流量。

(2)起重机的主滑线应由专用馈电线供电。对于交流 380 V 电源,采用滑线或软线供电时应备有一根专用零线或接地线,主滑线应在非导电接触面涂刷红色油漆,并在适当位置装设安全标志或指示灯。

(3)起重机的主滑线和控制滑线,有采用滑车拖拉电缆或封闭滑线方式供电及裸滑线摩擦集中供电方式两种。在采用裸滑线供电方式时,滑车应平直、光滑且无腐蚀。集电器应有足够的压力,并保持良好的导电性能。

(4)设在起重机司机室一侧的裸露滑线,应装设屏护装置,防止上、下车时发生触电事故。

(5)户外起重机一律采用管配线,户内则须采用保护式配线或管配线。采用管配线时,一根管内只能穿同一电动机导线。无腐蚀损害的作业环境可采用明敷设绝缘线。

(6)起重机采用裸滑线时,应与地面或其他设施保持一定的安全距离,如对地面不小于 3.5 m,对汽车通道不小于 6 m,对一般管道不小于 1 m,对氧气管道不小于 1.5 m,对煤气、乙炔气管道不小于 3 m。

(7)起重机照明和信号电源线路应接在动力总开关前,当动力部分断电时,仍能保持正常供电。

(8)检修起重机时使用的照明电源电压应为安全电压。

(9)起重机金属结构及其所有电气设备的金属外壳、管槽、电缆金属外皮等必须连接成连续的导体,根据电网供电方式采取可靠的接地或接零。通过车轮和轨道接地(零)的起重机轨道两端,应采取接零或接地保护。轨道的接地电阻,以及起重机上任何一点的接地电阻均不得大于 4 Ω。

第二节　触电急救

发生在起重机上的触电事故种类较多,如果发现有人触电时,切不可惊慌失措,首先要使触电者迅速脱离电源,然后根据触电者的具体情况,施行相应的救治方法,使其脱离生命危险。

一、对触电者急救时应注意的问题

1. 触电急救必须争分夺秒,立即在现场用心肺复苏法进行抢救,抢救不能中断,只有在医务人员接替救治后方可中止。

2. 进行救护前,应解开触电者的衣扣、腰带等,以免妨碍呼吸。同时应取出其口中的假牙、食物、黏痰等妨碍呼吸的物品,以防止呼吸道堵塞。

3. 被救人不要直接躺卧在潮湿冰凉的地面上,要保持触电人的体温。

4. 发现有人触电要因地制宜,在保证自身安全的情况下,用最快的速度使触电者脱离电源,视触电人状态确定正确急救方法。

5. 心肺复苏法的实施应准确,要保证将气吹到被救人的肺中,要保证按压触电者心脏准确位置。

6. 人工呼吸应不间断地连贯进行,换人施救时节奏要一致。被救人有微弱呼吸时仍要继续进行,直到呼吸正常为止。

7. 急救时禁止使用"肾上腺素"等强心剂。对触电时发生的不危及生命的轻度外伤,可在触电急救后处理;严重外伤,应与人工呼吸同时处理。

二、脱离电源的方法

人触电以后,可能由于痉挛或失去知觉等原因紧握带电体,而不能自行摆脱电源。当发现有人在低压设备线路触电时,救护人不能用手或金属品接触触电人,应视现场的具体情况,采取可靠方法救护,以免使救护人受到伤害。

1. 拉闸断电

如果触电地点附近有电源开关或插销,应立即打开开关或拔掉插头,切断触电电源。若触电地点离电源较远,可用绝缘钳或木柄利器(如斧头、木柄刀具等)将电源线切断,此时应防止切断后的带电体部分电源线短路而造成其他事故发生。

2. 使用绝缘物品使触电人脱离电源

当没有条件采用上述方法切断电源时,可用干燥的木棒、绳索、手套、衣服等绝缘物品挑开电源线,或将触电人拖(拉)开触电电源。

3. 因电容器或电缆触电

当触电人在电容器或电缆部位触电,应先切断电源,并且采取放电措施后,方可对触电人进行救护。

4. 使触电人与带电体脱离

救护人最好用一只手进行,以防自身触电,还应做好各种防护。如触电人处于高处,解脱电源后会有高处坠落的可能;即使触电人在平地,也应注意触电人倒下的方向,避免触电人头部摔伤等。

5. 如触电事故发生在晚上或夜间,切断电源时应注意现场照明,以免影响抢救工作顺利进行。

三、视触电人身体状况确定急救方法

触电者脱离电源后,会出现神经麻痹、呼吸中断、心脏骤停等症状,呈现"假死"状态。此时,应分别情况,迅速进行抢救。

1. 触电者神志清醒,但心慌,四肢麻木,全身无力;或者在触电过程中曾出现昏迷,但已清醒,应使其安静休息,暂时不要站立或走动,严密观察,并请医生前来诊治或送医院。

2. 触电者如神志不清,但有呼吸,心脏仍在跳动,应将其安放在空气流通处仰面躺平,且确保气道通畅,并用 5 s 时间,呼叫触电者或轻拍其肩部,以判定触电者是否意识丧失。禁止摆动触电者的头部呼叫。

3. 触电者如意识丧失,应在 10 s 内,用看、听、试的方法判定触电者的呼吸和心跳情况。

四、心肺复苏法

1. 通畅气道。如发现触电者口内有异物可将其身体及头部同时侧转,迅速用一个手指或两个手指交叉从口角处插入,取出异物,操作中要防止将异物推到咽喉深部。

2. 通畅气道可采用仰头抬颏法,如图 11-1 所示。用一只手放在触电者前额,另一只手的手指将其下颌骨向上抬起,两手协同将头部推向后仰,舌根随之抬起,气道即可通畅。严禁用枕头或其他物品垫在触电者头下,头部抬高前倾,则会加重气道阻塞,并且使胸外按压时流向脑部的血流减少。

3. 口对口(鼻)人工呼吸,如图 11-2 所示。

(1)在保持触电者气道通畅的同时,救护人用放在触电者额上的手指捏住其鼻翼,救护人深吸气后,与触电者口对口贴紧,在不漏气的情况下,先连续大口吹气两次,每次 1~1.5 s。如两次吹气后试测颈动脉仍无搏动,可判断为心跳已经停止,要立即同时进行胸外按压。

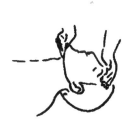

图 11-1　仰头抬颏法　　图 11-2　口对口人工呼吸

（2）除开始时大口吹气两次外，正常口对口（鼻）呼吸吹气量不需过大，以免引起胃膨胀。吹气和放松时要注意触电者胸部应有起伏的呼吸动作。吹气时如有较大阻力，可能是头部后仰不够，应及时纠正。

（3）触电者如牙关紧闭，可口对鼻人工呼吸。口对鼻人工呼吸吹气时，要将触电者嘴唇紧闭，防止漏气。

4. 胸外按压法

正确的按压位置是保证胸外按压效果的重要前提。确定正确按压位置的步骤：

（1）右手的食指和中指沿触电者的右侧肋弓下缘向上，找到肋骨和胸骨接合处的中点。两手指并齐，中指放在切迹中点（剑突底部），食指平放在胸骨下部，另一只手的掌根紧挨食指上缘置于胸骨上，即为正确按压位置，如图 11-3 所示。

（2）使触电者仰面躺在平硬的地方，救护人跪在其右侧，救护人的两肩位于触电者胸骨正上方，两臂伸直，肘关节固定不屈，两手掌根相叠，手指翘起，不接触触电者的胸壁。以髋关节为支点，利用上身的重力，垂直将正常成人胸骨压陷 3～5 cm（儿童和瘦弱者酌减）。压至要求程度后，立即全部放松，但放松时救护人的掌根不得离开胸壁，如图 11-4 所示。按压必须有效，有效的标志是按压过程中可以触及颈动脉搏动。

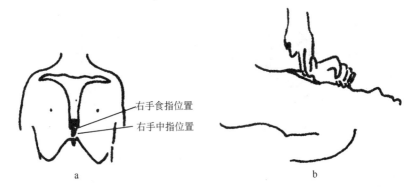

图 11-3　正确的按压位置

图 11-4　按压姿势与用力方法

5. 操作频率

胸外按压要以均匀速度进行,每分钟 80 次,每次按压和放松时间相等。胸外按压与口对口(鼻)要同时进行,单人抢救时每按压 15 次后吹气 2 次(15∶2),反复进行。双人抢救时,每按压 5 次后由另一人吹气 1 次(5∶1),反复进行。

6. 抢救过程中的判定

(1)按压吹气 1 分钟后(相当于单人抢救时做了 4 个 15∶2 压吹循环),用看、听、试方法在 5~7 s 时间内完成对触电者呼吸和心跳是否恢复的判定。

（2）若判定颈动脉已有搏动但无呼吸，则暂停胸外按压，而再进行 2 次口对口人工呼吸，接着 5 s 吹气一次（即每分钟 12 次）。如脉搏和呼吸均未恢复，则继续坚持心肺复苏法抢救。

（3）在抢救过程中，要每隔数分钟再判定一次，每次判定时间均不得超过 5～7 s。在医生未接替抢救前，现场抢救人不得放弃现场抢救。

（4）心肺复苏法在现场就地坚持进行，不要为图方便而随意移动触电者，如确有需要移动时，抢救中断时间不应超过 30 s。移动或送医院的途中应继续做心肺复苏法，不得中断。

第三节 起重机司机登高作业安全措施

根据国家标准（GB 3608—83）《高处作业分级》中规定：凡是在坠落高度基准面 2 m 以上（含 2 m）有可能坠落的高处进行的作业，均称为高处作业。

除了汽车式、轮胎式起重机高度较低以外，绝大多数起重机均存在着登高作业的问题。高度为 30 m 左右的起重机现已不足为奇，特别是随着高层建筑的增加塔吊使用较为普遍，其高度甚至可达 80 m 以上。

起重机司机登高作业有两种情况，一是司机频繁往返于地面和驾驶室之间，二是司机登高后对一些设备和主要零部件进行检查，并经常对设备进行清洁维护工作。由此可见，登高作业安全是司机日常工作中经常遇到的问题。所以起重机司机了解并掌握有关登高作业的安全技术要求是很有必要的。

一、正确使用劳动防护用品

1. 起重机司机应穿橡胶绝缘鞋，不能穿硬底鞋或塑料鞋。要扎紧鞋带，防止滑倒和跌落而导致摔伤事故发生。

2. 工作时要穿着合体的工作服,裤腿和袖口要扎紧。检修、维护时应戴安全帽,防止零散部件或工具掉落砸伤头部。

3. 吊运炽热金属等高温作业车间的起重机,夏季应搞好防暑降温,防止中暑晕倒事故发生。条件恶劣的应轮换上岗。

4. 尘毒作业场所应注意驾驶室通风,采取个人防尘、防毒措施。露天作业的起重机冬季要做好防寒防冻。

5. 在起重机桥架或脚手架板上检修,必须戴安全带,防止用力过猛,重心偏移而坠落。悬挂安全带应平行拴挂在牢固的构件上,安全带要高挂低用,严禁低挂高用。

二、登高作业应注意的安全问题

1. 起重机直梯、斜梯要按规范装设。司机上下扶梯时要逐级上下,不得手持物品上下走梯。

2. 擦拭和清扫设备时,禁止站在主梁上。在端梁上清扫时,应面对舱口,防止失足落空。

3. 必须登上主梁或厂房行车梁轨道进行检修时,应切断电源,指派专人监护,此时禁止动车和试车。检修时拆装卸的零部件及时清理,机体上的油污应及时清除干净。

4. 在配合其他工种作业时,司机必须服从专人指挥。

第四节　起重机电气火灾及灭火方法

起重机发生电气火灾的原因较多,但主要是由于电气设备的安装和日常维护不善,电气设备在运行中超过额定负荷,发生线路短路、过热和打火花而造成的。因此,在起重机驾驶室必须配置符合规定的消防器材,并应配备救生安全绳。

一、发生火灾的原因

1. 设备过热

引起电气设备发热的主要原因有：

(1)短路　发生短路故障时,线路中的电流增加为正常时的几倍,产生的热量与电流成正比。此时若温度达到可燃物的燃点时,就会造成火灾。

(2)过载　过载也会引起设备发热。造成过载有以下三种情况:一是设计选用线路和设备不合理,导致在额定负荷下出现过热;二是使用不合理,起重机长时间超负荷运行,造成线路或设备过热;三是故障运行,如三相电源缺一相。

(3)接触不良　各种接触器触点没有足够压力或接触面粗糙不平,均会导致触头过热。

(4)散热不良　电阻器安装不合理或使用时损坏、变形,热量积蓄过高。

2. 起重机周围存在可燃物

(1)起重机上的电气线路、开关柜、熔断器、插销、照明器具、电动机、电加热设施等电气设备接触或接近可燃物极易发生火灾。润滑系统缺油,也可导致火灾的发生。

(2)起重机司机、登机检修人员随地抛掷的烟头和火柴棍,容易造成火灾。

(3)在起重机或厂房、屋架、天窗等处进行维修时,使用电气焊产生的火花飞溅物,落在起重机上而发生的火灾。

(4)冶炼、铸造等热加工融化的金属喷溅在起重机上,也是发生火灾的原因之一。

二、灭火方法

电气火灾发生后,电气设备可能因绝缘损坏而碰壳短路,电气线路也可能因断落而接地短路,使正常不带电的金属构架、地面带电,从而导致接触电压或跨步电压的触电。因此,发现电气设备、电气装置或线路及电气设备附近着火时,首先设法切断电源,以防火势蔓延和灭火时造成触电,若无法断电时,要合理使用灭火器材灭火。

1. 起重机电气火灾多发生在司机室内、小车拖缆线、控制屏等处,扑救时要用 1211、干粉或二氧化碳等不导电灭火器材,并保持一定的距离。

2. 电气火灾最常用、最有效的扑救器材是 1211 灭火器和干粉灭火器,其正确的使用方法是:

1211 手提式灭火器,使用前,首先拔掉安全销,一只手紧握压把,将喷嘴对准火源根部,向火源边缘左右扫射,并迅速向前推进,操作时将灭火器水平和颠倒使用。

外装式干粉灭火器,使用时一只手推住喷嘴,另一只手向上提起提环,握住提柄,将灭火器上、下颠倒数次,使干粉预先松动,喷嘴对准火焰根部进行灭火。

思考题:

1. 触电伤害的类型有哪些?

2. 电流通过人体内部对人体的伤害程度取决于哪几方面因素?

3. 什么是安全电压?什么是保护接零?什么是保护接地?

4. 起重机电气安全技术要求有哪些?

5. 脱离电源的方法有哪几种?

6. 登高作业应注意哪些问题?

7. 起重机电气火灾使用何种灭火器材?

第十二章 常见起重机事故案例分析

　　起重机械是机械设备中蕴藏危险因素较多、易发事故几率较大的典型危险机械之一。国内外每年都因起重设备作业造成大量的人身伤亡事故灾害，损失较大。

　　随着国民经济的发展，起重机械不仅需要的数量在不断增大，同时起重机械正面向大型化、高速化、自动化和多功能复杂化方向发展。随之而来的起重事故、危险因素也越来越多，特别是先进工业国家的社会进入了高龄化社会、中高年职工受害的比例明显增加；发展中国家又因安全管理体制不够健全，改进缓慢，安全教育不够，发生起重事故灾害情况是严重的。日本近期每年因起重事故造成的伤亡事例不下 20 多万起（注：因伤工休 4 天以上为一起），我国每年发生的起重事故灾害也屡见不鲜。

　　经多年多起起重事故实践证明，绝对避免起重事故是不现实的，积极防范力求减少与避免起重事故灾害发生是每一个从事与起重机械有关人员的神圣职责，首先最有必要的是要能掌握起重事故的类型特点，发生事故的原因，才能制定出防范事故发生的措施。作为各种类型起重机械的操作者——起重机司机必须能充分了解起重机械常见事故类型的特点，掌握防范起重机械易发生事故灾害的要领是当务之急。

　　起重机械常见事故灾害不外乎有以下几大类型：失落事故、挤伤事故、机械事故、坠落事故和触电事故等。

第一节　起重机事故类型

一、失落事故

起重机失落事故是指起重作业中,吊载、吊具等重物从空中坠落所造成的人身伤亡和设备毁坏的事故。

失落事故是起重机械事故中最常见的,也较为严重的。

常见的失落事故有以下几种类型:

1. 脱绳事故

脱绳事故是指重物从捆绑的吊装绳索中脱落溃散发生的伤亡毁坏事故。

造成脱绳事故的主要原因是重物的捆绑方法与要领不当,造成重物滑脱;吊装重心选择不当,造成偏载起吊或因吊装中心不稳造成重物脱落;吊载遭到碰撞、冲击、振动等而摇摆不定,造成重物失落等。

2. 脱钩事故

脱钩事故是指重物、吊装绳或专用吊具从吊钩钩口脱出而引起的重物失落事故。

造成脱钩事故的主要原因是吊钩缺少护钩装置;护钩保护装置机能失效;吊装方法不当及吊钩钩口变形引起开口过大等原因所致。

3. 断绳事故

造成起升绳破断的主要原因多为超载起吊拉断钢丝绳;起升限位开关失灵造成过卷拉断钢丝绳;斜吊、斜拉造成乱绳挤伤切断钢丝绳,钢丝绳因长期使用又缺乏维护保养造成疲劳变形、磨损损伤等达到或超过报废标准仍然使用等造成的破断事故。

造成吊装绳破断的主要原因多为吊装角度太大($>120°$),使吊装绳抗拉强度超过极限值而拉断;吊装钢丝绳品种规格选择不当,或仍使用已达到报废标准的钢丝绳捆绑吊装重物造成吊装绳破断;吊装绳与重物之间接触处无垫片等保护措施,因而造成棱角割断钢丝绳而出现吊装绳破断事故。

4. 吊钩破断事故

吊钩破断事故是指吊钩断裂造成的重物失落事故。

造成吊钩破断事故原因多为吊钩材质有缺陷,吊钩因长期磨损断面减小已达到报废极限标准却仍然使用或经常超载使用造成疲劳破坏以致断裂破坏。

起重机械失落事故主要是发生在起升机构取物缠绕系统中,除了脱绳、脱钩、断绳和断钩外,每根起升钢丝绳两端的固定也十分重要,如钢丝绳在卷筒上的极限安全圈是否能保证在 2 圈以上,是否有下降限位保护,钢丝绳在卷筒装置上的压板固定及楔块固定结构是否安全合理。另外钢丝绳脱槽(脱离卷筒绳槽)或脱轮(脱离滑轮)事故也会发生失落事故。

二、挤伤事故

挤伤事故是指在起重作业中,作业人员被挤压在两个物体之间,所造成的挤伤、压伤、击伤等人身伤亡事故。

造成伤亡事故的主要原因是起重作业现场缺少安全监督指挥管理人员,现场从事吊装作业和其他作业人员缺乏安全意识或从事野蛮操作等人为因素所致。发生挤伤事故多为吊装作业人员和从事检修维护人员。

挤伤事故多发生在以下作业条件下。

1. 吊具或吊载与地面物体间的挤伤事故

车间、仓库等室内场所,地面作业人员处于大型吊具或吊臂与机器设备、土建墙壁、牛腿立柱等障碍物之间的狭窄场所,在进行吊装、挂绑司索、指挥、操作或从事其他作业时,由于指挥失误或误操作等,使作业人员躲闪不及被挤在大型吊具(吊载)与各种障碍物之间造成挤伤事故,或者由于吊装司索不合理,造成吊载剧烈摆动冲撞作业人员致伤。

2. 升降设备的挤伤事故

电梯、升降货梯、建筑升降机等的维修人员或操作人员,不遵守操作规程,发生被挤压在轿厢、吊笼与井壁、井架之间造成挤伤的事故灾害也时有发生。

3. 机体与建筑物间的挤伤事故

这类事故多发生在高空从事桥式类型起重机维护检修人员中,被挤压在起重机端梁与支承承轨梁的立柱或墙壁之间,或在高空承轨梁侧通道通过时被运行的起重机撞击击伤。

4. 机体旋转击伤事故

这类事故多发生在野外作业的汽车起重机、轮胎起重机和履带起重机等作业中,往往由于此类作业的起重机旋转时配重部分将吊装司索人员、指挥人员和其他作业人员撞伤或把上述人员挤压在起重机配重与建筑物等障碍物之间而致伤。

5. 翻转作业中的撞伤事故

从事吊装司索、翻转、倒个等作业时,由于吊装方法不合理,装卡不牢,捆绑不当,吊具选择不合理,重物倾斜下坠,吊装选位不佳,指挥及操作人员站位不好,司机误操作等原因造成吊装失稳,吊载摆动冲击等均会造成翻转作业中的砸、撞、碰、击、挤、压等各种伤亡事故,这种类型事故在挤压事故灾害中尤为突出。

三、坠落事故

坠落事故主要是指从事起重作业的人员,从起重机机体等高空处发生向下坠落至地面的摔伤事故。

常见的坠落事故有以下几类:

1. 从机体上滑落摔伤事故

这类事故多发生在高空的起重机上进行维护、检修作业中,检修作业人员缺乏安全意识,抱着侥幸心理不穿戴安全带,由于脚下滑动、障碍物绊倒或起重机突然启动造成晃动,使作业人员失稳从高空坠落于地面而摔伤。

2. 机体撞击坠落事故

这类事故多发生在检修作业中,因缺乏严格的现场安全监督制度,检修人员遭到其他作业的起重机端梁或悬臂撞击,从高空坠落摔伤。

3. 轿厢坠落摔伤事故

这类事故多发生在载客电梯、货梯或建筑升降机升降运转中,起升钢丝绳破断,钢丝绳固定端脱落,造成乘客及操作者随轿厢、货箱一起坠落而造成人身伤亡事故。

4. 维修工具零部件坠落砸伤事故

在高空起重机上从事检修作业中,常常因不小心,使维修更换的零部件或维护检修工具从起重机机体上滑落,造成砸伤地面作业人员和机器设备等事故。

5. 振动坠落事故

这类事故不经常发生。起重机个别零部件因安装连接不牢,如螺栓未能按要求拧入一定的深度,螺母锁紧装置失效,或因年久失修个别连接环节松动,当起重机一旦遇到冲击或振动时,就会出现因连接松动造成某一零部件从机体脱落,进而坠落造成砸伤地面作业人员或砸伤机器设备的事故。

6. 制动下滑坠落事故

这类事故产生的主要原因是起升机构的制动器性能失效,多为制动器制动环或制动衬料磨损严重而未能及时调整或更换造成刹车失灵,或制动轴断裂造成重物急速下滑成为自由落体坠落于地面,砸伤地面作业人员或机器设备。

坠落事故形式较多,如近些年多发生在吊笼、简易客货梯的坠落事故。

四、触电事故

触电事故是指从事起重操作和检修作业人员,由于触电遭到电击所发生的伤亡事故。

1. 分类

(1)室内作业的触电事故

室内起重机的动力电源是电击事故的根源,遭受触电电击伤害者多为操作人员和电气检修作业人员。产生触电原因,从人的因素分析多为缺乏起重机基本安全操作规程知识,缺乏起重机基本电气控制原理知识,缺乏起重机电气安全检查要领,不重视必要的安全保护措施。如不穿绝缘鞋、不带试电笔进行电气检修等。从起重机自身的电气设施角度看,发生触电事故多为起重机电气系统及周围相应环境缺乏必要的触电安全保护。

(2)室外作业的触电事故

随着土木建筑工程的发展,在室外施工现场从事起重运输作业的自行式起重机,如随车起重机、汽车起重机、轮胎起重机和履带起重机越来越多,虽然这些起重机的动力源非电力,但出现触电事故并不见得少。这主要是在作业现场往往有裸露的高压输电线,由于现场安全指挥监督混乱,常有自行式起重机的悬臂或起升钢丝绳摆动触及高压线使机体连电,进而造成操作人员或吊装司索人员间接遭到高压电线中的高压电击伤。

2. 防触电安全措施

(1)保证安全电压

为保证人体触电不致造成严重伤害与伤亡,触电的安全电压必须在 50 V 以下,目前起重机应采用低压安全操作,常采用的安全低压操作电压为 36 V 或 42 V。

(2)保证绝缘的可靠性

起重机电气系统虽有绝缘保护措施,但是受环境温度、湿度、化学腐蚀、机械损伤影响,以及电压变化等都会使绝缘材料减小电阻值,或者出现绝缘材料老化击穿造成漏电,因此必须经常用摇表(兆欧表)测量检查各种绝缘环节的可靠性。

(3)加强屏护保护

对起重机不可避免的一些裸露电器,如馈电的裸露滑触线等,必须设有一定的护栏、护网等屏护设施以防触电。

(4)严格保证配电最小安全净距

起重机电气的设计与施工必须规定出保证配电安全的合理距离。

(5)保证接地与接零的可靠性

电气设备一旦漏电,起重机的金属部分都会存在一定电压,作业人员若触及起重机金属部分就可能发生触电事故,如果接地和接零措施安全可靠就可以防止这类触电事故。

(6)加强漏电触电保护

除了起重机电气系统中采用电压型漏电保护装置、零序电流型漏电保护装置和泄漏电流型漏电保护装置来防止漏电之外,还应设有绝缘站台(司机室采用木制或橡胶地板)和作业人员穿戴绝缘鞋等进行操作与检修。

五、机体毁坏事故

机体毁坏事故是指起重机因超载失稳等产生机体断裂、倾翻造成机体严重损坏及人身伤亡的事故。

常见机体毁坏事故有以下几种类型。

1. 断臂事故

各种类型的悬臂起重机,由于悬臂设计不合理,制造装配有缺陷以及长期使用已有疲劳破坏隐患,一旦超载起吊就有可能造成断臂或悬臂严重变形等机毁事故。

2. 倾翻事故

倾翻事故是自行式起重机的常见事故,自行式起重机倾翻事故大多是由起重机作业前支承不当,如野外作业场地支承基础松软、起重机支腿未能全部伸出、起重量限制器或力矩限制器等安全装置动作失灵、悬臂伸长与规定起重量不符,超载起吊等因素都会造成自行式悬臂起重机倾翻事故。

3. 机体摔伤事故

在室外作业的门式起重机、门座起重机、塔式起重机等,由于无防风夹轨器,无车轮止垫或无固定锚链等,或者上述安全设施机能失效,当遇到强风吹击时往往会造成起重机被大风吹跑、吹倒,甚至从栈桥上翻落造成严重的机体摔毁事故。

4. 相互撞毁事故

在同一跨中的多台桥式类型起重机由于相互之间无缓冲碰撞保护措施,或缓冲碰撞保护设施毁坏失效,难免要有起重机相互碰撞致伤。还有在野外作业的多台悬臂起重机群中,悬臂旋转作业中也难免相互撞击而出现碰撞事故。

第二节 危险工况辨识与控制

安全是人们最重要、最基本的生产需求,是经济和社会发展的重要指导原则,是构建和谐社会的重要内容。因此,避免和控制司索指挥事故的发生从充分辨识危险工况开始,从源头控制事故的发生是一项重要的基础工作。

一、危险工况概念

危险工况是指一个系统中具有潜在能量和物质释放危险的、可造成人员伤害、财产损失或环境破坏的、在一定的触发因素作用下可转化为事故的工作状况。它的实质是具有潜在危险的源点或部位,是爆发事故的源头,是能量、危险物质集中的核心,是能量从那里传出来或爆发的地方。危险工况存在于确定的系统中,不同的系统范围,危险工况的区域也不同。例如,从一个车间范围来说,某台起重机可能就是一个危险工况,而从一个起重机系统来说,可能某个零部件就是危险工况,如起重机吊钩上下限位失灵就是危险工况。因此,分析起重作业危险工况应将其看作一个系统按不同层次来进行。

二、危险工况辨识方法

危险工况辨识是发现、识别系统中危险工况的工作。这是一件非常重要的工作,它是危险工况控制的基础,只有辨识了危险工况之后才能有的放矢地考虑如何采取措施控制危险工况。

1. 危险工况辨识方法

(1)对照法。与有关的标准、规范、规程或经验相对照来辨识危险工况。有关的标准、规范、规程,以及常用的安全检查表,都是在大量实践经验的基础上编制而成的。因此,对照法是一种基于经验的方法,适用于有以往经验可供借鉴的情况。对照法的最大缺点是,在没有可供参考的先例的新开发系统的场合没法应用,它很少被单独使用。

(2)系统安全分析法。系统安全分析是从安全角度进行的系统分析,通过揭示系统中可能导致系统故障或事故的各种因素及其相互关联来辨识系统中的危险工况。系统安全分析方法经常被用来辨识可能带来严重事故后果的危险工况,也可用于辨识没有事故经验的系统的危险工况。作业越复杂、系统越复杂,越需要利用系统安全分析方法来辨识危险工况。

2. 危险工况辨识的流程

危险工况辨识一般分为 3 个步骤:

(1)在确定的区域内辨识具体的危险工况,可以从以下两方面着手:

一是根据已发生过的某些事故,查找其触发因素,然后再通过触发因素找出其现实的危险工况。

二是模拟或预测系统内尚未发生的事故,追究可能引起其发生的原因,通过这些原因找出触发因素,在通过触发因素辨识出潜在的危险工况。

(2)把通过各类事故查找出的现实危险工况与辨识出的潜在危险工况汇总后,得出确定的区域内的全部危险工况。

(3)将各区域内的所有危险工况归纳综合到所研究系统的危险工况中。

三、起重机作业危险工况的辨识举例

起重机械广泛用于物料运输、输送、装卸、建筑工程和仓储等作业,作业面临比较复杂的工作环境。因此,需要采集的危险工况也比较多、比较复杂。从国家防范和遏制事故发生的实践看,对细节问题的把握程度决定了危险工况辨识的充分性,也会影响风险评价等后续活动的有效进行。为了尽可能充分地辨识起重机作业的危险工况,可以从以下三个方面着手。

1. 起重机械、吊索具危险工况辨识

(1)起重机械危险工况——各种限位失灵、制动装置不起作用、钢丝绳处于报废标准状态、吊钩危险断面达报废标准、滑轮边缘破损严重,等等。

(2)吊索具危险工况——索具、吊具绳索处于报废标准状态;吊钩危险断面达报废标准,吊具滑轮边缘破损严重;吊索具储存环境严重不符合要求,等等。

2. 作业环境危险工况辨识

吊运场所狭窄、场地混乱;光线暗;风力 6 级以上,等等。

3. 管理缺陷引起的危险工况辨识

缺少规章制度,缺少操作规程,没有起重作业方案,人员不符合起重作业要求,等等。

危险工况辨识举例见表 12-1。

表 12-1　起重机作业危险工况辨识举例

作业活动	装备/场所/管理	危险工况	可能导致事故
吊运活动	起重机	各种限位失灵	起重事故
	起重机	制动装置不起作用	起重事故
	起重机	钢丝绳处于报废标准状态	起重事故
	起重机	吊钩危险断面达报废标准	起重事故
	起重机	滑轮边缘破损严重	起重事故
	道轨	严重啃轨	起重机落架
	作业场所	视线不清	起重事故
	道轨	道轨严重不平	起重事故
	起重机	起重机放置不稳	起重机倾倒
起吊活动	起重机	车架严重变形	起重机落架
运输活动	运输路线	吊运路线严重堵塞	起重事故
	运输路线	吊运路线光线不足	起重事故
	运输路线	风力达 6 级以上	起重事故
落钩活动	作业环境	作业现场狭窄	起重事故
绑扎活动	索具	索具绳索处于报废标准状态	起重事故
	管理	没有工艺吊点	起重事故
	吊具	吊具绳索处于报废标准状态	起重事故
挂钩活动	吊具	吊具吊钩危险断面达报废标准	起重事故
	吊具	吊具绳索处于报废标准状态	起重事故
摘钩活动	工装管理	工件没有放稳设施	起重事故
	作业环境	场地狭窄、场地地面不平	起重事故
指挥活动	人员管理	不符合指挥人员要求	起重事故
	人员管理	指挥信号不熟练	起重事故
	作业管理	没有作业方案	起重事故
	作业管理	没有操作规程	起重事故

第三节　各类起重机典型事故案例

一、葫芦式起重机案例

案例1　电动葫芦溜车事故

事故概况

2003 年 4 月 16 日,河南省向阳市×××氮肥厂造汽车间(锅炉车间)郭某等 5 人于夜间 1 时接班,应由 5 人操作锅炉,1 人操作电动葫芦,但操作电动葫芦的工人因请假未到岗,电动葫芦就由操作锅炉的 5 名工人轮流操作。当设备运行至 8 时 30 分左右时,电动葫芦轮到郭某操作,下部装煤渣班准备下班,此时张某等准备清坑,8 时 40 分左右,当清坑工作正在进行时,上部电动葫芦操作失灵,煤斗自由落下,直击坑中清煤的工人,使其当场身受重伤,后经抢救无效死亡。直接经济损失约 10 万元。

事故原因分析

1. 设备存在严重隐患。事发后经检测发现该电动葫芦的减速器内与起升电机直接相连的齿轮固定轴承解体损坏,该齿轮已严重磨损且有两个齿基本磨平。当该齿轮的两个磨损齿与卷筒相连的齿轮相啮合时,就发生两齿轮无法啮合,卷筒与起升电机和制动器机械分离,重物在重力加速度作用下自由坠落(即煤斗高速溜车)。

2. 氮肥厂管理混乱,职工随意换岗,设备操作人员随意性大,设备没有进行日常维护保养和定期自行检查;有关制度不健全,现有的制度得不到有效落实,缺乏有关纪律及见证材料;安全培训教育不够,操作及维修人员无证上岗;安全意识较差,监护不力等。

事故教训与防范措施

1. 建立健全特种设备的各项管理制度和责任感,并认真贯彻落实,对全厂内的特种设备隐患进行彻底排查,对特种设备全面安排维修检查,对到期未检的设备及时安排检验。

2. 对特种设备操作人员安排进行培训考核,取得资格证书后方可上岗作业。

案例 2　捆绑不牢物倾翻,司索人员把命丧

事故概况

某厂装配车间用 1 台 10 t 跨度为 19.5 m 的单梁起重机,从卡车上将外协件——两个压铸机底座卸下并运往装配工位。起重机司机 A 操纵起重机,司索工 B 用一对绳扣兜住两个压铸机底座(每个 0.25 t,规格为 789×1170×40)四个叉接的吊环挂于起重机吊钩上,将底座吊起后汽车开走,司索工 B 站在底座东侧指挥起重机向西运行,不料司机 A 扳错方向,起重机却向东行驶,司机 A 急打反转使车向西运行,经此正反变换大车走向,使吊物产生急剧游摆晃动,导致一根兜绳从底部滑脱;底座倾翻坠落将手扶机座的司索工 B 撞成重伤后又被压在底座下面致死。

事故原因分析

1. 吊物捆绑方法错误,违反十不吊中"工件捆绑不牢不吊"的原则,这种兜吊方法起吊两个工件极为不妥,存在两件分离和绳扣滑脱的潜在隐患和危险,以致稍有摆动就会发生吊物滑脱坠落事故。

2. 起重机司机操作时精神不集中,发生误动作,使工件游摆,发生吊物坠落事故。

3. 司索工 B 手扶吊物,置身于吊载之侧这一危险位置,是严重违规行为,乃起重作业之大忌,严重缺乏自我保护意识,以致酿成大祸。

事故教训与防范措施

1. 应采用背扣法捆绑压铸机底座,这样可锁住工件不致发生在其游摆时滑脱事故。

2. 司机在操作时应精神集中。熟悉本机机械、电气性能,提高操作技能,避免发生误动作,即使偶尔发生误动作时,亦应能冷静妥

善处理,采用跟车法稳住吊物使其不发生游摆,而打反车势必会产生吊物的剧烈游摆,使危险范围和程度加大。

3.地面指挥及司索人员必须远离吊载,站在安全位置,而在吊物下面及其附近不准站人。

4.吊载离开卡车后,应下降吊物使其离地面不超过 0.5 m 的高度且在吊运通道上吊运,这样就可避免吊物坠落砸人事故的发生。

二、桥式起重机案例

案例 1 无连锁保护跨车走险道,被车挤碰坠落身亡
事故概况

某厂运输车间一台 5 t 桥式起重机司机室内有何某和倪某两位司机,在地面指挥员张某指挥下由何某操作进行作业,已到倪某接中班的时间,倪某便在起重机大车运行状态下,从司机舱口门登到桥架上,并经过端梁栏杆门跨入距地面 18.5 m 高的厂房走道,准备走向另一台起重机的司机室,就在倪某跨入走道之时,该起重机已行至厂房立柱处,倪某被挤压在端梁与立柱间只有 130 mm 间隙的狭缝中,进而又被行进中的起重机挂出而从高空坠落摔亡。

事故原因分析

1.该车属于缺少安全保护装置的"病车",根本就不准使用,无舱口门开关和端梁开关保护装置,致使悲剧发生。

2.司机倪某不按正规下车,而为图省事跨越起重机栏杆走空中走道,本身就是严重违规行为,何况是跨越正在运行中的起重机栏杆,不但是严重违规,而且更增大了危险性,是这次事故的直接原因。

3.司机何某亦属于违规操作,在有人跨车的情况下仍不停车,对致使倪某坠落身亡,负有不可推卸的责任。

事故教训与防范措施

1.起重机必须具备齐全的安全保护装置,安全装置不全或失效者都不准使用。

2. 司机必须严格遵守安全操作规程。

案例 2　登机调车未施保护,他人上车操作,车动人坠亡

事故概况

某厂桥式起重机司机尤某,在帮助邻车司机调车完毕后,由轨道直接跨入其车桥架上,既未打开端梁栏杆门,亦未掀开司机室舱口门,竟自坐在 5 t 副钩卷筒上调整制动器,此时其徒弟兰某在下面人员要求下上车作业,在未鸣铃情况下贸然合闸启动并下降副钩,尤某猝不及防被卷入主、副卷筒之间并被挤出坠地摔亡。

事故原因分析

1. 尤某不按正常下、上起重机,而直接走轨道跨越端梁栏杆到桥架上,属于严重违规行为。

2. 在调整前,应打开端梁栏杆门及司机室舱口门,使控制回路处于分断状态,防止他人登机操作威胁自己安全,尤某缺乏自我保护意识,不打开上述两个门开关,在保护柜刀闸处也未挂警示牌,使自己置于危险境界中,此乃事故发生的主因。

3. 徒弟兰某登机开车前不鸣铃示警,属于违反安全操作规程之行为,使尤某失去了及时躲避的宝贵时间,车动时猝不及防而坠亡。

事故教训与防范措施

1. 司机应通过登机梯、登机平台上车,而不应走轨道跨越栏杆上车。

2. 在桥架上调修或检查时,必须打开舱口门和端梁门开关并于保护柜刀开关处悬挂警示牌,实现各种安全保护,使自己安全工作。

3. 司机必须遵守安全操作规程,开车前应先鸣铃示警,防止有意外事故发生。

案例 3　制动装置失控造成"4·18"钢水包倾覆特别重大事故

事故概况

2007 年 4 月 18 日 7 时 45 分,辽宁省铁岭市×××公司生产车

间,一个装有约 30 t 钢水的钢包在吊运至铸锭台车上方 2～3 m 高度时,突然发生滑落倾覆,钢包倒向车间交接班室,钢水涌入室内,致使正在交接班室内开班前会的 32 名职工当场死亡,另有 6 名炉前作业人员受伤,其中 2 人重伤。直接经济损失 866.2 万元。

事故原因分析

1. 电气控制系统故障及设计缺陷,导致钢水包失控下坠。

控制钢水包的起重机电气控制系统在运行过程中,由于下降接触器控制回路的一个连锁常闭辅助触点锈蚀断开,上升、下降接触器均失电,电动机电源被切断,失去电磁转矩,而制动器接触器仍在闭合状态,制动器不抱闸。

起升控制屏的线路存在制动器接触器线圈有自保回路的重大缺陷,当上升接触器或者下降接触器接通后,制动器接触器闭合并自保,不再受上述二接触器的控制,制动器仍维持打开状态,不能自动抱闸,钢水包在自身重力作用下,以失控状态快速下坠。

2. 制动器制动力矩不足,未能有效阻止钢水包下坠。

当主令控制器回零后,由于两台制动器的制动衬垫磨损严重,制动轮表面均有不同程度的磨损,并有明显沟痕,事故单位未对其进行及时更换和调整,致使制动力矩严重不足,未能有效阻止钢水包继续失控下坠。

3. 班前会地点选择错误,导致重大人员伤亡。

班前会地点原本是由立柱和 VD 真空炉平台构成的开放空间。2006 年 11 月,改在各立柱间砌起砖墙,形成房间,用作临时堆放杂物的工具间。该工具间离铸锭坑仅 7 m,长期处于高温钢水危险范围之内,没有供人员紧急撤离的通道和出口,北面窗户又被墙外的多个铁柜挡住。2007 年春节前后,各工段逐渐将此工具间作为班前会地点。钢水包倾覆后,正在工具间内开班前会的人员未能及时撤离,导致重大人员伤亡。

事故教训与防范措施

1. 加强日常监督检查,建立日常的设备维护保养制度,做好交接班记录。

2. 做好班前"第一吊",验证制动器和电气控制的能力,使操作者掌握班前、操作中、结束时的安全操作要领。建立预知危险训练,提高应急能力。

三、流动式起重机案例

案例 1　钢丝绳断裂事故

事故概况

2004 年 7 月 13 日 8 时 35 分,天津×××公司发生一起起重机械钢丝绳断裂事故,造成 1 人死亡,1 人重伤,直接经济损失 32 万元。

该公司由承德×××公司购进 15 t φ18 螺纹钢,7 月 13 日早,钢材运至公司厂院内,开始组织卸货,8 时 35 分左右,司索工渠某和宋某在车上将两捆(5.85 t)螺纹钢挂好钢丝绳后,吊车司机杨某启动吊车将钢材吊起,在转向过程中,吊车变幅油缸突然从根部断开,渠某和宋某见状急忙从运钢材的车上跳下,在躲避过程中,渠某被落下的吊钩击中头部,经抢救无效死亡。落下的起重臂正砸在吊车操作室上,吊车司机杨某被挤在变形的操作室内,造成杨某重伤。汽车吊起重臂的后铰接销轴断开为两段,起重臂倾倒压在吊车操作室和运输汽车上,操作室严重变形,变幅油缸底部断开,活塞杆折断。

事故原因分析

1. 这台汽车吊起重臂后铰接销轴瓦由于已偏离正常位置 46 mm,造成后铰接销轴处径向油孔轴横截面外缘区域应力集中,使后铰接销轴在此疲劳开裂,并随起重作业及轴瓦磨损松旷,使后铰接销轴不断受到冲击而加大裂纹,最终导致此次起重作业时后铰接销轴突然断裂,是造成这起事故的直接原因。

2. 天津×××公司未制定特种设备各项安全管理规章制度,未对起重作业人员进行特种设备安全教育和培训,未制定特种设备事故应急措施和救援预案是导致事故发生的间接原因。

事故教训与防范措施

1. 对汽车吊作业人员进行培训、考核,取得特种设备安全监督管理部门颁发的特种设备作业人员证书后,方可操作汽车吊。

2. 建立健全各项安全管理规章制度。建立完善各种检查、维修记录;定期对职工进行安全培训和教育,加强各级人员的安全防范意识;制定事故应急措施和救援预案。

3. 落实各级安全生产责任制,本着"三不放过"的原则认真吸取教训,发动全体员工查找隐患,杜绝伤亡事故再次发生。

案例 2   只顾臂架收缩与旋转,不期后面配重把人伤

事故概况

某装卸货场用一台 20 t 轮胎式起重机来装卸货物。事发这天,由带班工长兼指挥,汽车司机兼起重机司机,司索工和其徒弟四人在完成装卸任务后,带班工长指挥大家清理现场并让司机把汽车起重机开离现场停放到停车位置,此时司索工及其徒弟正在收拾起重工具,徒弟正面向工具箱往里面放置吊具等。此时轮胎起重机已停靠在工具箱附近,司机正忙于边收臂边向左旋转的操作,以使其摆正停车姿态,现场作业人员各自忙于自己的工作,司机在无人指挥状态下只顾注视收臂和旋转,而忽略了配重旋转状况,徒弟背向起重机只顾向箱内装工具,旋转中的平衡配重把徒弟挤在配重与工具箱之间而身受重伤,经抢救无效死亡。

事故原因分析

1. 作业现场管理混乱,现场指挥失职,在起重缩臂和旋转时,未能进行指挥和监视,以致发生这起事故。

2. 现场作业人员缺乏自我保护意识和群体相互保护意识,只顾自己工作而不顾他人安全与否。学徒工更缺乏自我保护意识,当汽车起重机已靠近自己时,未能引起警觉,置身于危险区而仍在忙于工作。

3. 作业完毕后产生麻痹思想,认为完事大吉而放松警惕,清理工作现场更应坚持不懈地注意安全。

4. 起重机停车位置没有画出边界线、危险区,以引起相关人员注意。

事故教训与防范措施

1. 必须加强作业现场的管理工作,在各自分工明确的前提下,应相互配合、相互照顾,提高自我保护和群体保护意识。

2. 作业现场自始至终应设现场安全监督人员。

3. 提高工作人员素质,加强安全教育,使人们在工作中严格遵守各自的安全操作规程。

4. 司机操作时应精神集中,头脑应冷静,不能只顾前方而忘却后方,时刻牢记起重机在动作时会对周围人员和设备所构成的威胁和伤害。

案例 3 起重臂下聊天把命丧

事故概况

某建筑工地用 1 台 5 t 汽车起重机卸厂房立柱和薄腹梁,午饭前司机离现场时未把起重臂放落在其支承架上,仍然处于工作位置,其与地面仰角约 60°,该日中午烈日曝晒,工人王某和李某饭后相遇即躲在起重臂下避晒聊天,不料起重臂突然坠落,当场把王某砸死。

事故原因分析

1. "起重臂下不准站人"这是起重机安全管理规程中明文规定的,就是坠落的臂架上还写有该字样的八个醒目大字,违规站在最危险位置是这次事故的主要原因。

2. 汽车司机工作结束后,应把起重臂放落在其支承架上的非工作位置,违规将起重臂置于工作位置就擅离现场,为事故发生留下了隐患。

3. 起重臂之所以坠落,事后方查明,原来变幅机构制动器的制动臂销轴退出脱落,从而失去制动能力,起重臂在其重力矩作用下而绕轴坠落。说明该机平时维护保养不善,又缺少必要的检查机制,以致像这种制动器销轴已退出的严重危险状况,竟未能及时发现予以排除而是带"重病"继续工作,以致酿成大祸。

事故教训与防范措施

1. 所有人员都必须严格遵守安全操作规程,起重臂下和吊物下面绝对不准站人。

2. 对起重设备要建立科学的检查、维修制度,消除各种隐患,使设备保持完好状态,才能保证安全的工作和运转。

四、门座起重机事故案例

案例1 起重臂折断砸人致死

事故概况

1993年3月17日下午2时,上海某混凝土制品厂使用一台非标准10 t门座起重机为搅拌机上料。该司机陆某在观察徒弟唐某吊完两抓斗石子后,接替徒弟亲自登机操作。在抓斗起升过程中,陆发现有异常声响,在未停机、抓斗继续提升的状态下,竟然擅离操作台到左侧平台去观察异响情况,查找原因。不期此时臂架却突然仰起,幅度变小且向后倾转,进而使臂架扭曲最终折断坠落,断臂正砸在陆某的头部,经抢救无效死亡。

事故原因分析

1. 发现起重机有异常声响,应立即检查,查找故障原因是对的,但必须在断电停机后进行。陆某在不停机的状态下检查故障本身就违反安全规程中所规定的"在作业中不准调车、检修和加油润滑"条例,特别是离开操作位置,是严重违规行为,失去了控制异常变故的机会,以致在幅度发生急变时无法控制,最后发生臂断被砸悲剧,是此次事故的主要原因。

2. 该机属于"带病"工作,安全装置不齐全,缺少松绳停止器、上升限位器和防绳脱槽等安全装置,属于不准使用的"病车"。正是因为没有这些安全装置,才会出现起升绳出槽,与起重臂端面板摩擦并嵌入长达 50 mm 的沟痕内,楔死且拉动起重臂仰起并向后倾,导致臂架折断砸人事故的发生。

3. 平时缺乏检查和健全的维护保养制度,像这种钢丝绳出槽,端板磨成深沟早应发现并消除隐患。

事故教训与防范措施

1. 必须严格遵守安全操作规程。加油润滑、检查和维修必须在停机断电情况下进行。

2. 加强设备维护与检查工作,确保设备完好。

3. 各种安全装置必须齐全、完好、工作可靠,不能"带病"工作,更不能存在侥幸心理。

案例 2　大风吹袭,门机出轨机毁坏

事故经过

1984 年 4 月 5 日上午 9 时许,厦门港一 10 t 门座起重机,司机在未上紧夹轨器的情况下离机去"方便"。此时,狂风突起,以 46 m/s 的风速起重机刮来,将偌大个门机吹走 20 余米且车速逐渐加快,压碎"铁鞋",门架的两条支腿由台车上坠落至地面,行走驱动机构被甩出数米之远,其两条支腿及其运行机构亦被扭转变形,部分走轮脱轨掉道,给国家造成严重经济损失。

事故原因分析

1. 司机离机后未上紧夹轨器,亦未楔紧"铁鞋",是这次事故的主要原因。特别是在港口地区,风大,起重机高而且迎风面积大,随时有被吹走的可能性。

2. 运行机构制动器制动不良,如将制动器调得更紧一些,在某种程度上可缓解此次事故发生。

事故教训与防范措施

1. 起重机安全防护装置必须齐全,门座起重机不仅具备夹轨器

"铁鞋",而且应在其运行区域内设几个锚柱,特别是其停车处,在长时间停车之际(夜间),应用铁链把其锁固在锚柱上。

2. 司机离机时间,必须把起重机楔住或锚定住,不得存在侥幸心理,以防被风吹走。

案例 3　吊耳断裂物坠落砸人致死

事故概况

1993 年 12 月 26 日上午 10 时,某造船厂在制造一艘 80 客位的交通艇的过程中,由指挥员朱某指挥两台门座起重机协调共同起吊该艇的 604 分段,同步由南至北向客艇主船体移动,行进有 50 余米,在越过船台上正在制造的一艘拖轮时,其一侧吊索的吊耳突然断裂,致使 604 分段倾斜坠落,砸在拖轮上并将正在作业的装配工虞某砸伤致死。另一名工人宋某亦被砸成重伤。

事故原因分析

1. 违规操作是此次事故的主要原因。安全操作规程中明文规定:吊物不准从人头上方通过。作为指挥员和司机都清楚知道这一点,当所吊的 604 分段越拖轮之前,应连续鸣铃将其上作业人员"驱散",以使其远离危险区,就不会发生这次悲剧。

2. 自制的吊耳纯属粗制滥造,仅用 8.5 mm 厚的钢板制造,未对其进行拉力、剪力及焊缝强度等方面的科学计算,就盲目使用。这种无视安全、野蛮生产作风是这次事故的又一主因。经核算该吊耳的剪应力和拉应力均远远超过该材料的许用应力值,根本就不能使用,船厂车间领导负有不可推卸的责任。

事故教训与防范措施

1. 作业人员必须严格遵守各自的安全操作规程。

2. 起重机下面作业人员应随时注意自我保护,远离危险区,不可心存侥幸心理。

3. 自制吊具必须经过科学计算,不得随意使用。经鉴定合格后方可使用。

案例 4　严重超载，门座起重机倾翻

事故概况：

2004 年 1 月 2 日下午 6 时左右，大连 YL 公司（以下简称 YL 公司）港务公司调度张某，安排在该公司从事劳务输出的大连 TT 建筑工程公司（以下简称建筑公司）的劳务队的劳务工进行从厂内火车专用线到码头倒运原木和工字钢的装卸作业。其中厂内车辆驾驶员梁某负责将原木、工字钢从火车专用线拉到码头，起重机操作工杨某操作 15 t 门座起重机（设计最大载荷为 15 t），起重机操作工杨某、赵某负责起重作业的挂钩、摘钩。20 时左右倒运完原木，开始进行工字钢（工字钢的型号 36B，12 m/根，65.6 kg/m）的倒运，先后两次分别拉来 13 根、16 根工字钢，都是一钩起吊。20 时 50 分左右，梁某拉来第三车工字钢（28 根，约 22 t 重），起重机操作工杨某、赵某爬上汽车准备捆绑工字钢进行挂钩作业，发现此次拉来的工字钢太多，欲分两次起吊，而门座起重机操作工杨某某则示意一钩起吊，起重机操作工杨某、赵某没再坚持，就将 28 根工字钢捆绑在一起，并将绳扣挂到起重机的钩头上后跳下汽车。20 时 55 分左右，门座起重机操作工杨某某开始在 19 m 幅度（此处最大载重量为 10 t）起吊，因吊物严重超载，加之无力矩限位器，致使门座起重机发生倾倒，杨某某随门座起重机一同摔到地面受伤，后立即送往医院抢救无效死亡。

事故原因分析

经过调查组的现场勘查取证，并依据大连市事故调查分析中心提交的《中国水产大连 YL 公司"2004.1.2"事故现场勘查报告》，认定造成此起死亡事故发生的原因是由于违章作业、设备有缺陷、安全管理不善等造成的生产安全责任事故，发生的具体原因如下：

1. YL 公司用于码头装卸货物的自制 15 t 门座起重机存在严重设备缺陷，无力矩限位器。当门座起重机操作工杨某某超载吊运工字钢时，设备无自我保护装置，吊物将门座起重机拉倒，导致门座起重机倾斜而倒塌，杨某某随倒塌的门座起重机一起摔到地面受伤致死。

是造成此起事故发生的主要直接原因。

2. 门座起重机操作工杨某某安全意识淡薄,违反 YL 公司《起重机操作规程》,在吊运工字钢时,没有确认其重量,就盲目起吊,导致超载运行将门座起重机拉倒,其本人随倒塌的门座起重机一起摔到地面受伤致死。是造成此起事故发生的直接原因。

事故教训与防范措施

1. YL 公司要从事故中吸取深刻教训,加强对特种设备的安全管理。要开展一次对在用的特种设备是否经法定检验部门进行定期检验、在安全上是否存在隐患的专项检查,对存在的问题必须立即进行整改,达到安全条件后方可使用。

2. YL 公司要加强对作业现场的安全检查的力度,落实安全生产责任制,明确安全职责,责任到人。同时要加强对职工的安全教育,特别是对劳务人员和从事起重作业等特种作业人员的安全技能的培训,提高作业人员对所从事岗位危险性的知情权和紧急避险权的教育。杜绝事故的再次发生。

五、塔式起重机事故案例

案例 1　超载起吊塔倾翻,砸塌屋顶把人伤

事故概况

上海某电瓷厂一车间 2～6 t 塔式起重机司机管某,负责吊卸由运输公司拉运来的九卡车钢材 100 余 t。在从卡车上卸货时,由运输公司司索工负责穿钢丝绳吊索挂钩工作。当卸第一辆卡车时分三次吊卸,但从第二辆车开始,为加快进度,改为分两次吊卸,在场的收货员乔某曾提出警告:该车每次只能吊 3 t,应少量吊些。但运输公司司索工却以该车标牌 2～6 t 为由而加以拒绝,继续以每车两次吊完方式穿挂又卸了两车,当吊到第四辆卡车的第二钩时,起吊后起重臂在由南经西而向北方向旋转时,又恰遇一阵大风吹来,致使塔式起重机倾覆。使自重几十吨的起重机倒在钢筋车间的屋顶上,并将其压

塌。当时车间内有 20 多人正在工作,其中一名电焊工浦某被当场压死,多人受伤。

事故原因分析

1. 该车起重力矩限制器失灵未修复,在超载倾覆前不能及时发出示警信号,以致失去了保护功能。

2. 司机室内既无起重特性表,也无起重性能指示牌,司机无法掌握起重机在不同幅度时其相应额定负载值,以致产生超载倾覆的可能性。

3. 该起重机倾翻时的幅度为 16.3 m,其相应额定载荷为 2.74 t,而此时却起吊 6.45 t。这已经存在倾翻的危险,又值大风吹袭,使稳定力矩大为减弱,而倾翻力矩因超载又急剧加大,这就必然导致起重机的倾翻。

4. 该起重机大修后未经安全检测确认验收,便盲目投产使用。

5. 起重作业时无专人指挥,违章操作。

6. 司机管某未经培训取得合格证,属于无证违规操作。

事故教训与防范措施

1. 严禁无证违规操作,各特殊工种必须经培训后持证上岗。

2. 臂架式起重机必须安装极限力矩限制器并具有起重性能指示牌,以便有操作依据。

3. 严禁超载起吊。

案例 2 违章操作造成塔机倒塌重大事故

事故概况

2001 年 12 月 24 日 14 时 25 分,位于甘肃省天水市建设路第三小学附近的天府大厦工地塔机开始进行吊装作业,14 时 25 分左右,空吊斗升起过程中,塔机基础节南侧 2 根弦杆断裂,塔机瞬间向北侧倒塌,平衡配重砸在塔机北侧天水市秦成区建设路第三小学南教学楼屋顶上,砸穿屋顶及三、二层楼板,落到一楼,3 个班级的教室被洞穿,塔身倒塌于教学楼南墙屋面圈梁,起重臂翻转至平衡配重同一侧,其端部落至教学楼北侧的操场,事故造成5人死亡(其中学生4人和叉车司机1人),3人重伤,16人轻伤。

事故原因分析

1. 不按标准加工制作塔机基座(基础节)是造成这起事故的根本原因。QTZ—40C塔式起重机基础节,是一次性使用的标准组合件。而该建筑公司从前一个工地将该塔机拆装到大厦施工工地,已是第三次安装使用,一直没有配备符合安装标准的基础节,只是把前一次浇入混凝土的基础节下半部分约200 mm切割下来,残余部分与现场制作的部分焊在一起使用。现场制作未按标准要求加工,擅自将原基础节每根弦杆角钢L125×L125×12和φ30 mm圆钢各一根的设计,私自改为角钢L95×L95×10两根,且将原基础节四根斜腹杆支撑取消。从现场勘察,基础节上部南面的两个弦杆被拉断,其中西南面弦杆在拉断截面上有陈旧性裂缝的痕迹和锈斑。东北面的弦杆是正倒塌时被撕断的。显然,当基础节不能承受载荷时,导致了塔机整体倒塌。

2. 施工单位的违章操作,为塔机倒塌埋下隐患。

该塔机施工单位曾于2001年10月底,即事故前两个月,违章用塔机起吊埋在地下的降水井套筒,第一次起吊时拉断麻绳,第二次起吊时又拉断预埋铁管两侧的焊环,仍未将预埋管件拉出,属严重违章。此事发生后,塔身产生晃动,已给基座造成一定程度的损伤,施工单位既未检查,也未采取有效防护措施,也是构成事故的因素之一。

事故教训与防范措施

1. 现场设备检验机构严格按标准检查,特别对主要承重件、连接件、安全防护装置要严格检验,不达标者不得使用。塔机在转移到新的工作场地后,必须将符合标准的基础节浇铸在基坑内,以保证整个塔机的承重完成传递。

2. 施工单位要加强对操作人员的上岗培训,严禁违章操作,认真进行设备检查保养,及时处理隐患。

案例 3　起重臂架坠落砸人致死

事故概况

1990 年 10 月 11 日,铁道部大桥工程局南京工程公司管桩车间,代班长刘某等 6 人负责用塔式起重机往三节车厢内吊运管桩。司机杜某操纵起重机,刘某、黄某在车厢内负责摘钩,廖某、王某负责在养护池内挂钩。在装完两节车厢管桩后,在往第三节车厢吊装管桩时,司索工廖某在 4 号养护池内挂好钩后,廖某即退到 4 号养护池东北角,爬上池墙顶时,起重司机即鸣铃起吊。在起升绳受力的一瞬间,只听"叭"的一声,塔式起重机起重臂拉索钢丝绳破断,致使起重臂旋转坠落。在起重臂坠落过程中,其起升钢丝绳亦随之急速摆动并旋转坠落,将站在池墙顶上的廖某打落于 4 号养护池内,经抢救无效而亡。

事故原因分析

1. 该塔式起重机是 1984 年从建筑工地拆除退回后,放置两年之久,1986 年下半年重新安装后未加严格检查和保养就投产使用,单位领导严重忽视设备维护保养与检查的重要性,为事故发生埋下了潜在的隐患。

2. 破断的钢丝绳拉索当安装时就已经是将近达到报废标准的旧绳,未加任何浸油润滑和必要的保养就继续安装使用,经四年后早已超过了报废标准,却继续使用,这种严重忽视安全、野蛮地使用设备,实为罕见。

3. 严重缺乏检查、保养和润滑。

4. 司机在未接到指挥员指令情况下,擅自起吊,实属违规行为,若待周围人离开危险区后起吊,即使钢索断裂臂坠落,也不至于伤人致死。

5. 周围作业人员缺乏自我保护意识,思想麻痹,未能远离危险区,以致酿成大祸。

事故教训与防范措施

1. 加强设备维护与保养,建立健全的维修、保养和设备检查制度并严格执行。

2. 各级人员遵守各自安全操作规程。

3. 加强对职工的安全教育工作,增强人们的自我保护和群体相互保护意识。

4. 现场作业设专职安全监督员。

六、小结

通过上述案例的分析可知,这些事故发生的根本原因是由于事物的不安全因素和人们的不安全行为共同作用所引发的结果。

物事的不安全状态有:领导不重视安全教育,贯彻各种安全法规不力,管理混乱,制度不严,设备维护保养不良,安全装置不全不完好等。

人员的不安全行为有:操作者违反安全操作规程,违章指挥和违犯劳动纪律等"三违"不安全行为所致。其中操作者违反安全操作规程是引发事故的主要原因,也是共同的原因。血的教训应当引起全社会的高度重视。

为避免悲剧的再度发生,应当做到如下几点:

1. 国家应对各行各业制订科学的安全法规,建立各种相应的规章制度。

2. 各级领导应认真贯彻和严格执行各种安全法规,从思想深处和实际行动两个方面真正做到"安全第一,生产第二",把安全提高到首要地位。

3. 加强对全员职工的安全教育和各种特殊工种的培训工作,取得合格证并严格执行持证上岗制度,严禁无证操作。

4. 建立科学的管理体制,使生产安全有序地进行。

5. 建立科学的设备维护保养和检查制度,保持设备处于良好运行状态。

6. 各级人员及各工种必须认真执行各种安全法规,严格遵守各自的安全操作规程。在工作中认真负责,一丝不苟,不得马虎从事。

7. 各种作业人员本身应增强对安全的高度重视,除遵规守法外,还应增强自我保护意识和群体相互保护意识,在作业中各司其职,协同合力,相互关照,做好每一项工作。

8. 作业现场必须设专职安全监督员,环视周围,纵观全面,可随时发现和消除不安全因素,制止不安全行为,是为避免发生事故的不可忽视的一个举措。

9. 各级人员及各个工种均应努力学习文化知识和专业知识,提高操作技能,使整个企业员工素质得到提高,即可减少甚至消除不安全行为的发生。

让我们全社会成员,牢记血的教训,真正实现上述 9 点要求,实现安全生产标准化,即可减少甚至消除各种不安全因素和不安全行为,把事故发生率降至最低水平,甚至完全消灭,让我们全社会每个成员都能每天"高高兴兴上班来,平平安安回家去",实现这一美好的愿望。

思考题:

1. 起重机事故类型主要有哪些?

2. 事物的不安全状态有那些方面? 人员的不安全行为有哪些方面?

3. 为避免悲剧再度发生应当做好哪几方面的工作?

第十三章　职业安全健康法规和职业道德规范

第一节　职业安全健康法规的组成、特征与作用

一、职业安全健康法规组成

职业健康安全法规,是调整劳动关系中规范劳动者的安全健康的法律规范的总称,是劳动法律的重要组成部分。

我国的职业安全健康法规表现形式按其立法主体、法律效力不同,可分为宪法、职业安全健康法律、职业安全健康行政法规、地方性职业安全健康法、职业安全健康规章(见图13-1)。经我国批准生效的有关职业安全健康方面的国际劳工公约也是职业安全健康法规的一种形式。

1. 宪法,是我国职业安全健康法规的首要形式。宪法中不仅有职业安全健康法律规范,而且宪法在所有法律形式中居于最高地位,是根本大法,具有最高的法律效力。所有其他职业安全健康法律形式都要依据宪法确定的基本原则来制定,不可与之相抵触。

2. 职业安全健康法律,是指由全国人大及其常务委员会制定的职业安全健康方面法律规范性文件的统称。其法律地位和法律效力仅次于宪法,在职业安全健康法律形式中处于第二位,如《中华人民共和国安全生产法》,它从法律制度上规范生产经营单位的安全生产行为,确立保障安全生产的法定措施,并以国家强制力保障这些法定

制度和措施得以严格贯彻执行,其最根本的目的,还是为了保障人民群众的生命和财产安全,维护社会稳定,保证社会主义现代化建设的顺利进行。

3. 职业安全健康行政法规,是指由国务院制定的有关的各类条例、办法、规定、实施细则、决定等,如《特种设备安全监察条例》,它的立法宗旨是为了加强对特种设备的安全监察,防止和减少事故,保障人民群众生命和财产安全,促进经济发展。

4. 地方性职业安全健康法规,是指省、自治区、直辖市的人民代表大会及其常务委员会,为执行和实施宪法、职业安全健康法律、职业安全健康行政法规,根据本行政区域的具体情况和实际需要,在法定权限内制定、发布的规范性文件。经常以“条例”、“办法”等形式出现。

5. 职业安全健康规章,是指由国务院所属部委以及有权的地方政府在法律规定的范围内,依职权制定、颁布的有关职业安全健康行政管理的规范性文件。

职业安全健康行政法规、地方性职业安全健康法规、职业安全健康规章,均是职业安全健康法律的必要补充或具体化。

6. 经我国批准生效的国际劳工公约,是我国职业安全健康法形式的组成部分。国际劳工公约,是国际职业安全健康法律规范的一种形式,它不是由国际劳工组织直接实施的法律规范,而是采用经会员国批准,并由会员国作为制定的国内职业安全健康法依据的公约文本。国际劳工公约经国家权力机关批准后,批准国应采取必要的措施使该公约发生效力,并负有实施已批准的劳工公约的国际法义务。

7. 职业安全健康标准,是围绕如何消除、限制或预防劳动过程中的危险和有害因素,保护职工安全与健康,保障设备、生产正常运行而制定的统一规定。职业安全健康标准的作用确定了它的性质。《中华人民共和国标准化法》第七条明确规定:“保障人体健康,人身、财产安全的标准和法律、行政法规规定强制执行的标准是强制性标准,其他标准是推荐性标准。"

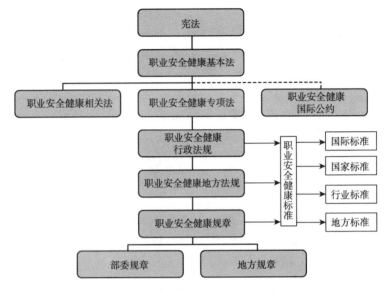

图 13-1 职业安全健康法规体系

二、职业安全健康法规的特征

1. 法规有着较强的科技性

法规具有科技与法相互结合,相互渗透的边缘法的性质,它包括技术规范和社会规范两大类法律规范,随着人类科学技术和生产的迅速发展,依靠科技进步积极采用安全卫生工程技术的规范也不断增加,因此,在安全健康法律规范中,技术规范所占比重日益增加。安全健康法规已日益具有科技与法相结合和边缘法的性质。

2. 法规具有广泛的社会性

法规不仅要求生产经营单位消除生产经营活动中危及人身安全健康的不良条件和劳动行为,防止各种伤亡事故和职业病的发生。

同时也要求消除由于生产经营单位发生事故对环境的危害和财产的损失。因此安全健康法规具有广泛的社会性。

3. 法规具有强制性

法规的强制性是国家权力的体现,严惩违反构成犯罪时要受到国家法律的制裁。《中华人民共和国安全生产法》《中华人民共和国职业病防治法》以及《安全生产违法行为行政处罚办法》中的一系列规定就充分体现了它的强制性。

4. 法律客体方面有其不同的特点

安全健康法规是保护从业人员在生产经营活动中的安全健康、以及国家和人民财产安全的法律。因此,它从人—机—物—环境诸方面对它所保护的客体进行保护。

三、职业安全健康法规作用

1. 法律、法规是指调整生产经营过程中所产生的同劳动者的安全健康有关的社会关系的法律规范总和,所以它是人们在生产过程中的行为准则。

2. 是由国家制定或认可,并由国家机关、执法机关强制实施。

3. 是统治者的意志表现,体现劳动者意志,是国家针对劳动保护、安全生产、职业病防治政策、方针的具体化、文件化。

4. 和谐劳动关系,保护劳动者合法权益。

5. 促进生产和经济发展。

6. 促进改革与社会稳定。

四、中华人民共和国安全生产法

2002 年 6 月 29 日第九届全国人大常委会第二十八次会议通过了《中华人民共和国安全生产法》(以下简称《安全生产法》),并于 2002 年 11 月 1 日开始施行。

《安全生产法》是我国第一部全面规范安全生产工作的专门法

律,是我国安全生产法律体系的主体法,是各类生产经营单位及其从业人员实现安全生产所必须遵循的行为准则,是各级人民政府及其有关部门进行监督管理和行政执法的法律依据,是制裁各种安全生产违法犯罪的有力武器。《安全生产法》充分反映了宪法中关于"改善劳动条件,加强劳动保护"的基本要求和社会主义国家的本质,贯彻了以人为本的原则,高度概括了我国安全生产正反两方面的经验,具体体现了依法治国的基本方略。

《安全生产法》的颁布实施,有利于全面加强安全生产法制建设;有利于保障人民群众的生命安全;有利于依法规范生产经营单位的安全生产工作;有利于各级人民政府加强对安全生产工作的领导;有利于安全生产监管部门和有关部门依法加强监督管理;有利于提高从业人员的安全素质;有利于增强全民的安全法律意识;有利于制裁各种安全违法行为。所以,各级领导干部,各个生产经营单位以及各位从业人员必须以提高自觉性,增强责任心的法律意识,认真学习、深刻领会、坚决执行《安全生产法》:认识《安全生产法》的法律地位,了解《安全生产法》的重大意义,掌握《安全生产法》的基本法律制度,可以极大地增强全民安全生产的法律意识,凸显市场经济中安全生产有法可依的价值,进而真正达到"安全生产"的目的。

《安全生产法》共七章九十七条,主要包括总则、生产经营单位和安全生产保障、从业人员的权利和业务、安全生产的监督管理、生产安全事故的应急救援与调查处理、法律责任、附则等七个方面内容。直接涉及特种作业人员安全技术培训内容的,在第二章第二十三条是这样规定的:"生产经营单位的特种作业人员必须按照国家有关规定经专门的安全作业培训,取得特种作业操作资格证书,方可上岗作业。"我们知道,特种作业人员所从事的工作一般都有潜在的危险性,一旦发生事故不仅会给作业人员自身的生命安全造成危害,而且容易给其他从业人员以至人民群众的生命和财产安全造成威胁。所以,《安全生产法》严格规定特种作业人员必须经过专门安全作业的培训,并经政府有关部门考核合格,取得特种作业操作资格证书后,方能上岗作业。

《安全生产法》第六章第八十二条规定:"生产经营单位有下列行为之一的,责令限期改正;逾期未改正的,责令停产整顿,可以并处二万元以下的罚款:(四)特种作业人员未按照规定要求经专门的安全作业培训并取得特种作业操作资格证书,上岗作业的。"即无证擅自上岗的,就必须负法律责任。

《安全生产法》第三章"从业人员的权利和义务"第四十四条"至第五十二条共九条,九条内容具体规定了生产经营单位从业人员在安全生产方面的权利和义务。

从业人员的八项权利包括:

(1)知情权,即有权了解其作业场所和工作岗位存在的危险因素、防范措施及事故应急措施,有权对本单位的安全生产工作提出建议。

(2)建议权,即有权对本单位安全生产工作中存在的问题提出批评、检举、控告。

(3)批评权和检举、控告权,对本单位安全生产工作提出批评、检举、控告或者拒绝违章指挥、强令冒险作业而降低其工资、福利等待遇或者解除与其订立的劳动合同。

(4)拒绝权,即有权拒绝违章指挥和强令冒险作业。

(5)紧急避险权,即发现直接危及人身安全的紧急情况时,有权停止作业或者在采取可能的应急措施后撤离作业场所。

(6)依法向本单位提出要求赔偿的权利。

(7)获得符合国家标准或者行业标准劳动防护用品的权利。

(8)获得安全生产教育和培训的权利。

从业人员义务分别是:

(1)从业人员在作业过程中,应当严格遵守本单位的安全生产规章制度和操作规程,服从管理,正确佩戴和使用劳动防护用品。

（2）从业人员应当接受安全生产教育和培训，掌握本职工作所需的安全生产知识，提高安全生产技能，增强事故预防和应急处理能力。

（3）从业人员发现事故隐患或者其他不安全因素，应当立即向现场安全生产管理人员或者本单位负责人报告；接到报告的人员应当及时予以处理。

五、特种设备安全监察条例

国务院令第 549 号中《国务院关于修改〈特种设备安全监察条例〉的决定》已经 2009 年 1 月 14 日国务院第 46 次常务会议通过，现予公布，自 2009 年 5 月 1 日起施行。

第二条 本条例所称特种设备是指涉及生命安全、危险性较大的锅炉、压力容器（含气瓶，下同）、压力管道、电梯、起重机械、客运索道、大型游乐设施和场（厂）内专用机动车辆。

第十六条 锅炉、压力容器、电梯、起重机械、客运索道、大型游乐设施、场（厂）内专用机动车辆的维修单位，应当有与特种设备维修相适应的专业技术人员和技术工人以及必要的检测手段，并经省、自治区、直辖市特种设备安全监督管理部门许可，方可从事相应的维修活动。

第十七条 锅炉、压力容器、起重机械、客运索道、大型游乐设施的安装、改造、维修以及场（厂）内专用机动车辆的改造、维修，必须由依照本条例取得许可的单位进行。

第二十条 锅炉、压力容器、电梯、起重机械、客运索道、大型游乐设施的安装、改造、维修以及场（厂）内专用机动车辆的改造、维修竣工后，安装、改造、维修的施工单位应当在验收后 30 日内将有关技术资料移交使用单位，高耗能特种设备还应当按照安全技术规范的要求提交能效测试报告。使用单位应当将其存入该特种设备的安全技术档案。

第二十一条 锅炉、压力容器、压力管道元件、起重机械、大型游乐设施的制造过程和锅炉、压力容器、电梯、起重机械、客运索道、大型游乐设施的安装、改造、重大维修过程，必须经国务院特种设备安全监督管理部门核准的检验检测机构按照安全技术规范的要求进行监督检验；未经监督检验合格的不得出厂或者交付使用。

第二十七条 特种设备使用单位应当对在用特种设备进行经常性日常维护保养，并定期自行检查。

特种设备使用单位对在用特种设备应当至少每月进行一次自行检查，并作出记录。特种设备使用单位在对在用特种设备进行自行检查和日常维护保养时发现异常情况的，应当及时处理。

第二十九条 特种设备出现故障或者发生异常情况，使用单位应当对其进行全面检查，消除事故隐患后，方可重新投入使用。

第三十九条 特种设备使用单位应当对特种设备作业人员进行特种设备安全、节能教育和培训，保证特种设备作业人员具备必要的特种设备安全、节能知识。

特种设备作业人员在作业中应当严格执行特种设备的操作规程和有关的安全规章制度。

第四十条 特种设备作业人员在作业过程中发现事故隐患或者其他不安全因素，应当立即向现场安全管理人员和单位有关负责人报告。

第六十五条 特种设备安全监督管理部门应当制定特种设备应急预案。特种设备使用单位应当制定事故应急专项预案，并定期进行事故应急演练。

第六十六条 特种设备事故发生后，事故发生单位应当立即启动事故应急预案，组织抢救，防止事故扩大，减少人员伤亡和财产损失，并及时向事故发生地县以上特种设备安全监督管理部门和有关部门报告。

第八十六条 特种设备使用单位有下列情形之一的，由特种设

备安全监督管理部门责令限期改正;逾期未改正的,责令停止使用或者停产停业整顿,处 2000 元以上 2 万元以下罚款:

(一)未依照本条例规定设置特种设备安全管理机构或者配备专职、兼职的安全管理人员的;

(二)从事特种设备作业的人员,未取得相应特种作业人员证书,上岗作业的;

(三)未对特种设备作业人员进行特种设备安全教育和培训的。

第九十条　特种设备作业人员违反特种设备的操作规程和有关的安全规章制度操作,或者在作业过程中发现事故隐患或者其他不安全因素,未立即向现场安全管理人员和单位有关负责人报告的,由特种设备使用单位给予批评教育、处分;情节严重的,撤销特种设备作业人员资格;触犯刑律的,依照刑法关于重大责任事故罪或者其他罪的规定,依法追究刑事责任。

第二节　职业道德

一、职业道德概念

1. 道德

"道德"这个概念,在我国很早就已经使用了。"道"一般指事物运动变化的规律,并引申为人们必须遵循的行为准则和规范;"德"指人们遵循准则和规范的品行或素质。在国外,"道德"一词起源于拉丁语,指风俗和习惯,后来引申为规则和规范、行为品质、善恶评价等。

何为现今意义的道德?所谓道德,就是通过社会舆论、内心信念和传统习惯,主要以善恶、荣辱、正义和非正义等为标准来评价人们的行为,调整人们之间以及个人与社会之间关系的行为准则和规范的总和。

道德是人类社会特有的现象。人类的一切活动都是在社会中进行的。在社会生产和社会生活中,人和人之间,人和社会之间必然发生各种社会关系。为维持正常的社会关系和社会秩序,需要有人人共同遵守的原则和规范来调整方方面面的社会关系,对个人的行为加以必要的约束和限制。这些原则和规范,有的上升为法律规范,由国家的强制力保证其实施;有的是通过各种形式的教育与社会舆论的力量,使人们逐渐形成一定的信念、习惯、传统而发生作用。这后一类调整人们之间以及个人和社会之间关系的行为准则和规范,称之为道德。

马克思主义认为,道德是一种社会意识形态,它和政治、法律、哲学、艺术、宗教等意识形态一样,都属于上层建筑范畴,道德是社会关系的反映,它是由社会的物质生活条件、社会的一定的经济基础所决定的一种特殊的意识形态,道德作为一种社会意识形态,一经产生以后,又能以特有的方式反作用于社会经济基础,对经济基础和整个社会生活起极大的反作用。

2. 职业

所谓职业,是指适应社会的需要而产生的人们在社会生产和社会生活中对社会所承担的一定的职责和所从事的专门业务。例如,从事公共管理和社会管理是国家公职人员的职业,教育和传授知识是教师的职业,治病救人是医生的职业,演戏是演员的职业等等。

物质资料的生产以及服务于物质资料生产的活动,是人类社会赖以生存和发展的基础。在人类的实际生产和生活中除了用婚姻家庭这种形式来延续人类自身的再生产外,还需以职业活动的基本形式来维持人类物质生活资料的生产和再生产。职业的产生不是人们主观臆想的结果,而是取决于社会的客观需要。阶级、国家的产生,就随之出现从事统治、管理活动的公职人员职业;适应人类与疾病作斗争的需要,就出现了医生职业;适应教育活动的需要,就出现了教师职业;适应经济活动的需要,就出现了会计职业等。每种职业一经产生,社会、国家便自然赋予其一定的社会责任。

职业是一个历史的范畴。它不是从来就有的,而是社会发展到一定阶段的产物,是社会分工的结果的表现。由于社会分工,使原来单一的生产、生活逐步形成许多互相独立而又互相依赖的职业,作为社会一份子的个人也被限制在一个个特殊的职业以内;由于社会分工的进一步发展,职业的内容和形式也不断发展、变化。各种职业的演变经历了从简单到复杂、从低级到高级的过程。经过无数次的分化和组合,到现代社会便形成了成千上万个职业或行业。"三百六十行"并非是一个绝对的数量概念,而是泛指职业的众多。

任何一种职业,从社会分工的角度看,都是社会物质生产和精神生产总体系中的一个部门,它对社会的存在和发展有着特殊的作用和意义;从人类个体的角度看,又是社会成员的最重要的社会活动形式。一般来说,一个人成年之后,走向社会,就要在社会生产和社会生活中承担一定的职责,从事某种专门活动,这是谋生手段,也是对社会承担的义务。因此,职业活动、职业生活是整个社会不断向前发展的生命线。

3. 职业道德

社会存在决定社会意识。人们在长期的职业生活中逐渐形成适合于职业特点的种种独特的职业道德。职业道德是一般社会道德在职业生活中的具体体现。它是指从事一定职业的人们在职业活动中应该遵循的道德规范的总和。

各种职业有其特定的内容和形式。人们从事一定的职业活动必然会与国家、集体或他人发生职业关系,包括从事一定职业活动的个人或集团与服务对象的关系,职业性群体内部从业人员上下左右之间的工作关系,从业人员与工作对象即职业活动手段、成果等的关系,职业群体之间的关系,从业人员、职业群众和社会整体的关系等等。这方方面面的职业关系是特殊的人际关系,具有鲜明的职业特色。在诸多职业关系中,除了通过行政、法律、经济的手段予以规范和调整外,还需要有一种适应职业生活特点的职业道德规范来调整职业关系,以维持正常的职业关系及由此而形成的职业秩序。

职业道德是在职业活动实践中产生的。首先,随着社会分工的出现和发展,职业分工越来越发达,从事不同职业的人对社会承担的职责不同,这直接影响着人们对生活目标的确立和对生活道路的选择,影响着职业理想和道德理想的形成。其次,不同的职业在社会中的地位和利益是不同的,这也直接影响着人们的道德观念和评价社会行为的道德标准,进而形成具有某种职业特色的道德习惯和道德传统。第三,各种职业的对象、活动条件和生活方式的特殊性,直接影响着人们的兴趣、爱好、情操,从而影响人们形成有某种职业特色的品格和作风。

二、社会主义职业道德

1. 社会主义职业道德的重要性

社会主义职业道德是在社会主义社会里的特定职业范围内的特殊道德要求,是社会主义道德在各行业职业活动中的具体规范的总和。也是社会主义精神文明的重要内容。

社会主义职业道德要求职工活动中遵守秩序,认真做好本职工作,努力完成上级交给的任务,一步一个脚印地做好工作,扎扎实实地把改革开放和现代化建设推向前进。为全面实现建设小康社会宏伟目标而奋斗。

在国际交往中,它可与外国资产阶级生活方式、利己主义的腐朽思想作风作斗争,防止非无产阶级的道德观和资产阶级自由化思想的侵蚀,促进对外经济技术交流和合作,加快社会主义现代化建设的步伐。

2. 社会主义职业道德的基本特性

(1)社会主义职业道德是社会主义道德的重要组成部分,是以共产主义道德为指导的社会主义道德的基本原则和规范的具体贯彻。

(2)社会主义职业道德是建立在以公有制为主体的社会主义市场经济体制的基础上,为社会主义建设事业服务的职业道德。

(3)社会主义职业道德的核心,是以党的基本路线为依据,全心全意为人民服务。

(4)社会主义职业道德要求职工以主人翁的姿态从事工作,建立起平等、友爱、团结、互助的社会主义职业关系,树立起社会主义和共产主义的伟大思想,为国家、集体多做贡献。

3. 社会主义职业道德的基本原则

社会主义职业道德是指人们待人、接物、处事的行为规范,要求人们懂得"应该"做什么,"不应该"做什么,怎样做是道德的,怎样做是不道德的。社会主义职业道德的基本原则和主要规范一般有以下几点:

(1)全心全意为人民服务,对人民极端负责是社会主义各行各业职业道德的核心和基础原则。

(2)热爱本职,忠于职守,发扬主人翁精神。热爱本职,就是热爱自己所从事的职业,具体表现在对职业的责任感、自豪感。忠于职守,就是自觉地意识到自己所从事的职业对社会、对他人所履行的义务与职责,以高度的积极性、主动性和创造性,认真负责地做好本职工作。因此"热爱本职"是指职业道德的情感,是"忠于职守"的基础。

(3)技术上精益求精,生产上优质高效是社会主义各行各业职业道德的共同要求。其上所述要求的实质就是"服务态度、服务质量"的问题。精益求精中的精是指完美、最好,"益"是更加的意思。只有对技术精益求精了,才能做好本职工作。

"优质"指为社会创造质优物美的产品或为人民提供一流的服务质量。"高效"指创造高水平的经济效益和社会效益,只有在生产上达到优质高效,才能体现出技术上的精益求精。

(4)遵守劳动纪律,维护工作秩序是社会主义各行各业职业道德的共同规范,也是生产与工作顺利进行的基本条件和重要保证。

(5)爱护公物,维护国家和集体利益是社会主义各行各业职业道德的共同守则,是人们的一种美德。爱护公物是爱祖国、爱人民、爱集体、爱社会主义的共产主义道德品质的重要表现,也是维护国家利益的自觉性表现。

三、起重作业职业道德

起重机司机的工作特点是:①要完成每一项吊运、安装工作是与其他作业人员密切配合分不开的,是一项集体劳动;②自己掌握操纵起重机的权利,假若原则坚持不够,容易发生违反规章制度的现象;③肩负安全吊运和保护人民生命财产和国家财产的责任。正因为如此,要求起重机司机要牢记为人民服务的宗旨。严格执行国家的法律、法规,遵章守纪。认识到自己本职工作的特殊性、复杂性,提高自身思想素质,使自己的操作技能不断提高,尽自己最大的努力协助搞好安全生产。做好文明施工,具体来讲,起重机司机应从以下几个方面来加强自己的职业道德修养。

1. 忠于职守,热爱本职工作

随着我国经济建设迅猛发展,起重机械在现代化建设中发挥出应有的作用。起重机司机的工作是平凡而又光荣的,随着国家建设的需要他们的足迹遍及社会主义建设的各个地方。在工作中将成千上万吨的材料、构件通过我们司机的辛勤劳动实现吊运和安装。因此,司机要努力培养对本职工作的感情,热爱自己的职业,树立对本职业的荣誉感。起重机司机只有热爱自己的本职工作,才能在工作实践中自觉刻苦钻研操作技能和吊运技术,能自觉地做好起重机的维护保养工作,同时能自觉执行各项规章制度,能认真并出色地对待每项吊运安装任务。

起重机司机的工作是相当辛苦的,不论严寒酷暑,都在露天工作,而且责任重大,如果工作稍有疏忽,事故就在瞬息间发生。所以起重机司机要树立对人民生命财产,对国家财产要有高度的责任感,忠于职守,严格遵守岗位责任制,在工作时间内不无故擅自离开工作岗位,集中思想认真看清和执行专职指挥人员的每一个信号,对自己所做的每一个操作动作要负责。

2. 发扬社会主义协作精神保证工作质量

起重机司机工作是在起重指挥人员、捆扎挂钩人员密切配合下进行的。在建筑、安装工程的工地上,在机器轰鸣的生产车间,由诸工种之间立体交叉作业,人员密度大。起重机司机在这样的环境下怎么才能保证安全作业呢? 在起重作业过程中,起重机司机与起重指挥和捆扎人员之间相互配合、互相关心、互相帮助是很重要的。起重机司机作业性质比较特殊,为保证安全作业还涉及人、机、物、环境等诸多因素,我们起重机司机在操作过程中,除了要加强自我保护意识外,更应该想到国家财产和他人的生命安全。如果我们贪图一时的方便,盲目蛮干,不按照程序操作,就会危及他人的生命安全,造成不必要的经济损失。所以,要求我们每位起重机司机必须做到"三不伤害"的原则,即"不伤害自己、不伤害他人和不被他人伤害"。

3. 遵守劳动纪律,执行规章制度,自觉维护生产秩序

遵守劳动纪律首先要遵守规定的劳动时间,做到上班不迟到,下班不早退,有事要事先请假,不无故旷工,在起重作业中不能以自我为中心,什么事情都要听我的,不听劝阻,盲目操作,是造成事故的重要因素。起重作业是一项集体劳动,在统一的劳动时间内是分工不同,要求司机、起重指挥人员、捆扎挂钩人员都必须遵守劳动纪律,坚守自己的工作岗位,才能保证生产有序进行。有些事故的发生,往往是起重作业人员缺岗,为赶工作进度使用无证人员代替作业,这种做法是违反规章制度的,也是造成事故的主要原因,以往的经验教训都值得引起我们高度重视。

遵守劳动纪律还要服从组织分配,听从指挥,严格按照生产和工艺流程做好每项工作,树立高度的工作责任感。

起重机司机对自己驾驶的起重机进行例行保养,认真检查安全

保护装置、主要受力机构和清洁工作,确认全部正常后,方能操纵起重机,每天还必须做好机械使用记录,这些也是起重机司机的职业道德方面的重要内容。

4. 学习新知识,刻苦钻研操作技术,提高安全操作技能

近年来,随着国家建设规模不断扩大,特别是大型构件、超重构件越来越多,而且被吊物体的价格越来越贵重,我们起重机司机操作稍有不慎,就会造成重大的经济损失。在工程建设过程中,大型、新型起重机应用,对于我们司机提出了更高的要求,司机必须加快"知识更新"的步伐,司机只有不断的去学习和掌握新的知识,刻苦钻研新的技术,才能提高自己的操作技能。在操纵起重机时,要做到精益求精,一丝不苟,时刻把安全生产贯彻到实际生产中。起重司机学习新知识,刻苦钻研新技术,提高安全操作技能也是起重机司机职业道德重要内容之一。起重机司机都必须做到"四懂""三好""四会"和"四过得硬"。"四懂"就是"懂原理、懂构造、懂性能、懂工艺流程";"三好"就是对设备要"用好、管好、修好";"四会"就是"会操作、会保养、会排故、会小修";"四过得硬"一是设备过得硬,就是加强对设备的维护保养和检查;二是操作技术过得硬,要求熟练动作规范;三是吊运、安装质量过得硬,符合质量要求不留事故隐患;四是在复杂情况下过得硬,能对意外的情况正确判断和预防事故的发生,做到防患于未然。最后要求我们每位起重机司机在起重作业过程中必须做到"五好十不吊"。"五好"是作业时,思想集中好、互相联系好、设备检查好、吊运提放好、统一指挥好。

当前,科学技术发展迅速,我们起重机司机为能适应"四个现代化"建设的需要,就目前我们的职工队伍的文化知识、专业技术水平还不够适应,这就是要求我们每位起重机司机以主人翁的姿态的社会责任感。发扬奋发进取的精神,勤奋学习现代科学文化知识,刻苦钻研专业技术,以适应社会发展需要。

思考题:

1. 简述职业安全健康法规和作用。
2. 社会主义职业道德的基本原则是什么?
3. 起重作业的工作特点是什么?

第一节　起重指挥信号

本标准对现场指挥人员和起重司机所使用的基本信号和有关安全技术作了统一规定。

本标准适用于以下类型的起重机械：

桥式起重机（包括冶金起重机）、门式起重机、装卸桥、缆索起重机、塔式起重机、门座起重机、汽车起重机、轮胎起重机、铁路起重机、履带起重机、浮式起重机、桅杆起重机、搬用起重机等。

本标准不适用于矿井提升设备、载人电梯设备。

一、名词术语

通用手势信号——指各种类型的起重机在起重吊运中普遍用的指挥手势。

专用手势信号——指具体特殊的起升、变幅、回转机构的起重机单独作用的指挥手势。

吊钩（包括吊环、电磁吸盘、抓斗等）——指空钩不负有载荷的吊钩。

起重机"前进"或"后退"——"前进"指起重机向指挥人员开来；"后退"指起重机离开指挥人员。

前、后、左、右——在指挥语言中,均以司机所在位置为基准。

音响符号:

"——"表示大于一秒钟的长声符号。

"●"表示小于一秒钟的短声符号。

"○"表示停顿的信号。

二、指挥人员使用的信号

(一)手势信号

1. 通用手势信号

(1)"预备(注意)"

手臂伸直置于头上方,五指自然伸开,手心朝前保持不动(图 f1-1)。

(2)"要主钩"

单手自然提拳,置于头上,轻触头顶(图 f1-2)。

(3)"要副钩"

一只手握拳,小臂向上不动,另一只手伸出,手心轻触前只手的肘关节(图 f1-3)。

(4)"吊钩上升"

小臂向侧上方伸直,五指自然伸开,高于肩部,以腕部为轴转动(图 f1-4)。

(5)"吊钩下降"

手臂伸向前下方,与身体夹角约为 30°,五指自然伸开,以腕部为轴转动(图 f1-5)。

(6)"吊钩水平移动"

小臂向侧上方伸直,五指并拢手心朝外,朝负载应运行的方向,向下挥动到与肩相平的位置(图 f1-6)。

(7)"吊钩微微上升"

小臂伸向侧前上方,手心朝上高于肩部,以腕部为轴,重复向上摆手掌(图 f1-7)。

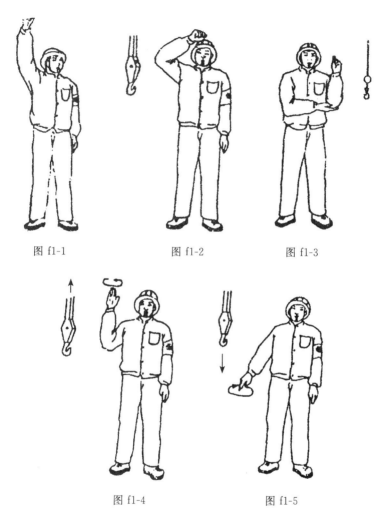

图 f1-1   图 f1-2   图 f1-3

图 f1-4   图 f1-5

（8）"吊钩微微下降"

手臂伸向侧前下方，与身体夹角约为 30°，手心朝下，以腕部为轴，重复向下摆动手掌（图 f1-8）。

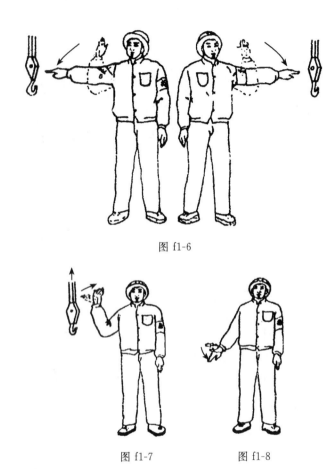

图 f1-6

图 f1-7　　　　　图 f1-8

(9)"吊钩水平微微移动"

小臂向侧上方自然伸出,五指并拢手心朝外,朝负载应运行的方向,重复做缓慢的水平运动(图 f1-9)。

(10)"微动范围"

双小臂曲起,伸向一侧,五指伸直,手心相对,其间距与负载所要移动的距离接近(图 f1-10)。

图 f1-9

（11）"指示降落方位"

五指伸直，指出负载应降落的位置（图 f1-11）。

（12）"停止"

小臂水平置于胸前，五指伸开，手心朝下，水平挥向一侧（图 f1-12）。

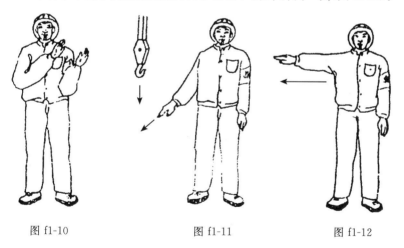

图 f1-10   图 f1-11   图 f1-12

（13）"紧急停止"

两小臂水平置于胸前，五指伸开，手心朝下，同时水平挥向两侧

（图 f1-13）。

（14）"工作结束"

双手五指伸开,在额前交叉（图 f1-14）。

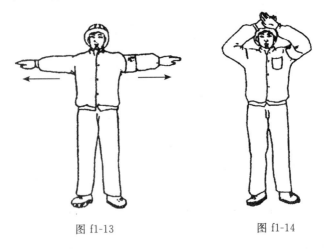

图 f1-13   图 f1-14

2. 专用手势信号

（1）"升臂"

手臂向一侧水平伸直,拇指朝上,余指握拢,小臂向上摆动（图 f1-15）。

（2）"降臂"

手臂向一侧水平伸直,拇指朝下,余指握拢,小臂向下摆动（图 f1-16）。

（3）"转臂"

手臂水平伸直,指向应转臂的方向,拇指伸出,余指握拢,以腕部为轴转动（图 f1-17）。

（4）"微微升臂"

一只小臂置于胸前一侧,五指伸直,手心朝下,保持不动。另一只手的拇指对着前手手心,余指握拢,做上下移动（图 f1-18）。

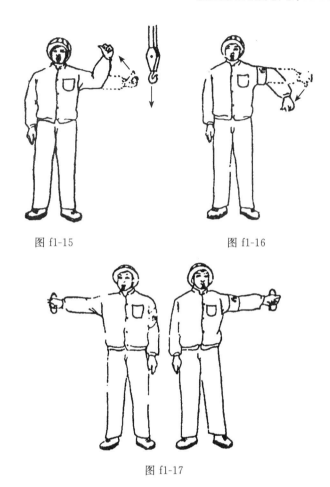

图 f1-15   图 f1-16

图 f1-17

(5)"微微降臂"

一只小臂置于胸前一侧,五指伸直,手心朝上,保持不动,另一只手的拇指对着前手手心,余指握拢,做上下移动(图 f1-19)。

(6)"微微转臂"

一只手臂向前平伸,手心自然朝向内侧。另一只手的拇指指向前只手的手心,余指握拢做转动(图 f1-20)。

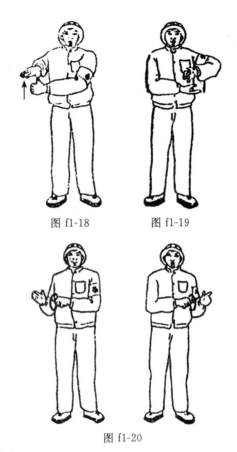

图 f1-18   图 f1-19

图 f1-20

(7)"伸臂"

两手分别握拳,拳心朝上,拇指分别指向两侧,做相斥运动(图 f1-21)。

(8)"缩臂"

两手分别握拳,拳心朝下,拇指对指,做相向运动(图 f1-22)。

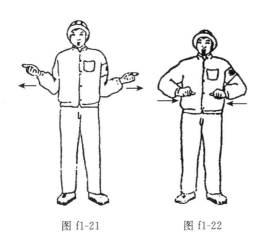

图 f1-21　　　　　　　图 f1-22

(9)"履带起重机回转"

一只小臂水平前伸,五指自然伸出不动。另一只手小臂在胸前做水平重复摆动(图 f1-23)。

(10)"起重机前进"

双手臂先向前伸,小臂曲起,五指并拢,手心对着自己做前后运动(图 f1-24)。

图 f1-23　　　　　　　图 f1-24

(11)"起重机后退"

双小臂向上曲起,五指并拢,手心朝向起重机,做前后运动(图 f1-25)。

(12)"抓取"(吸取)

两小臂分别置于侧前方,手心相对,由两侧向中间摆动(图 f1-26)。

(13)"释放"

两小臂分别置于侧前方,手心朝外,两臂分别向两侧摆动(图 f1-27)。

(14)"翻转"

一小臂向前曲起,手心朝上。另一只手小臂向前伸出,手心朝下,双手同时进行翻转(图 7-28)。

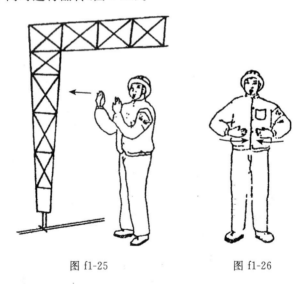

图 f1-25   图 f1-26

3. 船用起重机(或双机吊动)专用手势信号

(1)"微速起钩"

两小臂水平伸向侧方,五指伸开,手心朝上,以腕部为轴,向上摆动,当要求双机以不同的速度起升时,指挥起升速度快的一方,手要高于另一只(图 f1-29)。

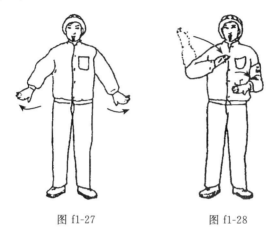

图 f1-27　　　　　　　　图 f1-28

(2)"慢速起钩"

两小臂水平伸向侧前方,五指伸开,手心朝上,小臂以肘部为轴向上摆动。当要求双机以不同速度起升时,指挥起升速度快的一方,手要高于另一只(图 f1-30)。

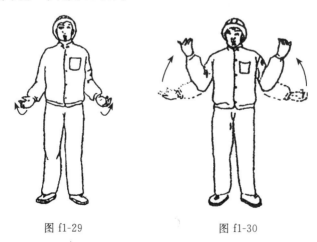

图 f1-29　　　　　　　　图 f1-30

(3)"全速起钩"

两臂下垂,五指伸开,手心朝上,全臂向上挥动(图 f1-31)。

(4)"微速落钩"

两小臂水平伸向侧前方,五指伸开,手心朝下,手以腕部为轴向下摆动。当要求双机以不同的速度降落时,指挥降落速度快的一方,手要低于另一只(图 f1-32)。

(5)"慢速落钩"

两小臂水平伸向侧前方,五指伸开,手心朝下,小臂以肘部为轴向下摆动。当要求双机以不同的速度降落时,指挥降落速度快的一方,手要低于另一只手(图 f1-33)。

(6)"全速落钩"

两臂伸向侧上方,五指伸出,手心朝下,全臂向下挥动(图 f1-34)。

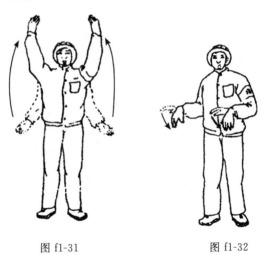

图 f1-31   图 f1-32

(7)"一方停止,一方起钩"

指挥停止的手臂作"停止"手势;指挥起钩的手臂则作相应速度的起钩手势(图 f1-35)。

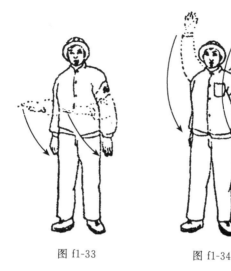

图 f1-33   图 f1-34

(8)"一方停止,一方落钩"

指挥停止的手臂作"停止"手势;指挥落钩的手臂则作相应速度的落钩手势(图 f1-36)。

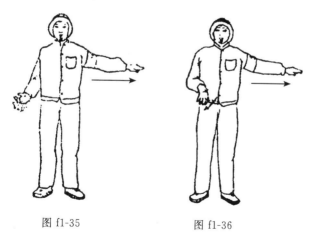

图 f1-35   图 f1-36

(二)旗语信号

1."预备"

单手持红绿旗上举(图 f1-37)。

2."要主钩"

单手持红绿旗,旗头轻触头顶(图 f1-38)。

3."要副钩"

一只手握拳,小臂向上不动,另一只手拢红绿旗,旗头轻触前只手的肘关节(图 f1-39)。

4."吊钩上升"

绿旗上举,红旗自然放下(图 f1-40)。

图 f1-37   图 f1-38

5."吊钩下降"

绿旗拢起下指,红旗自然放下(图 f1-41)。

6."吊钩微微上升"

绿旗上举,红旗拢起横在绿旗上,互相垂直(图 f1-42)。

图 f1-39   图 f1-40

7."吊钩微微下降"

绿旗拢起下指,红旗横在绿旗下,互相垂直(图 f1-43)。

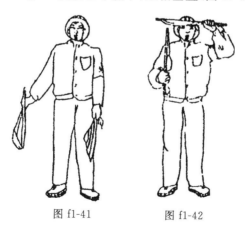

图 f1-41   图 f1-42

8."升臂"

红旗上举,绿旗自然放下(图 f1-44)。

9.“降臂”

红旗拢起下指,绿旗自然放下(图 f1-45)。

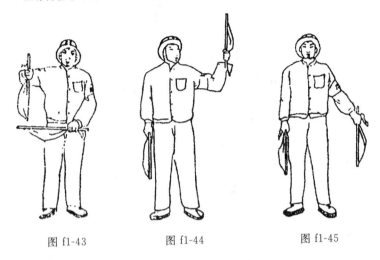

图 f1-43   图 f1-44   图 f1-45

10.“转臂”

红旗拢起,水平指向应转臂的方向(图 f1-46)。

图 f1-46

11. "微微升臂"

红旗上举,绿旗拢起横在红旗上,互相垂直(图 f1-47)。

12. "微微降臂"

红旗拢起下指,绿旗横在红旗下,互相垂直(图 f1-48)。

13. "微微转臂"

红旗拢起,横在腹前,指向应转臂的方向,绿旗拢起,横在红旗前,互相垂直(图 f1-49)。

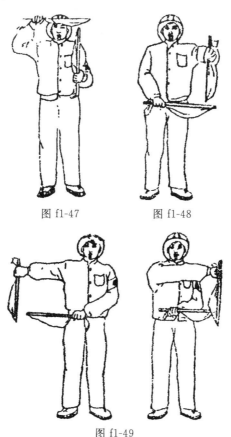

图 f1-47　　　　　图 f1-48

图 f1-49

14. "伸臂"

两旗分别拢起横在两侧,旗头外指(图f1-50)。

15. "缩臂"

两旗分别拢起,横在胸前,旗头对指(图f1-51)。

16. "微动范围"

两手分别拢旗,伸向一侧,其间距与负载所要移动的距离接近(图f1-52)。

17. "指示降落方位"

单手拢绿旗,指向负载应降落的位置,旗头进行转动(图f1-53)。

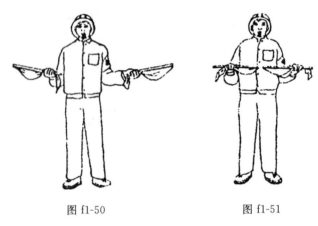

图 f1-50   图 f1-51

18. "履带起重机回转"

一只手拢旗,水平指向侧前方,另一只手持旗,水平重复挥动(图f1-54)。

19. "起重机前进"

两旗分别拢起,向前上方伸出,旗头由前上方向后摆动(图f1-55)。

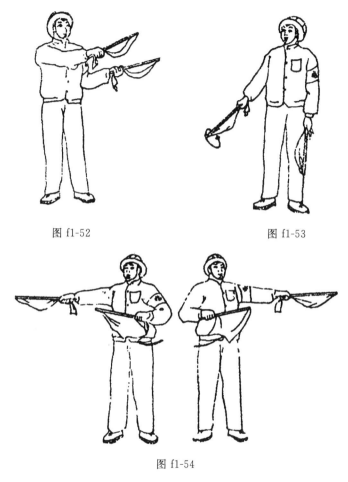

图 f1-52　　　　　　　　　　　　　图 f1-53

图 f1-54

20."起重机后退"

两旗分别拢起,向前伸出,旗头由前方向下摆动(图 f1-56)。

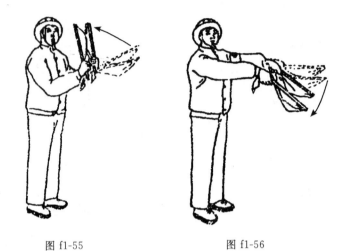

图 f1-55　　　　　　　　图 f1-56

21."停止"

单旗左右摆动,另外一面旗自然放下(图 f1-57)。

图 f1-57

22."紧急停止"

双手分别持旗,同时左右摆动(图 f1-58)。

23."工作结束"

两旗拢起,在额前交叉(图 f1-59)。

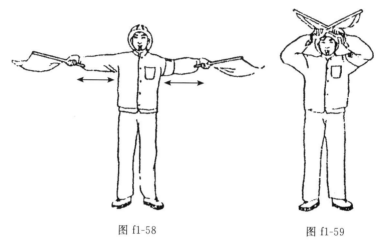

图 f1-58   图 f1-59

(三)音响信号

1."预备"、"停止"

一长声——

2."上升"

二短声●●

3."下降"

三短声●●●

4."微动"

断续短声●○●○●○●

5."紧急停止"

急促的长声——

起重机
司机

（四）起重吊运指挥语言
1. 开始、停止工作的语言

起重的状态	指挥语言
开始工作	开始
停止和紧急停止	停
工作结束	结束

2. 吊钩移动语言

吊钩的移动	指挥语言
正常上升	上升
微微上升	上升一点
正常下降	下降
微微下降	下降一点
正常向前	向前
微微向前	向前一点
正常向后	向后
微微向后	向后一点
正常向右	向右
微微向右	向右一点
正常向左	向左
微微向左	向左一点

3. 转台回转语言

转台的回转	指挥语言
正常右转	右转
微微右转	右转一点
正常左转	左转
微微左转	左转一点

4. 臂架移动语言

臂架的移动	指挥语言
正常伸长	伸长
微微伸长	伸长一点
正常缩回	缩回
微微缩回	缩回一点
正常升臂	升臂
微微升臂	升一点臂
正常降臂	降臂
微微降臂	降一点臂

三、司机使用的音响信号

1. "明白"——服从指挥

一短声●

2. "重复"——请求重新发出信号

二短声●●

3. "注意"

长声——

四、信号的配合应用

（一）指挥人员使用音响信号与手势或旗语信号的配合

1. 在发出"上升"音响时，可分别与"吊钩上升"、"升臂"、"伸臂"、"抓取"手势或旗语相配合。

2. 在发出"下降"音响时，可分别与"吊钩下降"、"降臂"、"缩臂"、"释放"手势或旗语相配合。

3. 在发出"微动"音响时，可分别与"吊钩微微上升"、"吊钩微微下降"、"吊钩水平微微移动"、"微微升臂"、"微微降臂"手势或旗语相配合。

4. 在发出"紧急停止"音响时,可与"紧急停止"手势或旗语相配合。

(二)指挥人员与司机之间配合

1. 指挥人员发出"预备"信号时,要目视司机,司机接到信号在开始工作前,应回答"明白"信号。当指挥人员听到回答信号后,方可进行指挥。

2. 指挥人员在发出"要主钩"、"要副钩"、"微动范围"手势或旗语时,要目视司机,同时可发出"预备"音响信号,司机接到信号后,要准确操作。

3. 指挥人员在发出"工作结束"的手势或旗语时,要目视司机,同时可发出"停止"音响信号,司机接到信号后,应回答"明白"信号方可离开岗位。

4. 指挥人员对起重机械要求微微移动时,可根据需要,重复给出信号。司机按信号要求,缓慢平稳操纵设备。除此以外,如无特殊要求(如船用起重机专用手势信号),其他指挥信号,指挥人员都应一次性给出。司机在接到下一信号前,必须按原指挥信号要求操纵设备。

五、对指挥人员和司机的基本要求

(一)对使用信号的基本规定

1. 指挥人员使用手势信号均以本人的手心、手指或手臂表示吊钩、臂杆和机械位移的运动方向。

2. 指挥人员使用旗语信号均以指挥旗的旗头表示吊钩、臂杆和机械位移的行动方向。

3. 在同时指挥臂杆和吊钩时,指挥人员必须分别用左手指挥臂杆,右手指挥吊钩,当持旗指挥时,一般左手持红旗指挥臂杆,右手持绿旗指挥吊钩。

4. 当两台或两台以上起重机同时在距离较近的工作区域内工作时,指挥人员使用音响信号的音调有明显区别,并要配合手势或旗语指挥。严禁单独使用相同音调的音响指挥。

5. 当两台或两台以上起重机同时在距离较近的工作区域内工作时,司机发出的音响应有明显区别。

6. 指挥人员用"起重吊运指挥语言"指挥时,应讲普通话。

(二)指挥人员的职责及其要求

1. 指挥人员应根据本标准的信号要求与起重机司机进行联系。

2. 指挥人员发出的指挥信号必须清晰、准确。

3. 指挥人员应站在使司机能看清指挥信号的安全位置上。当跟随负载运行指挥时,应随时指挥负载避开人员和障碍物。

4. 指挥人员不能同时看清司机和负载时,必须增设中间指挥人员以便逐级传递信号,当发现错传信号时,应立即发出停止信号。

5. 负载降落前,指挥人员必须确认降落区域安全时,方可发出降落信号。

6. 当多人绑挂同一负载时,起吊前,应先作好呼唤应答,确认绑挂无误后,方可由一人负责指挥。

7. 同时用两台起重机吊运同一负载时,指挥人员应双手分别指挥各台起重机,以确保同步吊运。

8. 在开始起吊负载时,应先用"微动"信号指挥,待负载离开地面 $100\sim200$ mm 稳妥后,再用正常速度指挥。必要时,在负载降落前,也应使用"微动"信号指挥。

9. 指挥人员应佩戴鲜明的标志,如标有"指挥"字样的臂章、特殊颜色的安全帽、工作服等。

10. 指挥人员所佩戴手套的手心和手背要易于辨别。

（三）起重机司机的职责及其要求

1. 司机必须只服从指挥人员指挥，当指挥信号不明时，司机应发出"重复"信号询问，明确指挥意图后，方可开车。

2. 司机必须熟练掌握本标准规定的通用手势信号和有关的各种指挥信号，并与指挥人员密切配合。

3. 当指挥人员发出信号违反本标准的规定时，司机有权拒绝执行。

4. 司机在开车前必须鸣铃示警，必要时，在吊运中也要鸣铃，通知负载威胁的地面人员撤离。

5. 在吊运过程中，司机对任何人发出的"紧急停止"信号都应服从。

六、管理方面的有关规定

1. 对起重司机和指挥人员，必须由有关部门进行本标准的安全技术培训，经考试合格，取得合格证后方能操作或指挥。

2. 音响信号是手势信号或旗语的辅助信号，使用单位可根据工作需要确定是否采用。

3. 指挥旗颜色为红、绿色。应采用不易褪色、不易产生褶皱的材料。其规格：面幅应为 400 mm×500 mm，旗杆直径应为 25 mm，旗杆长度应为 500 mm。

4. 本标准所规定的指挥信号是各类起重机使用的基本信号。

如不能满足需要，使用单位可根据具体情况，适当增补，但增补的信号不得与本标准有抵触。

附加说明：

本标准由中华人民共和国劳动人事部提出。

本标准由辽宁省劳动保护科学研究所负责起草。

本标准主要起草人席振生。

第二节 指挥信号的应用

为了便于起重机指挥和其他有关人员学习和掌握,可把《起重吊运指挥信号》标准内容分为两部分,一是指挥人员所使用的指挥信号;二是起重机司机所用的音响信号。

一、指挥人员所使用的信号

(一)通用手势信号

共 14 个(见图 f1-1～图 f1-14)。

图 f1-1"预备"或"注意"手势:

指挥人员发出开始工作的指令时,要做出"预备"手势,以提示司机准备吊运。这主要用于工作的开始或停止较长一段时间后继续工作前。起重机司机对这种"预备"信号,应用"明白"音响信号回答,使自己置于指挥人员的指挥之下。当起重机负载高速运行时,在操作过程中准备更换动作,都可以使用这个"注意"信号,起重机司机不必发出回答的音响信号,应控制住起重机的运行速度,并开始减慢速度。

图 f1-2"要主钩"手势和图 f1-3"要副钩"手势:

这两种手势用于具有主、副钩的起重机械,区别使用哪种吊钩的一种手势。指挥人员可根据载荷情况决定使用哪种手势。

图 f1-4"吊钩上升"手势:

这是用于正常速度起吊负载或空钩上升的手势。

图 f1-5"吊钩下降"手势:

这是用于正常速度降下负载或空钩的手势。

图 f1-6"吊钩水平移动"手势:

这种手势主要用于对桥式起重机小车的指挥。指挥人员根据所处的指挥位置,可向左、右做手势,也可向前、后做手势。

同样能完成"吊钩水平移动"的手势还有"起重机前进"、"起重机后退"、"升臂"、"转臂"等,这些手势都能实现负载的水平移动一般情况,指挥人员应根据起重机械的具体情况,选择相应的指挥手势。

通用手势信号中有三个微微移动手势,即图 f1-7 的"吊钩微微上升",图 f1-8"吊钩微微下降",图 f1-9 的"吊钩微微水平移动"。这是用于与三个正常速度相关的微动手势。这三个微动手势用于吊运的开始、结束或其他要求小距离移动的情况。指挥人员做手势时,可有节奏地连续指挥,即从微动的开始一直指挥到微动的结束。指挥人员在指挥中,应保持 3/4 面向起重机司机,使司机看到手势的侧影,这样也便于指挥人员连续监视负载的运行。

图 f1-10"微动范围"手势:

这是用于负载快要接近要求的位置时,提醒起重机司机注意。在操纵负载时,要移动这样一个相应的距离。这种手势可配合哨笛直接指挥,也可先做"微微移动范围"手势,提醒起重机司机注意,然后再使用所需要的微微移动手势指挥。

图 f1-11"指示降落方位"手势:

这是用于降下负载时,指出降落的物体应放置在某一具体位置的手势。

图 f1-12"停止"手势:

这是用于负载运行的正常停止手势,起重机司机在操纵设备时,应逐渐地而不要突然地停车。

图 f1-13"紧急停止"手势:

这是用于负载运行的紧急停止手势。"紧急停止"手势主要用在:

1. 瞬间停车,也就是在接到信号后的极短时间内停止运行。

2. 有意外或有危险情况的紧急停车,例如,负载对人的安全有威胁或快要碰上障碍物。这种情况下,指挥人员发出"紧急停止"手势。起重机司机应使负载在不失去平衡的前提下尽快停车。

图 f1-14"工作结束"手势:

这个手势说明工作结束,指挥人员不再向起重机司机发出任何指挥信号。起重机司机接到此信号后,发出"回答"音响信号,便可结束工作。

(二)专用手势信号

专用手势信号是根据不同的起重机械的机构特点和工作状态制定的。这部分手势信号不能单独用在起重吊运工作的全过程,它只是作为通用手势信号的补充。在完成指挥吊运工作的过程中,指挥人员可根据起重机械型式,选择必要的专用手势配合通用手势信号。

专用手势信号共 14 个(见图 f1-15～图 f1-28)。

图 f1-15"升臂"手势:

这是用于臂架式起重机臂杆的上升手势。这种"升臂"手势,可以指挥负载在水平方向的前后移动。

图 f1-16"降臂"手势:

这是用于指挥臂架式起重机臂杆的"下降"手势。这种"降臂"手势,也同样能实现负载在水平方向的前后移动。

图 f1-17"转臂"手势:

这是用于臂架式起重机臂杆的旋转手势,指挥人员可根据需要指出臂杆应转动的方向和位置。这种"转臂"手势可实现负载在水平方向的左右移动。

上述"升臂"、"降臂"、"转臂"三个专用手势和通用手势信号中的"吊钩水平移动"手势的指挥目的是相同的,都是使负载在水平方向移动。至于采用哪种手势为好,指挥人员可根据起重机械的具体情况而定。

另外与上述三个专用手势相关的还有图 f1-18 的"微微升臂",图 f1-19"的"微微降臂",图 f1-20 的"微微转臂"手势,这三个手势主要用于小距离的前、后、左、右移动。这些手势可连续指挥,即从微动开始一直指挥到微动结束。根据臂杆所在位置情况,指挥要有一定节奏。

图 f1-21"伸臂"手势：

这是用于汽车起重机或轮胎起重机液压臂杆伸长的指挥手势。

图 f1-22"缩臂"手势：

这是用于汽车起重机或轮胎起重机液压臂杆缩短的指挥手势。

图 f1-23"履带起重机回转"手势：

这是用于履带起重机履带回转手势。指挥人员一只小臂水平前伸,五指自然伸出不动,表示这条履带原地不动。另一只小臂在胸前做水平重复摆动,表示这条履带可向小臂摆动方向转动。履带转动方向的大小,可根据手势摆动幅度的大小而定。

图 f1-24"起重机前进"手势：

这是用于起重机架或活动支座向前转动的指挥手势。

适用此手势的起重机械有:门式起重机、塔式起重机、门座起重机和桥式起重机等。这些起重机械可以通过活动支座的转动来实现负载在水平方向的移动。此手势和通用手势信号中的"吊钩水平移动"手势的指挥目的相同,但指挥对象不同(前者指挥门架式活动支座,后者指挥小车)。

图 f1-25"起重机后退"手势：

这是用于起重机门架或活动支座向后移动的指挥手势。适用这种手势的起重机与适用起重机前进手势的机械相同。

指挥人员在指挥起重机前进或后退时,应保持 3/4 面向起重机的门架或活动支座的方向,以便于起重机司机看清手势的相对位置。

图 f1-26"抓取"(吸取)手势：

这是用于抓斗起重机和电磁吸盘起重机的指挥手势。

此手势主要用于装卸物料时,对抓斗和电磁吸盘的抓取或吸取时指挥。

图 f1-27"释放"手势：

这个手势和"抓取"手势相对应,主要用于抓斗起重机和电磁吸盘起重机对物料释放的指挥。

图 f1-28"翻转"手势：

这是用于起重机对物体进行翻转指挥的手势。例如：起重机吊运锻件锻压时,应指挥锻件翻动工作。起重机吊运钢包向炉内倒铁水或向渣盘倒炉渣等,都需要使负载进行不同程度的翻转或倾斜。对于这些类似的工作都可采用这种手势。

（三）船用起重机(或双机吊运)专用手势信号

船用起重机(或双机吊运)专用手势信号部分,是根据船舶甲板上的起重双杆制定的,这部分手势可独立完成船舶甲板上的起重机吊运工作。由于这部分手势是用两只手分别指挥两根吊杆配合工作的,因此,它对两台起重机合吊同负载的指挥也是适用的。

图 f1-29"微速起钩"手势：

这是用于起吊开始的微速上升手势。由于负载的上升是由两根吊杆完成的,因此要求指挥时要根据负载的稳定程度,以不同的起升速度调整负载,保持相对稳定上升。

图 7-30"慢速起钩"手势：

这是用于负载稳定并以正常速度起吊负载的手势。在负载上升时,如果不能保持同步吊运,指挥人员可按需要用不同的起升速度调整负载,保持相对稳定上升。

图 f1-31"全速起钩"手势：

在起重机允许的范围内,为了提高吊运速度,可使用"全速起钩"手势。指挥人员发出这种手势时,必须保证负载不受周围环境和其他条件的影响,在绝对安全的情况下使用。

图 f1-32"微速落钩"、图 7-33"慢速落钩"、图 7-34"全速落钩"三个手势是与"微速起钩"、"慢速起钩"、"全速起钩"相对应的三个相反方向的指挥手势。使用条件相似。

图 f1-35"一方停止,一方起钩"手势：

这是用于调整负载平衡的指挥手势。指挥人员根据每只手所分管的起重吊杆的工作情况,可随时对每根吊杆做出"停止"或相应的速度(微速、慢速、全速)的起钩手势。其手势和前面所提到的做法和要求相同。

图 f1-36"一方停止,一方落钩"手势和图 f1-35 相对应,只是一方要求落钩。此种手势的做法和要求与"一方停止,一方起钩"手势相似。

(四)旗语信号

一般在高层建筑,大型吊装等指挥距离较远的情况下,为了增大起重机司机对指挥信号的视觉范围,可采用旗帜指挥。旗语信号是吊运指挥信号的另一种表达形式。因此,同一信号用旗语指挥和用手势指挥其含义是完全相同的。根据旗语信号的应用范围和工作特点,这部分共 23 个图谱(见图 f1-37~图 f1-59)。这 23 个旗语信号,在实施中的要求和条件与手势信号基本相同,在此就不再赘述。

(五)音响信号

音响信号是一种辅助信号。在一般情况下音响信号不单独作为吊运指挥信号使用,而只是配合手势信号或旗语信号应用。

音响信号由 5 个简单的长短不同的音响组成。一般指挥人员都习惯使用哨笛音响。这 5 个简单的音响可和含义相似的指挥手势或旗语多次配合,达到指挥目的。使用响亮悦耳的音响能引起人们注意,在不易看清手势或旗语信号时,用这种音响信号作为一种补充,以达到指挥准确无误的目的。

"预备","停止"音响:一长声

在手势或旗语信号前发出,提示起重司机注意,然后再发出手势或旗语。

这种音响也可同其他多种手势或旗语配合使用,共同完成指挥任务。

"上升"音响:二短声

这是用于发出上升、伸长、抓取等手势或旗语时的音响。这一音响要与手势或旗语信号同时发出。为了使起重机司机有一个思想准备过程，也可以先发出一长声预备哨笛，然后再吹二短声哨笛。

"下降"音响：三短声

这是用于发出下降、收缩、释放等手势或旗语时的音响。这一音响要同时与手势或旗语信号发出。为了使起重机司机有一个思想准备过程，也可以先发出一长声预备哨笛，然后再吹三短声哨笛。

"微动"音响：断续短声

这是用于发出微微上升、下降、水平移动等手势或旗语的音响。

在发出这一音响时，指挥人员要根据微动距离的情况，发出强弱不同有节奏的音响。例如：距离较远时，可发出较强断续短声，随着距离的缩短，发出断续声应逐渐减弱，同时节奏拉长。

"紧急停止"音响：急促的长声

这一音响只用于"紧急停止"时，并与手势或旗语信号同时发出。

在发出这一音响时，要使人产生强烈的紧迫感。如某一险情或事故将要发生，有关人员必须立即采取紧急措施。

（六）起重吊运指挥语言

起重吊运指挥语言是把手势信号或旗语信号转变成语言，并用无线电对讲机等通信设备进行指挥的一种指挥方法。

指挥语言主要应用在超高层建筑、大型工程或大型多机吊运的指挥和工作联络方面。它可以用于领导向指挥人员下达工作任务和要求或指挥人员对起重机发出具体工作命令。如果在操作中起重机能看清指挥人员的工作位置，一般不使用指挥语言。

为了克服人们容易混淆的术语和一些语音相似的词（字），标准中对其指挥语言作了规定。

二、起重机司机使用的音响信号

起重机使用的音响信号有三种：

　　一短声表示"明白"的音响信号,是对指挥人员发出指挥信号的回答。在回答"停止"信号时也采用这种音响信号。

　　二短声表示"重复"的音响信号,是用于起重机司机不能正确执行指挥人员发出的指挥信号时而发出的询问信号,对于这种情况,起重机司机应先停车,再发出询问信号,以保障安全。

　　长声表示"注意"的音响信号。这是一种危急信号。

　　当起重机司机发现他不能完全控制他操纵的设备时;当司机预感到起重机在运行过程中会发生事故时;当司机知道有与其他设备或障碍物相碰撞的可能时;当司机预感到所吊运的负载对地面人员的安全存在威胁时,都应发出这种长声"注意"音响,以警告有关人员。

参考文献

《全国特种作业安全技术培训考核统编教材》编委会. 起重机司机. 北京:气象出版社,200 年.

起重机钢丝绳保养、维护、安装、检验和报废. GB/T 5972—2009.

起重机设计规范. GB/T 3811—2008.

起重机械安全管理人员和作业人员考核大纲. TSG Q 6001—2009.

起重机械安全规程. GB 6067—85.

起重机械安全技术监察规程——桥式起重机. TSG Q 0002—2008.

起重机械安全监察规定. 国家质量监督检验检疫总局令第 92 号,2006.

起重机械监督检验规程. 国质检锅[2002]296 号.

起重机械使用管理规则. TSG Q 5001—2009.

特种设备安全监察条例. 国务院令第 549 号,2009.

特种设备目录. 国质监[2004]31 号,[2010]22 号.

特种设备事故报告和调查处理规定.质检总局令第 115 号,2009.

特种设备现场安全监督检查规则(试行). 国质检特函[2007]910 号.

特种设备作业人员监督管理办法. 国家质量监督检验检疫总局令第 70 号,2004.

中华人民共和国安全生产法. 2002.